MeteoInfo
气象GIS、科学计算与可视化平台

王亚强 著

内容简介

本书较全面系统地介绍了气象 GIS、科学计算与可视化平台 MeteoInfo 的构架和功能，并提供了相关应用示例和脚本程序。全书共分 5 章：第 1 章介绍了 MeteoInfo 的框架体系和开发历史；第 2、3 章介绍了 MeteoInfoMap 作为气象 GIS 软件的主要功能和对气象数据的处理、显示能力；第 4、5 章介绍了科学计算和可视化平台 MeteoInfoLab 的主要模块，并提供了一些重要功能的气象应用示例。

本书可以作为学习 MeteoInfo 软件平台的参考书，也可以供了解常用气象数据分析、可视化知识的读者参考阅读。

图书在版编目(CIP)数据

MeteoInfo 气象 GIS、科学计算与可视化平台/王亚强著. —北京：气象出版社，2021. 4(2022. 1 重印)

ISBN 978-7-5029-7408-4

Ⅰ. ①M… Ⅱ. ①王… Ⅲ. ①天气分析—应用软件 Ⅳ. ①P458-39

中国版本图书馆 CIP 数据核字(2021)第 058061 号

MeteoInfo 气象 GIS、科学计算与可视化平台

MeteoInfo QIXIANG GIS、KEXUE JISUAN YU KESHIHUA PINGTAI

王亚强　著

出版发行：气象出版社

地　　址：北京市海淀区中关村南大街 46 号　　邮政编码：100081

电　　话：010-68407112(总编室)　010-68408042(发行部)

网　　址：http://www.qxcbs.com　　E-mail：qxcbs@cma.gov.cn

责任编辑：蔺学东　　终　　审：吴晓鹏

责任校对：张硕杰　　责任技编：赵相宁

封面设计：博雅锦

印　　刷：三河市君旺印务有限公司

开　　本：787 mm×1092 mm　1/16　　印　　张：13

字　　数：340 千字

版　　次：2021 年 4 月第 1 版　　印　　次：2022 年 1 月第 2 次印刷

定　　价：118.00 元

前　言

地球科学数据通常具有鲜明的三维空间特征，其中大气圈状态快速变化，时间维度也很重要，加上描述各种物理、化学状态的变量，共同构成了地球科学多维数据集。科学研究需要从数据中发现规律，功能强大、使用便利的科学数据分析和可视化工具是科研工作的重要助力，MATLAT 商业软件是其中的佼佼者。近年来免费和开源的 Python 动态语言及其十分优秀的数值计算和可视化库构成了科学数据分析的利器，其核心是多维数组计算库 NumPy 和包含众多科学算法的 SciPy，图形可视化方面主要是 Matplotlib 库。在大气科学领域 GrADS 和 NCL 软件曾经被广泛应用，但近期 Python 在大气科学领域流行程度越来越高。GIS(地理信息系统)软件由于在地图制作、空间分析等方面的强大功能也是常用的地学数据分析和可视化工具。最著名的商业 GIS 软件是美国 ESRI 开发的 ArcGIS，我国也有自主研发的 SuperMap、MapGIS 等，开源的 GIS 软件也有很多，包括 GRASS GIS、QGIS、SAGA、gvSIG 等。

科学计算和 GIS 功能对于大气科学数据分析都十分重要，将这些功能放入一个软件框架里更有利于交叉融合并满足不同需求。从 2010 年开始作者开发的 MeteoInfo 软件致力于实现这个目标。目前 MeteoInfo 框架中包含 GIS 桌面软件 MeteoInfoMap 和科学计算、可视化软件 MeteoInfoLab，以及可用于二次开发的 MeteoInfo Java 库。MeteoInfo 是免费和开源的软件，源代码代管在 GitHub 网站上。软件支持国内外常用的大气科学数据格式，MeteoInfoMap 可以快速、方便地以 GIS 图层方式浏览各类气象数据，并包含空间数据编辑、投影和分析等功能；MeteoInfoLab 包含了多维数组计算、线性代数等科学计算以及 2 维/3 维绘图等功能，适合完成科研和业务中大气科学数据分析和可视化的任务；MeteoInfo 的 Java 库功能丰富，在其基础上可以方便、快捷地开发相关科研、业务软件。随着软件功能的不断丰富，其复杂性不断提高，本书也是为了读者能够更系统深入地了解和使用 MeteoInfo。作为开源软件，也欢迎有兴趣的读者参与软件的开发、测试和文档编写等工作。

本书共分为五章，首先对 MeteoInfo 软件进行了总体介绍，然后介绍了 MeteoInfoMap 主要功能及其气象数据分析示例，以及 MeteoInfoLab 主要功能及气象应用示例。书中未涉及相关二次开发内容，包括基于 MeteoInfoJava 库的二次开发、MeteoInfoMap 插件开发和 MeteoInfoLab 工具箱开发。

书中所有地图均取自计算机软件生成图像，仅用于 MeteoInfo 软件使用说明，别无他用。书中所有脚本程序均经作者验证，可以运行。本书难免错漏之处，敬请读者指正。

作者

2020 年 12 月

目　录

第 1 章

MeteoInfo 总体介绍

MeteoInfo 是中国气象科学研究院王亚强博士开发的开源软件，是融合 GIS 和科学数据分析及可视化为一体的软件平台，可以作为工具软件用于地学尤其是大气科学领域的科学研究和业务工作中。MeteoInfo 具有很好的跨平台能力，可以在 Windows、Linux/Unix 和 Mac OS 等操作系统中运行。

1.1 MeteoInfo 技术体系

1.1.1 MeteoInfo 开发语言的选择

MeteoInfo 的开发语言是 Java 和 Jython。Java 是面向对象的计算机语言，具有简单性、分布式、健壮性、安全性、平台独立与可移植性、多线程、动态性等特点，长期占据计算机语言流行排行榜前列，拥有众多各类功能的开源库，包括支持众多大气科学数据格式的由 Unidata 开发的 NetCDF Java 库，非常适合用来开发气象领域的科研和业务软件。美国国家气象局新一代高级天气交互式处理系统（AWIPS II）和德国气象局主导开发的业务系统 NinJo 都是用 Java 语言开发的。由于即时编译（JIT）等技术的不断发展，Java 程序的运行效率也有极大提升，和 C/C＋＋程序的差距越来越小。Java 语言编写的程序可以很方便地跨平台运行，也使得其在气象这个多平台盛行的领域更为方便。

Java 语言是静态的编译语言，和动态解释性语言（如 Python）相比开发难度较大，不适合作为面向最终用户的数据分析语言。Jython 语言是 Python 语言的 Java 实现，二者的语法相同，标准库也一样。Jython 可以和 Java 语言无缝衔接，很适合做 Java 程序的脚本语言。由于 Python 的流行，Jython 的学习成本也较低。

1.1.2 MeteoInfo 框架体系

MeteoInfo 包括了两个面向最终用户的应用程序：MeteoInfoMap 和 MeteoInfoLab。MeteoInfoMap 是一个 GIS 桌面软件，包括图层控制、地图显示、地图布局、图层编辑、空间分析等功能，能够方便地显示地图数据，并将地学数据生成图层和地图数据叠加显示，以地图的形式将科学数据的空间特性展示出来。MeteoInfoLab 是科学计算和可视化软件，包含了众多多维数组计算和二、三维可视化的功能函数，可以通过编写 Jython 脚本程序进行复杂的数据分析和绘图。MeteoInfo Java 库主要有多维数组计算、科学数据文件读写、GIS 以及二、三维图形显示等功能模块，是 MeteoInfoMap 和 MeteoInfoLab 开发的基础库，该库也可以被用来开发其他 GIS 和科学计算相关的科研业务软件(图 1.1～图 1.3)。

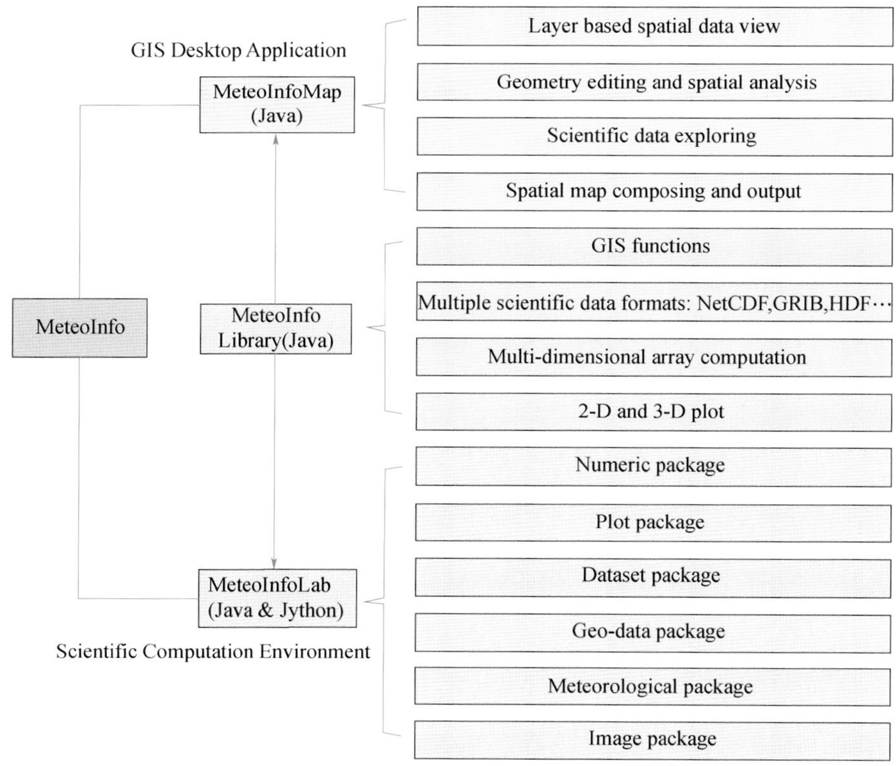

图 1.1　MeteoInfo 软件框架

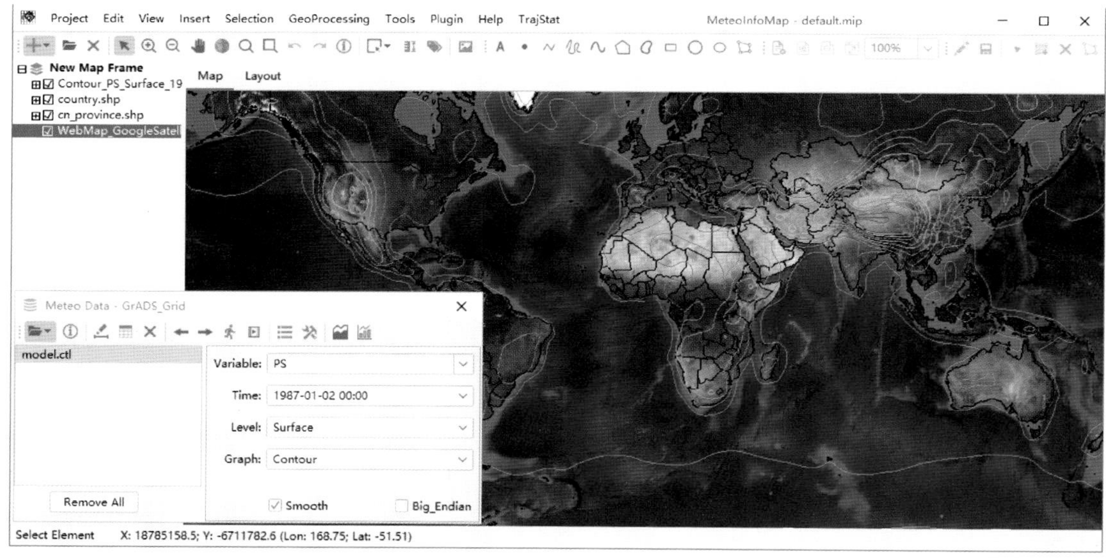

图 1.2　MeteoInfoMap 软件用户界面

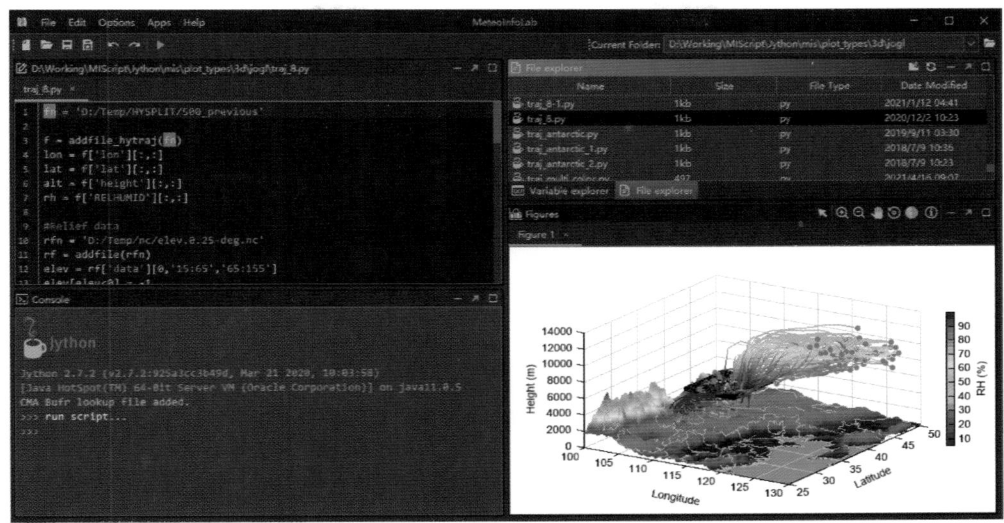

图 1.3 MeteoInfoLab 软件用户界面

1.2 MeteoInfo 网站和源代码

1.2.1 MeteoInfo 网站

MeteoInfo 软件拥有一个网站：www.meteothink.org，主要包括了新版本发布信息、数据分析和可视化的示例脚本以及图形、软件下载和软件帮助文档等内容。软件的帮助文档相对软件开发比较滞后，还在不断完善中。除了 MeteoInfo 软件，网站还包括了 MeteoInfo 软件的扩展应用和等值线算法库等相关软件模块。

1.2.2 MeteoInfo 源代码

MeteoInfo 是遵循 LGPL 许可开放源代码的软件，源代码托管在 GitHub 网站上：https://github.com/meteoinfo。欢迎有兴趣的开发人员参与软件的开发和升级。MeteoInfo 网站是基于 Sphinx 工具开发的，代码也托管在 GitHub 网站上，被托管的代码还包括等值线算法库 wContour、机器学习工具箱 MIML 等。

1.3 MeteoInfo 下载与运行

1.3.1 MeteoInfo 下载

MeteoInfo 可以在其网站上的 Download 页面中下载，下载的文件是 zip 格式压缩文件，可以解压在计算机某个目录中，解压后的主目录是 MeteoInfo，里面包含了 MeteoInfoMap 和 MeteoInfoLab 的运行文件、依赖的库和一些配置文件，子目录 sample 里有一些各类格式的示例数据文件，子目录 map 中包含了世界地图和中国地图等常用的地图数据，plugins 和 toolbox 子目录中是扩展 MeteoInfoMap 和 MeteoInfoLab 功能的插件和工具箱。MeteoInfo 软件解压后可以直接使用，没有安装过程。

1.3.2 MeteoInfo 运行

MeteoInfo 的运行需要 Java 8 或者更高版本的支持，Java 可以在网上免费下载安装。对于高分辨率屏幕的电脑建议使用 Java 9 或者更高版本，可避免字体过小的问题。MeteoInfo 是跨平台软件，所有平台都使用一个软件包，但启动文件不同。

启动 MeteoInfoMap 和 MeteoInfoLab 用户界面程序：

- Windows：MeteoInfoMap. exe 和 MeteoInfoLab. exe。也可以在命令行中运行 mimap. bat 和 milab. bat。
- Linux/Unix：mimap. sh 和 milab. sh（需要注意这两个文件要将权限设置为可执行）。
- Mac OS：mimap_mac. sh 和 milab_mac. sh（需要注意这两个文件要将权限设置为可执行）。

运行 Jython 脚本程序也可以不启动 MeteoInfoLab 用户界面，直接在命令行环境中运行：

- Windows：milab. bat test. py（可以在任务计划中定时自动运行）。
- Linux/Unix：milab. sh test. py（可以在 crontab 中定时自动运行）。
- Mac OS：milab_mac. sh test. py（可以在 crontab 中定时自动运行）。

如果在远程登录 Linux/Unix 系统机器时没有启动 Xwindos 图形环境，可以在运行命令中加-b 参数：milab. sh -b test. py（无需图形环境）。

1.3.3 设置 MeteoInfo 运行内存

在利用 MeteoInfo 软件处理超大数据时由于内存限制可能会出现 java. lang. OutOfMemoryError：Java heap space，error 之类的错误信息，这时可以尝试修改 MeteoInfo 启动文件中最大内存设置。比如在 Windows 中可以用文本编辑软件修改 milab. bat 文件中-Xmx 参数。例如，从-Xmx1G 改为-Xmx4G 来增大 MeteoInfoLab 运行可用的最大内存。修改后需要用 milab. bat 来启动 MeteoInfoLab 应用程序使得上述修改生效。文件中还有-Xms 参数是用来设置可用内存的初始大小。

1.4 MeteoInfo 支持的主要数据类型

1.4.1 地图数据

MeteoInfo 主要支持 Shapefile 格式的地图数据，它是美国环境系统研究所公司（ESRI）开发的一种空间数据开放格式，已经成为地理信息领域的开放标准。Shapefile 文件可以存储基本空间几何体对象的位置信息，包括点、折线和多边形等，此外，还可以存储这些空间对象的属性信息。Shapefile 文件指的是一种文件存储的方法，实际上这种文件格式是由多个文件组成的。其中有三个文件是必不可少的，它们分别是“. shp”“. dbf”与“. shx”文件，它们有相同的文件名前缀。“. shp”文件中存储的是空间对象的坐标信息，一个“. shp”文件只能存储单一类型的空间对象；“. dbf”文件中存储的是空间对象的属性信息；“. shx”文件存储的是空间对象索引信息。其他常用的文件还有“. prj”，用于保存地理坐标系和投影信息。

软件还支持带地理定位信息的图像文件，比如 geotiff 格式，或者普通图像文件带上地理定位文件(world file)。

MeteoInfo 自定义了一种简单的文本格式地理坐标文件 wmf。文件的第一行是空间对象的类型:Point、Line 或 Polygon,第二行是空间对象的数目,从第三行开始是每个空间对象的信息,包括该空间对象坐标点数,每个坐标点的二维空间坐标值。例如:

```
Polygon
20
12
118.29337310791,24.4198417663574
118.299713134766,24.4336051940918
118.330276489258,24.4633293151855
118.393051147461,24.5158309936523
118.403739929199,24.5206909179688
118.437759399414,24.49582862854
118.450332641602,24.4633274078369
118.444694519043,24.4277038574219
118.420951843262,24.3976345062256
118.287132263184,24.3903427124023
118.278594970703,24.405481338501
118.29337310791,24.4198417663574
16
121.40941619873,39.3613815307617
121.381927490234,39.3691558837891
121.298027038574,39.3899917602539
121.282493591309,39.3805465698242
121.259017944336,39.3804092407227
121.255828857422,39.4094314575195
121.263328552246,39.435962677002
121.337196350098,39.4785995483398
121.393051147461,39.4791564941406
121.414016723633,39.4766540527344
121.430541992188,39.4708251953125
121.442893981934,39.4624938964844
121.451515197754,39.4446411132813
121.434982299805,39.388744354248
121.421371459961,39.3655471801758
121.40941619873,39.3613815307617
……
```

1.4.2　科学数据

MeteoInfo 支持大气科学领域常用的数据格式,包括 NetCDF、GRIB、HDF、GrADS、

ARL、MICAPS 等。

NetCDF(Network Common Data Format)是美国 UCAR 的 Unidata 组织开发的一种表示多维信息的数据格式，是一种自描述的二进制数据格式。经典的 NetCDF 格式是由维(dimensions)、全局属性(global attributes)和变量(variations)组成的。NetCDF4.0 以后开始向 HDF 格式靠拢，文件中可能包含多个组(groups)。netCDF 格式非常灵活，用程序自动判断维和变量等信息的前提条件是数据必须遵循某种约定(convension)。气象上最常用的约定是 CF(COARDS 可以看作 CF 约定的子集)，对于维、变量、属性有详细的规定，这样一来软件才能通过约定对数据进行正确的判读。

GRIB 格式是世界气象组织(WMO)开发的一种用于交换和存储规则分布数据的二进制文件格式，目前有两个版本:GRIB1 和 GRIB2。GRIB 数据是由一个或多个信息流(Message)组成的，每个 Message 又由多个段(Section)组成，也是一种自描述的二进制数据格式。这种数据格式又是表格码驱动的，比如数据本身解读出来的变量只是代码，这个代码具体对应的是什么变量(温度、气压等)，需要查找相应的表格来确定。WMO 有标准的表格，各大气象中心也有自定义的表格，因此数据解码的时候要注意其对应的表格。和 NetCDF 格式不同，GRIB 格式并没有统一的文件头信息，每个 Message 都包含独立的信息和数据，因此在读取包含多个 Message 的 GRIB 文件信息时需要遍历全部数据。这样做也有好处，就是在数据传输时中断后补传比较方便。

HDF(Hierarchical Data Format)格式是美国国家高级计算应用中心(National Center for Supercomputing Application，NCSA)为了满足各种领域研究需求而研制的一种能高效存储和分发科学数据的新型数据格式，HDF 格式尤其在卫星遥感领域被广泛使用。HDF 具有分层式的数据管理结构，目前使用比较广泛的是 HDF4 和 HDF5 格式。

GrADS 格式包含控制文件(control file)和二进制数据文件，是大气科学经典绘图软件 GrADS 定义的。数据文件里只包含数据本身，相关信息都在控制文件中。控制文件是 ASCII 格式，可以通过查看控制文件来了解数据。

ARL 格式是美国 NOAA 的 ARL 实验室为 HYSPLIT 模式定义的一种专用数据格式，包含了一系列固定长度的变量数据记录，每个记录包括一个记录头和压缩数据。MeteoInfo 软件也支持 HYSPLIT 输出的气团轨迹和污染物浓度数据格式。

MICAPS 格式是中国气象局 MICAPS 软件自定义的一系列数据格式，MeteoInfo 支持其中一些常用的，比如第一类地面全要素观测数据、第四类格点数据等。

MeteoInfo 还支持一些文本格式的站点和格点数据格式，比如 SYNOP 和 METAR 站点观测数据，以及 ESRI 文本格点数据和 Surfer 文本格点数据等。

1.5 MeteoInfo 开发历程

作者在做研究工作的时候需要自行开发一些算法完成特定的功能，针对气团轨迹统计分析功能(TrajStat)最早是用 ArcView 3.x 版本扩展开发，后来改用开源的 GIS 控件 MapWindows 进行二次开发，能够结合长期大量后向轨迹和站点污染物浓度监测数据开展污染物传输路径和潜在源区的分析，相关成果于 2009 年发表在 *Environmental Modelling & Software* 上。同时由于绘图需要自行研发了等值线相关算法库 wContour。2009—2010 年在西班牙韦尔瓦(Huelva)大学做访问学者时萌生了开发气象 GIS 软件的想法并很快付诸实施，当时采用的计算机语言是 C＃。wContour 库研究成果于 2012 年在 *Geoscience & Computers* 上发表，基于 C＃的气象 GIS 软件 MeteoInfo 于 2014 年在 *Meteorological Applications* 上发表。

气象领域对 Linux/Unix 系统的应用很广泛，尤其是数值模式的运行，而 C＃语言开发的软件跨平台能力比较弱，因此考虑用跨平台能力很强的 Java 语言重新开发 MeteoInfo，而且 Java 拥有大量的开源科学计算库，特别是 Unidata 的 NetCDF Java 库能够支持大多数大气科学领域常用的数据格式，对提升 MeteoInfo 的功能有很大帮助。同时由于气象 GIS 桌面软件的用途限制比较大，考虑开发基于 Java 和 Jython 的科学计算软件，将 MeteoInfo 划分为同一框架下的 MeteoInfoMap 和 MeteoInfoLab 两大应用程序来满足更多的需求。MeteoInfo 科学计算软件研发的工作于 2019 年在 *Journal of Open Research Software* 上发表。在新的 MeteoInfo 软件研发过程中，也在开发一些功能扩展模块，TrajStat 重新开发为 MeteoInfoMap 的一个插件，也开发了 MeteoInfoLab 的一些工具箱：IMEP（用于模式检验）、EMIPS（用于排放源清单处理）、MIML（用于机器学习）。考虑到国外用户的使用，MeteoInfo 的开发以英文为主，MeteoInfoMap 的界面增加了中文支持。MeteoInfo 还需要不断地发展改进，相关的文档写作更是比较滞后，希望通过持续的努力工作，让 MeteoInfo 能够更好地为科研和业务人员服务。

第2章 MeteoInfoMap 基本操作

MeteoInfoMap 是一个支持多种气象数据格式的 GIS 桌面软件，包含了基本的 GIS 功能，可以将气象数据以地理图层的方式和地图数据叠加显示，探索气象要素的空间分布特征。使用 MeteoInfoMap 可以仅通过点击鼠标的简单操作对数据的空间特性进行展示、分析和出图，尤其适合对气象数据的快速图形化浏览以及交互式的复杂图形制作。

2.1 MeteoInfoMap 主界面

MeteoInfoMap 主界面窗口(图 2.1)主要由主菜单、工具栏、图层控制区、图形显示区和状态栏组成，其中图形显示区包含“地图”和“版面”两个视图。软件打开后还可能出现气象数据操作对话框，该对话框被关闭后可以通过鼠标点击工具栏中的“打开数据文件”按钮再次打开。

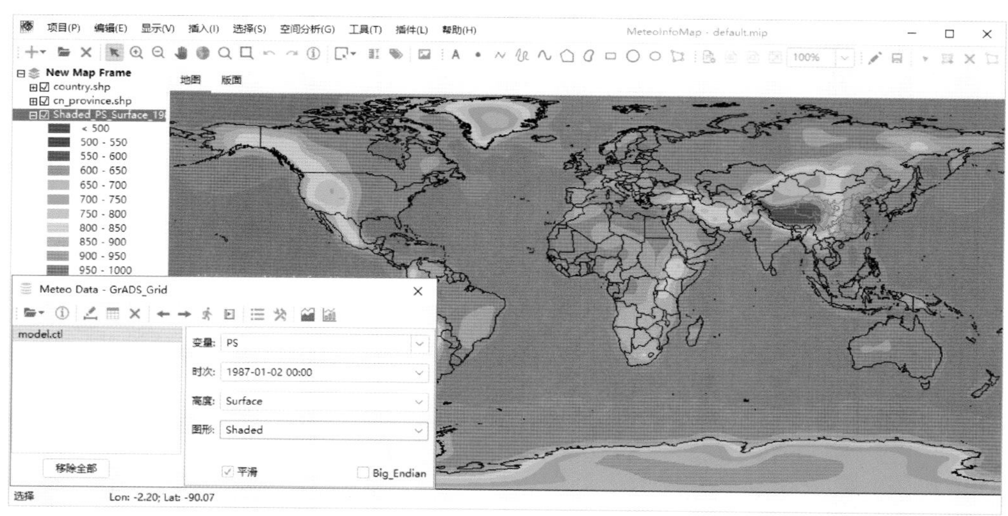

图 2.1 MeteoInfoMap 主界面

MeteoInfoMap 定义了项目文件“.mip”，包含了加载的所有图层位置和属性信息，以及地图和版面的显示信息等。MeteoInfo 的安装目录中有“default.mip”项目文件，MeteoInfoMap 启动时会自动加载这个项目文件。软件的“项目”菜单可以打开和保存项目文件。

点击“帮助→关于”菜单打开“About”对话框(图 2.2)可以查看软件的版本等信息。点击“帮助→帮助”菜单会自动在网页浏览器中打开 MeteoInfo 网站的在线帮助文档。

图 2.2 软件信息对话框

2.2 图层操作

MeteoInfoMap 中的一个基本显示和操作单元是图层，目前支持四种类型的图层：矢量图层(Vector Layer)、图像图层(Image Layer)、栅格图层(Raster Layer)和网络地图图层(Web Map Layer)。矢量图层由相同类型的空间要素组成，包含了空间要素的坐标和属性信息，可以和 Shapefile 文件相对应。图像图层是将一个图像作为地理图层，图像的显示是固定的。栅格图层是图像图层的扩展，图层包含一个二维格点数组，可以进行相应的数组计算。网络地图图层也是图像图层的扩展，其图像来自网络地图切片图的实时加载。

所有项目包含的图层都显示在图层管理区，图层名最左边显示为方框内加号(图层的图例隐藏)或者减号(图层的图例显示)。右边紧跟一个方框内如果有对钩表明该图层显示在地图视图中，否则不显示。可以用鼠标点击的方式切换上述图层状态。

图层在地图视图中显示是按照图层管理区的顺序从下往上一层一层显示，这就意味着上面的图层内容可能压盖下面的图层内容。因此，通常图像图层(包括栅格图层和网络地图图层)放在最下面，往上依次是多边形填色图层、线图层和点图层。图层的顺序可以通过鼠标拖动来调整。

2.2.1 移除、加载图层

在 MeteoInfoMap 界面左边的图层控制区显示了已加载的图层，用鼠标点击图层名即可选中该图层，被选中的图层名会有特殊的底色，点击鼠标右键在弹出菜单(图 2.3)中选择 Remove Layer 菜单既可以移除该图层。图层从 MeteoInfoMap 中移除只是在当前项目中移除该图层，并不会删掉图层对应的数据文件。

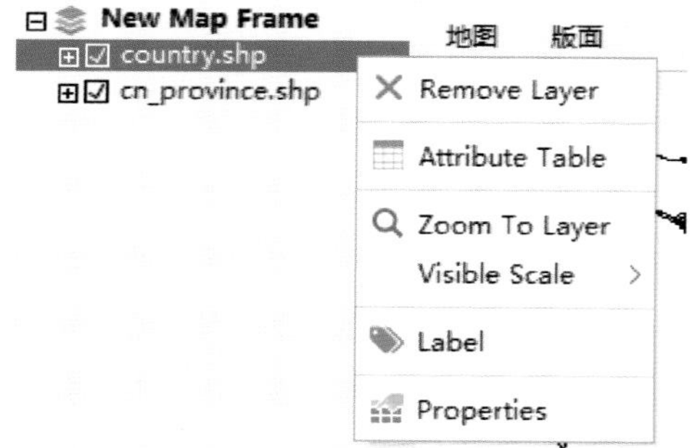

图 2.3 矢量图层右键菜单

MeteoInfoMap 中的图层可以从相应文件中加载，也可以从科学数据集中通过提取、计算等加载。从文件中加载可以用鼠标点击工具栏中的“添加图层”按钮，在打开的对话框中（图 2.4）选择支持的地图数据文件，点击“打开”按钮即可将地图数据文件加载为一个图层放入图层管理区。

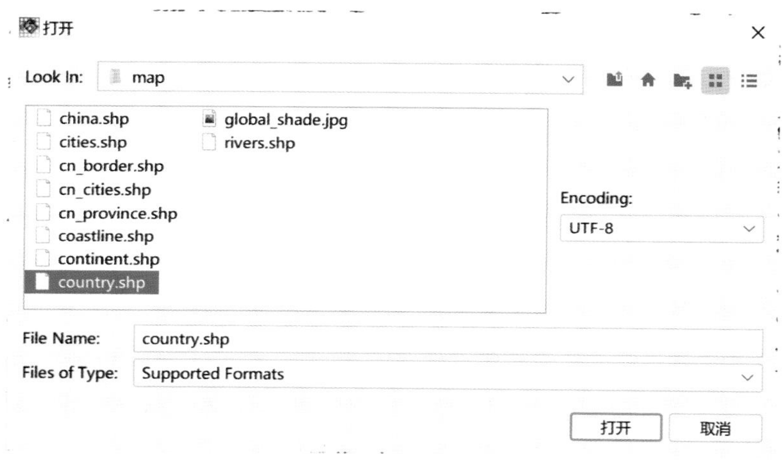

图 2.4 添加图层对话框

2.2.2 矢量图层

矢量图层包含了矢量空间要素及其属性值，根据空间要素的类型又分为点图层（Point）、线图层（Polyline）和多边形图层（Polygon）。用鼠标选中一个矢量图层，点击“显示→图层属性数据”菜单可以打开图层的属性数据表（图 2.5）。通过该表可以查看图层的属性数据，还可以对属性数据进行编辑。

通过双击图层名可以打开图层属性对话框（图 2.6，这里以世界各国行政区域图层为例），包括了 General、Legend 和 Chart 三个选项卡。在 General 选项卡中包含了图层对应的文件名、图层类型（VectorLayer）、图层空间要素类型等信息，还包含图层名、Is maskout（屏蔽外部图形）和 Avoid collision（免压盖）等可编辑属性。

矢量图层在地图视图中的显示是由图例（Legend）决定的。图例类型有三种：单一符号（Single Symbol）、唯一值（Unique Value）和颜色分级（Graduated Color）。单一符号是指图层中所有的空间要素都用一种颜色/符号显示（图 2.7）。

Edit　　Attribute Data - country.shp

	FIPS_CNTRY	GMI_CNT...	CNTRY_N...	SOVEREIG...	POP_CNTRY	SQKM_CN...	SQMI_CN...
1	AA	ABW	Aruba	Netherlan...	67074.0	182.926	70.628
2	AC	ATG	Antigua a...	Antigua a...	65212.0	462.378	178.524
3	AF	AFG	Afghanistan	Afghanistan	1.725039E7	641869.188	247825.703
4	AG	DZA	Algeria	Algeria	2.745923E7	2320972.0	896127.312
5	AJ	AZE	Azerbaijan	Azerbaijan	5487866.0	85808.203	33130.551
6	AL	ALB	Albania	Albania	3416945.0	28754.5	11102.11
7	AM	ARM	Armenia	Armenia	3377228.0	29872.461	11533.76
8	AN	AND	Andorra	Andorra	55335.0	452.485	174.704
9	AO	AGO	Angola	Angola	1.152726E7	1252421.0	483559.812
10	AQ	ASM	American ...	United Sta...	53000.0	186.895	72.16
11	AR	ARG	Argentina	Argentina	3.379687E7	2781013.0	1073749.0
12	AS	AUS	Australia	Australia	1.782752E7	7706142.0	2975342.0
13	AU	AUT	Austria	Austria	7755406.0	83738.852	32331.57
14	AV	AIA	Anguilla	United Kin...	9208.0	86.296	33.319
15	AY	ATA	Antarctica	Antarctica	0.0	1.230274E7	4750088.0

图 2.5　矢量图层的属性数据表

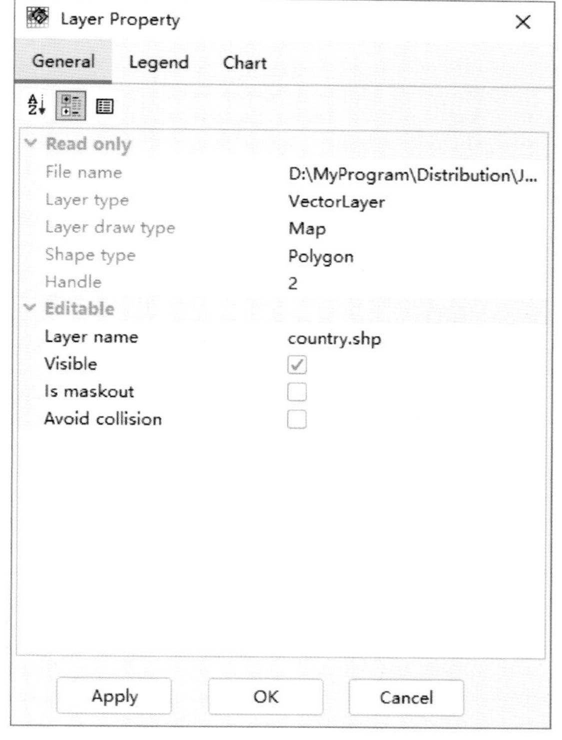

图 2.6　矢量图层属性对话框

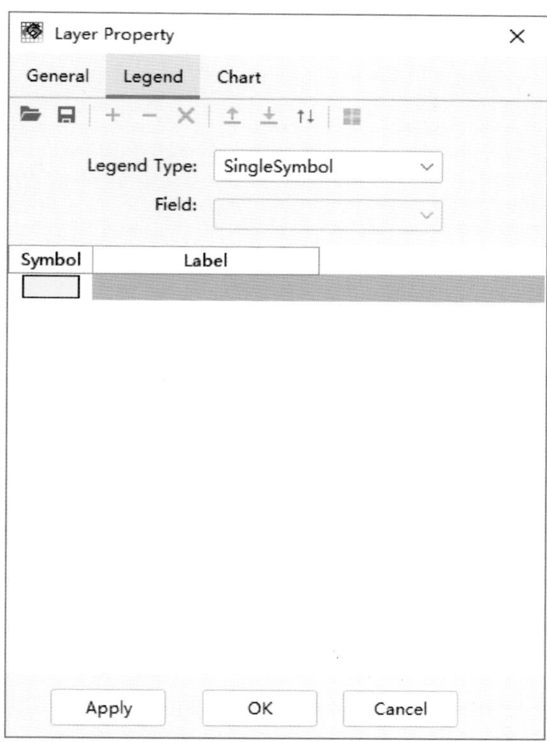

图 2.7　矢量图层图例设置(单一符号图例)

唯一值和颜色分级两种图例类型(图 2.8)需要图层的属性数据参与，需要选择属性字段(Field)。唯一值图例字段的类型可以是数值型和字符型，而颜色分级图例字段的类型只能是数值型。例如选择唯一值图例类型，然后再选择 CNTRY_NAME 字段(国家名称)，那么每个不同的国家名就会用一个不同的符号来区分；选择颜色分级图例类型，然后再选择 POP_CNTRY 字段(国家人口)，就会根据人口的数量分几个级别来显示不同的空间要素。

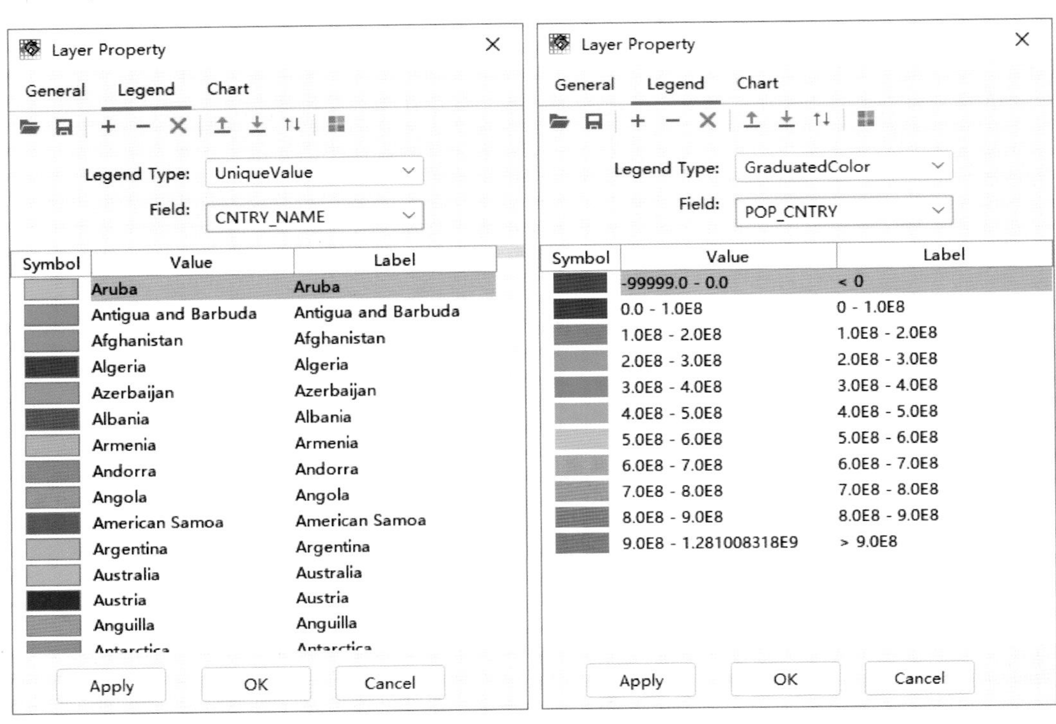

图 2.8　唯一值和颜色分级图例

一个图例中可能包含一个或多个图例项，从而形成图例列表，每个图例项中包含了符号(Symbol)、值(Value)和标注(Label)，它们都可以通过双击鼠标被编辑。值是指空间要素对应的属性字段的值，如果是颜色分级图例值就是一个左闭右开的范围，比如 100～200 表示：≥100 并<200。标注是最终显示在图例项旁边的字符。符号控制了空间要素的显示方式，点、线和多边形有不同的符号体系。

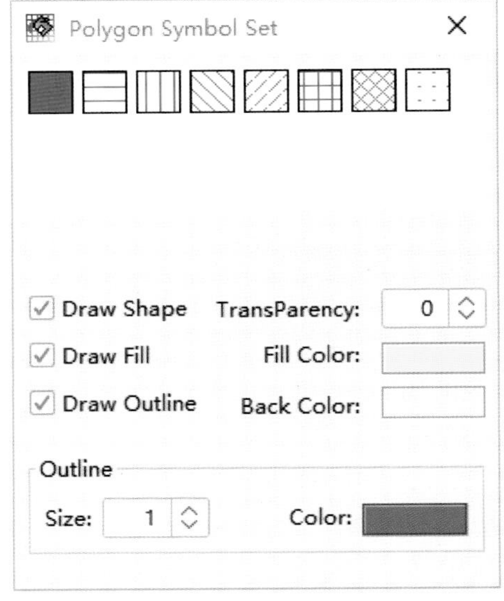

图 2.9　多边形符号设置对话框

双击符号项的图形部分可以打开符号设置对话框。如图 2.9 所示，多边形符号由填充和轮廓线条组成，对于多边形空间要素的符号设置对话框，上面是集中常用的多边形填充方式，其中第一个是实心填色，后面几个是不同的填充花纹。绘制空间要素(Draw Shape)选项选中时空间要素才会被绘制在地图视图中。填充多边形(Draw Fill)选项可以控制是否填充多边形，绘制轮廓线(Draw Outline)选项可以控制是否绘制多边形的轮廓线。填充颜色(Fill Color)和透明度(Transparency)选项设定了多边形填充的颜色和透明度，用鼠标点击 Fill Color 右边的填色矩形可以打开颜色选择对话框来选择多线性填充颜色(图 2.10)。透明度的有效值是 0～100，0 代表不透明，100 代表完全透明，中间的值越高表明透明度越高。背景色(Back Color)在多线性花纹填充时有效，此时 Fill Color 是花纹的颜色，Back Color 是多边形的背景填充色。多边形的轮廓线可以设置线条的宽度(Size)和颜色(Color)。

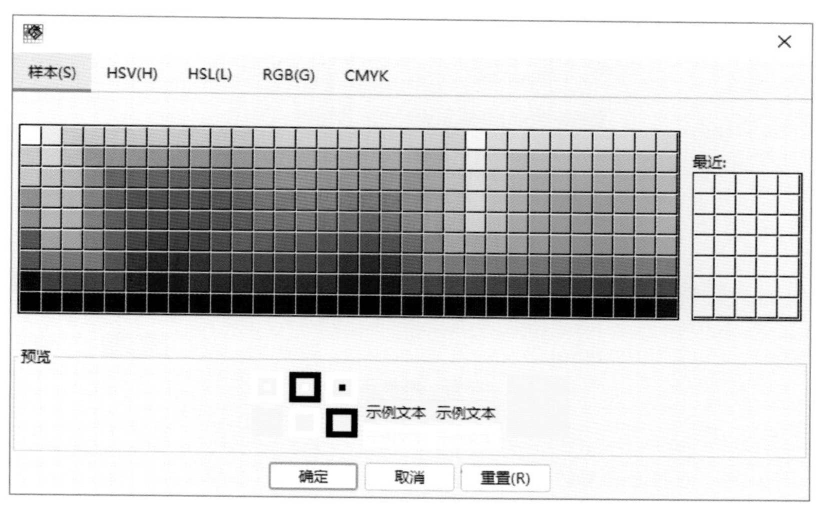

图 2.10　颜色选择对话框

线符号设置对话框(图 2.11)中上面是线型的选择，绘制空间要素(Draw Shape)选项设置是否绘制此类空间要素，宽度(Size)和颜色(Color)选项设置线条的宽度和颜色。线条是由多个点连接组成的，组成线条的点是否显示是由绘制点符号(Draw Point Symbol)选项控制的。点符号(Point Symbole)组中的选项用来设置点的大小、式样、填充色、轮廓线颜色等，间隔(Interval)选项可以控制间隔几个才显示一个点。

点符号设置对话框(图 2.12)上面可以选择点标记类型和具体的符号。点标记类型(Marker Type)包括：Simple(简单点符号)、Character(字体符号)和 Image(图像符号)。简单点符号包含了一些常用的表示点的图形，比如圆形、正方形、三角形等，可以设置点图形的大小、角度、填充颜色以及轮廓线的宽度、颜色等。

点标记类型为字体符号时，计算机系统中安装的所有字体名称会出现在字体名称(Font Family)下拉选项框中(图 2.13)。MeteoInfo 软件自带了 Weather 字体，包含了所有的天气现象符号。字体符号的大小、角度、颜色也可以用对话框下面的选项来设置。

点标记类型为图像符号时，MeteoInfo 软件路径中 image 目录中的图片会显示出来供选择，用户可以将需要的图片文件放入此目录中来丰富图片的选项。图像符合的大小和角度也可以进行设置(图 2.14)。

图 2.15 中 MeteoInfoMap 加载了三个图层：country. shp，river. shp 和 cities. shp，这三个图层的类型分别是多边形图层、线图层和点图层，它们的 Shapefile 文件可以在 MeteoInfo 安装路径中的 map 目录中找到。刚加载的图层会设置缺省的简单图例。

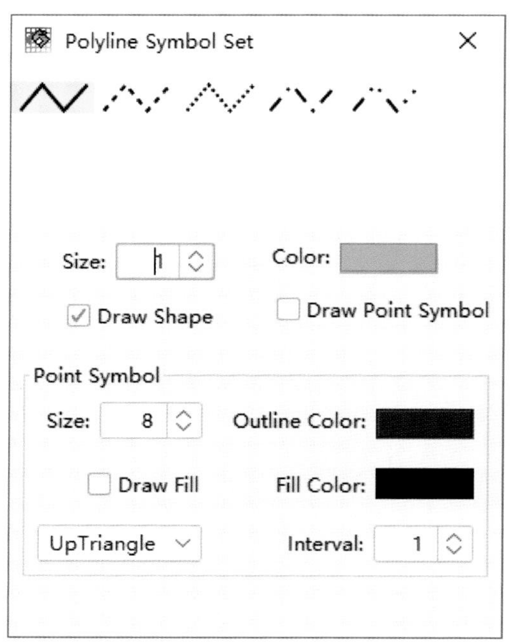

图 2.11　线符号设置对话框

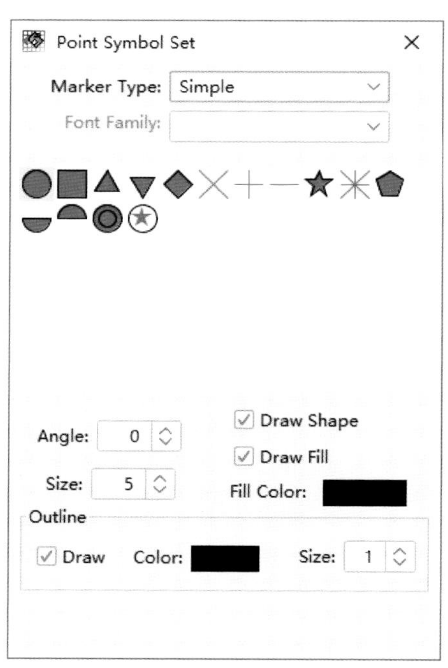

图 2.12　点符号设置对话框
（点标记类型为简单点符号）

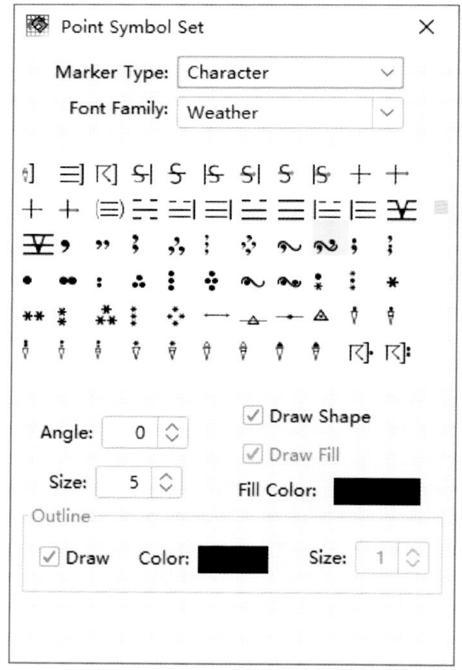

图 2.13　点符号设置对话框
（点标记类型为字体符号）

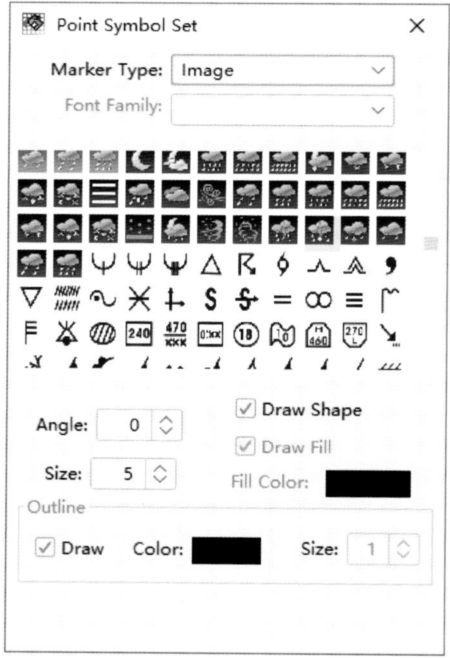

图 2.14　点符号设置对话框
（点标记类型为图像符号）

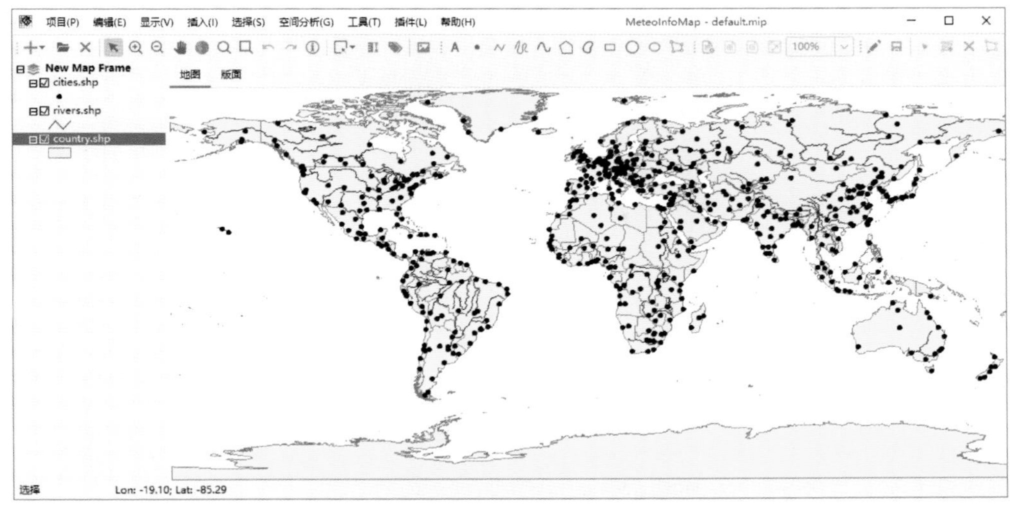

图 2.15　新加载的三个矢量图层

通过对三个图层的图例进行设置，得到图 2.16 所示的显示效果。

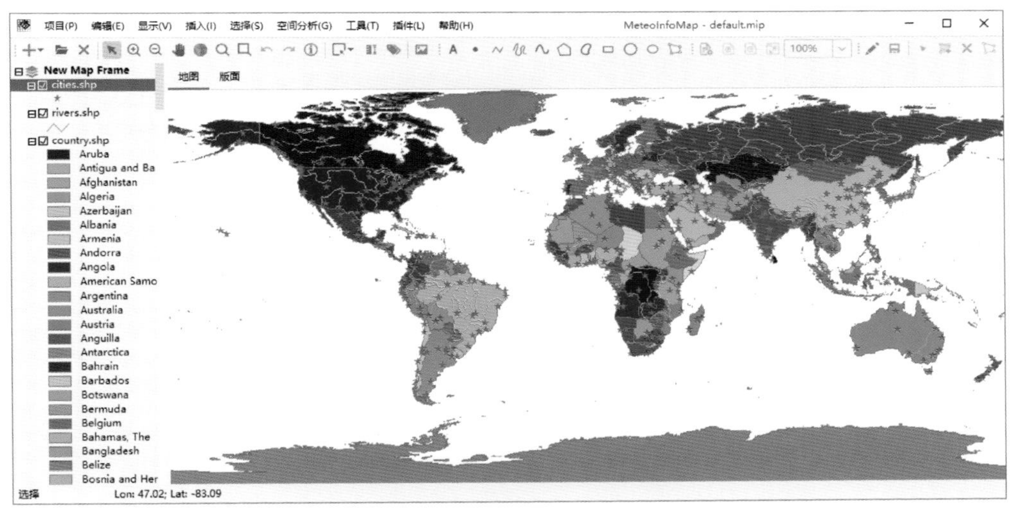

图 2.16　经过图例设置的三个矢量图层

2.2.3　图像图层

MeteoInfo 支持将一个图像文件打开通过地理定位作为一个图像图层加载，一般的图像文件是没有地理位置信息的，要进行地理定位必须增加一个 world 文件。World 文件是一个 ASCII 码文件，可以用任何文本编辑器来创建和编辑。图像文件的后缀通常是三个字符，比如 .jpg，world 文件的命名是取对应图像文件名的前缀以及后缀的第一和第三个字符，最后增加一个 w 字符。例如，图像文件名为 image.jpg，则对应的 world 文件名为 image.jgw。

World 文件包含的内容如下：

20.17541308822119　　　　　　-A

0.00000000000000　　　　　　-D

```
0.00000000000000          -B
-20.17541308822119        -E
424178.11472601280548     -C
4313415.90726399607956    -F
```

其中：

A 是 x 方向的缩放比例，表明 x 方向图像的一个像素代表真实地理坐标 x 方向的长度；

D 是 x 轴的旋转角度；

B 是 y 轴的旋转角度；

E 是 y 方向的缩放比例，表明 y 方向图像的一个像素代表真实地理坐标 y 方向的长度；E 值通常是负值，因为图像坐标的起始点是左上角，而地理坐标的起始点是左下角；

C 是左上角像素中心点的地理 x 坐标；

F 是左上角像素中心点的地理 y 坐标。

在 MeteoInfoMap 中可以像加载 Shapefile 一样加载图像文件为一个图像图层，如果该图像已经有 world 文件，软件会按照 world 文件里的参数将图像坐标转换为地理坐标。如果没有 world 文件，软件会自动创建一个，里面的参数可以通过图像图层的属性对话框进行调整。

双击图像图层名可以打开图像图层的属性对话框（图 2.17）。可以看到 world 文件中的相关参数都可以在属性对话框中进行设置。还可以设置图像整体的透明度，或者选择某一个颜色设置为透明。图像的显示可以设置插值方式（Interpolation）。图像图层对话框中没有图例（Legend）选项，不能对图例进行更细致的设置。

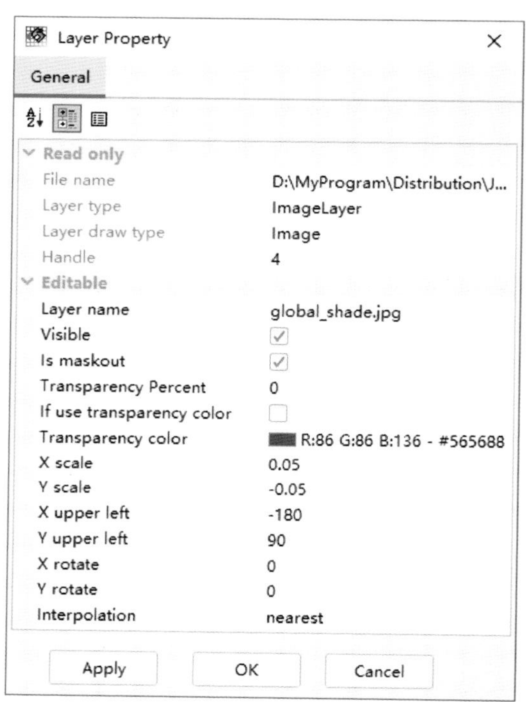

图 2.17 图像图层属性对话框

2.2.4 栅格图层

栅格图层包含了一个二维数组来表示格点数据以及相应的投影和坐标信息，图层是以图像的形式显示的。双击栅格图层名打开图层属性对话框（图 2.18）。栅格图层属性对话框中有图例（Legend）选项，可以对图例根据格点值进行设置，对于每个图例项的符号只能设置颜色和透明度。

2.2.5 网络地图图层

MeteoInfo 支持加载多种网络地图提供商的网络瓦片地图，这样可以大大丰富地理地图的显示（需要电脑能够访问互联网）。要加载一个网络地图可以点击“添加图层”按钮右边的三角形，打开下拉菜单，选择“添加网络图层”菜单（图 2.19）。网络地图是墨卡托（Mercator）投

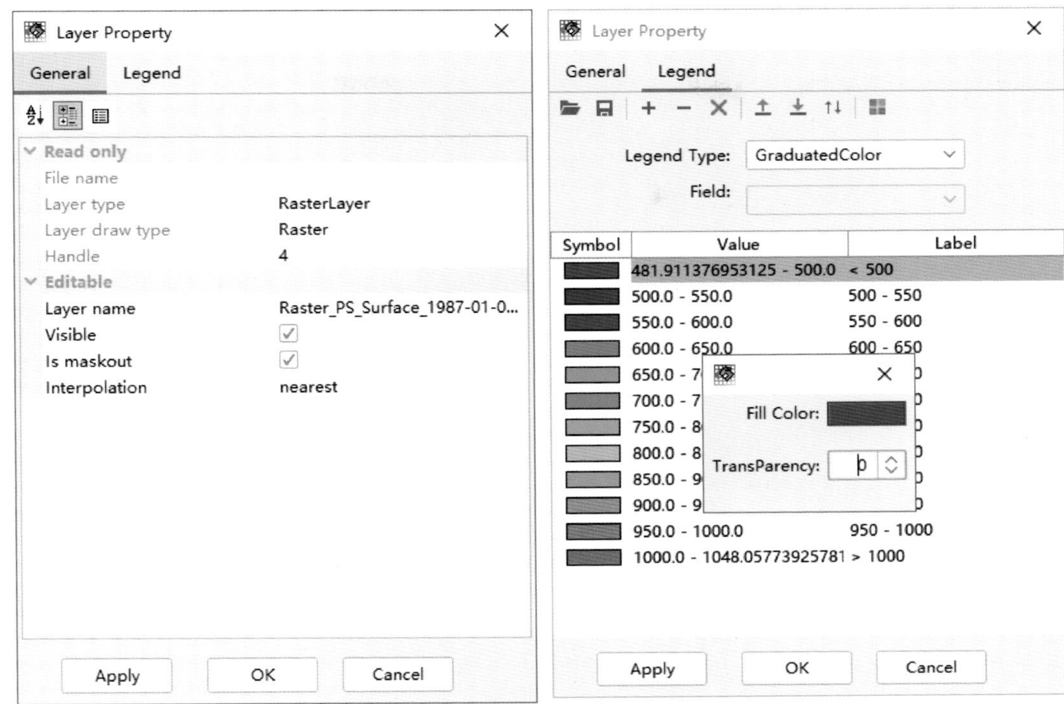

图 2.18　栅格图层属性对话框

影，如果当前地图框架不是墨卡托投影则会显示一个对话框问用户是否将地图框架投影为墨卡托投影，为了网络地图图层和其他图层位置匹配，建议选“是”，这样就会增加一个网络地图图层。

新添加的网络地图图层缺省的地图提供方是OpenStreetMap，可以通过放大看到详细的网络地图信息(图 2.20)。

除了 OpenStreetMap 之外，MeteoInfoMap 还支持很多其他网络地图提供方的网络地图，包括必应、雅虎、谷歌、高德、腾讯等。双击网络地图图层名打开网络地图图层属性对话框(图 2.21)，可以通过选择网络地图提供方(Web Map Provider)来加载不同的网络地图，比如加载谷歌卫星网络地图(图 2.22)。

图 2.19　添加网络图层

2.2.6　地图框架和图层组

图层是由地图框架(Map Frame)和图层组(Layer Group)来管理的，一个图层组可以包含多个图层，一个地图框架可以包含多个图层和图层组。双击地图框架名弹出地图框架属性对话框(图 2.23)，可以修改地图框架的名称。

用鼠标选中地图框架名(图 2.24)，点击右键出现的菜单中包括添加图层组(New Group)、添加图层(Add Layer)、添加网络图层(Add Web Layer)和设置是否为活动地图

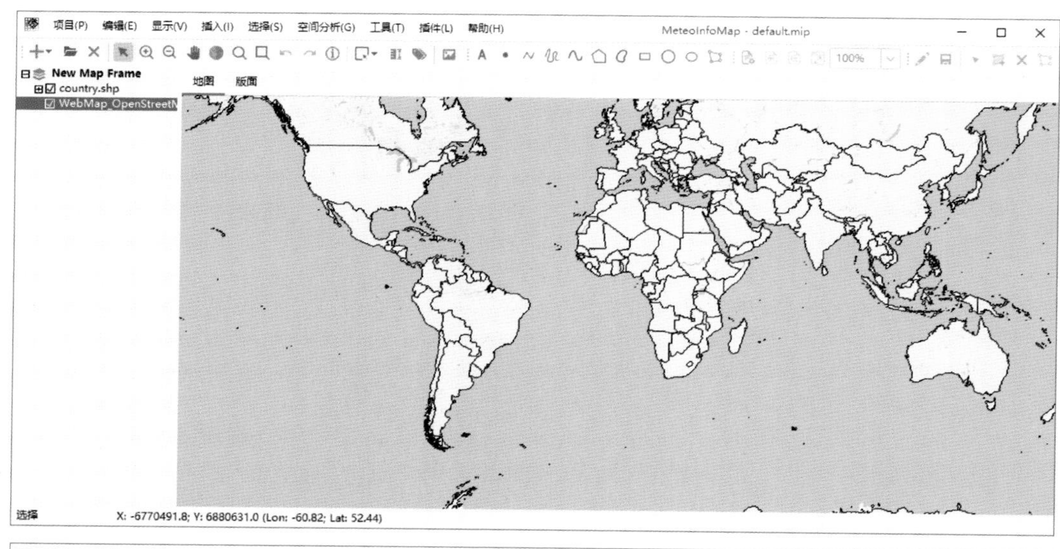

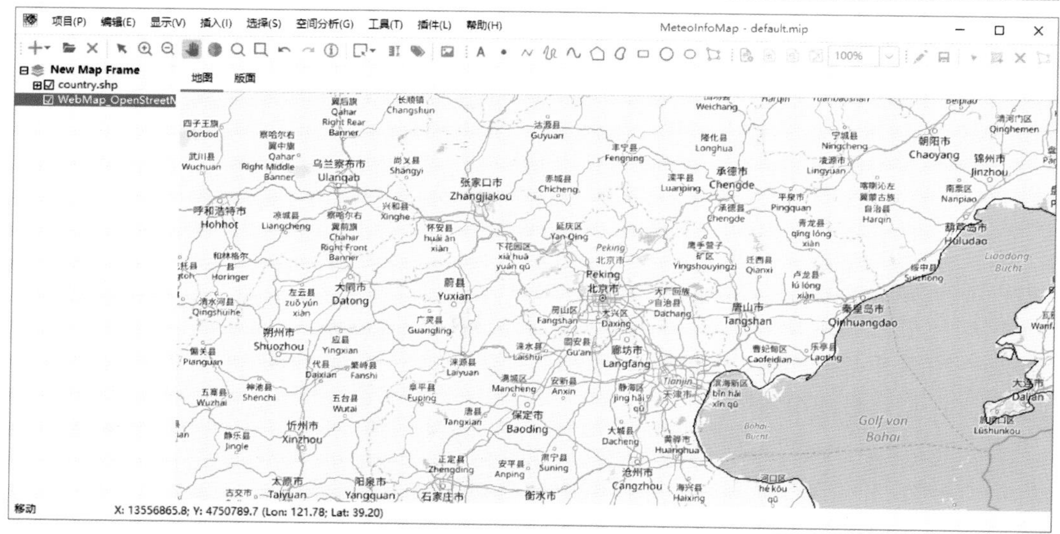

图 2.20 OpenStreetMap 网络地图

框架(Active)。

图层组可以将相似的图层组织起来,在图层很多的时候可以使得图层管理更为方便。

在 MeteoInfoMap 的图形显示区域,"地图"区域中只能显示一个地图框架的图形内容,如果有多个图形框架则显示活动(Active)地图框架的内容。"版面"区域里可以显示所有地图框架的图形内容。下面我们增加一个地图框架作为南海脚图。

点击"插入→图层框架"菜单插入一个图层框架,缺省名为 New Map Frame 1,双击该图层框架名,在属性对话框修改图层框架名为"南海脚图"(图 2.25)。鼠标右键打开该图层框架的右键菜单,并添加 cn_border. shp 图层,修改图例为蓝色。可以看到"地图"区域显示的是"New Map Frame"地图框架的内容,因为该地图框架是活动的,地图框架是否为活动框架可以从名称是否为加黑看出来。而在"版面"区域两个地图框架的内容都显示了出来。

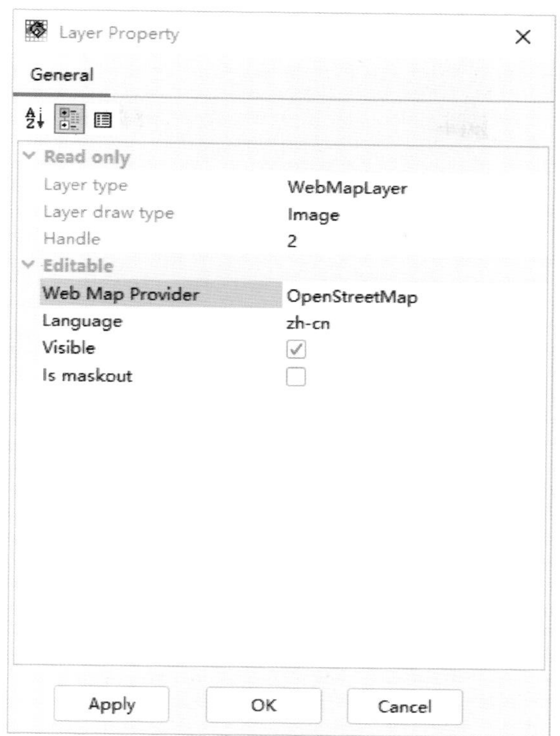

图 2.21　网络地图图层属性对话框

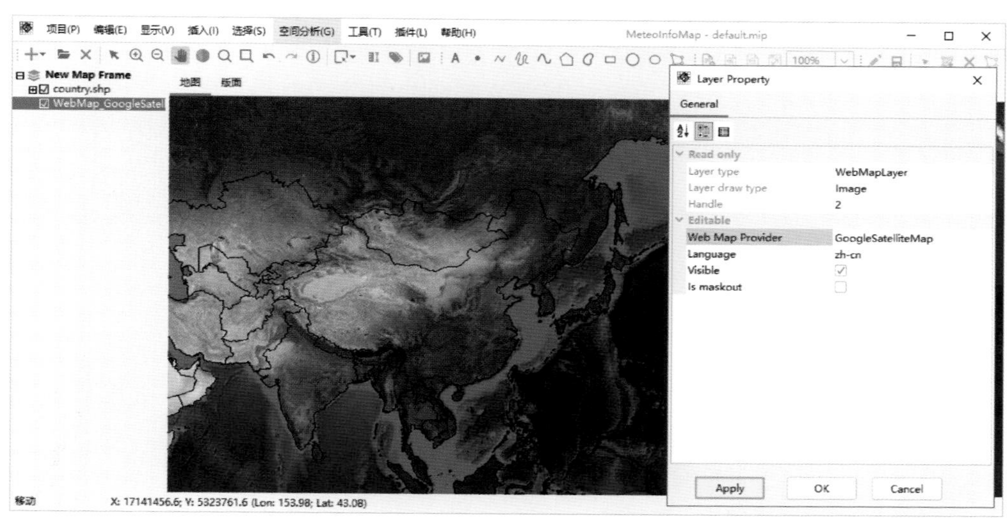

图 2.22　加载谷歌卫星网络地图

选中“南海脚图”地图框架名，点击右键并在弹出菜单中选择“Active”可以将“南海脚图”地图框架设为活动框架(图 2.26)，这是“地图”区域显示的就是该地图框架的内容。

可以通过在“版面”中移动、缩放和改变“南海脚图”地图框架的属性生成带南海脚图的中国地图(图 2.27)。“版面”的具体操作会在后面的章节中详细介绍。

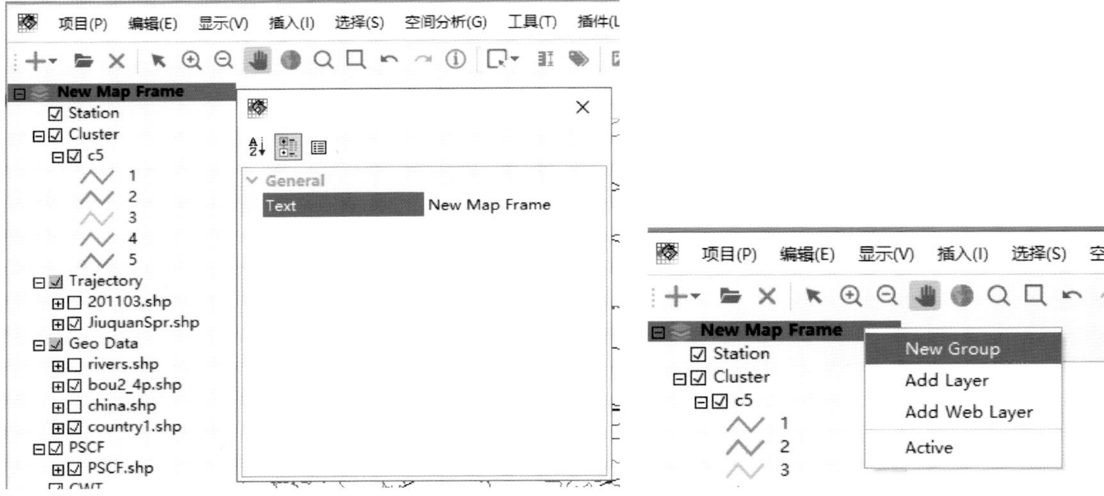

图 2.23　地图框架属性对话框

图 2.24　地图框架右键菜单

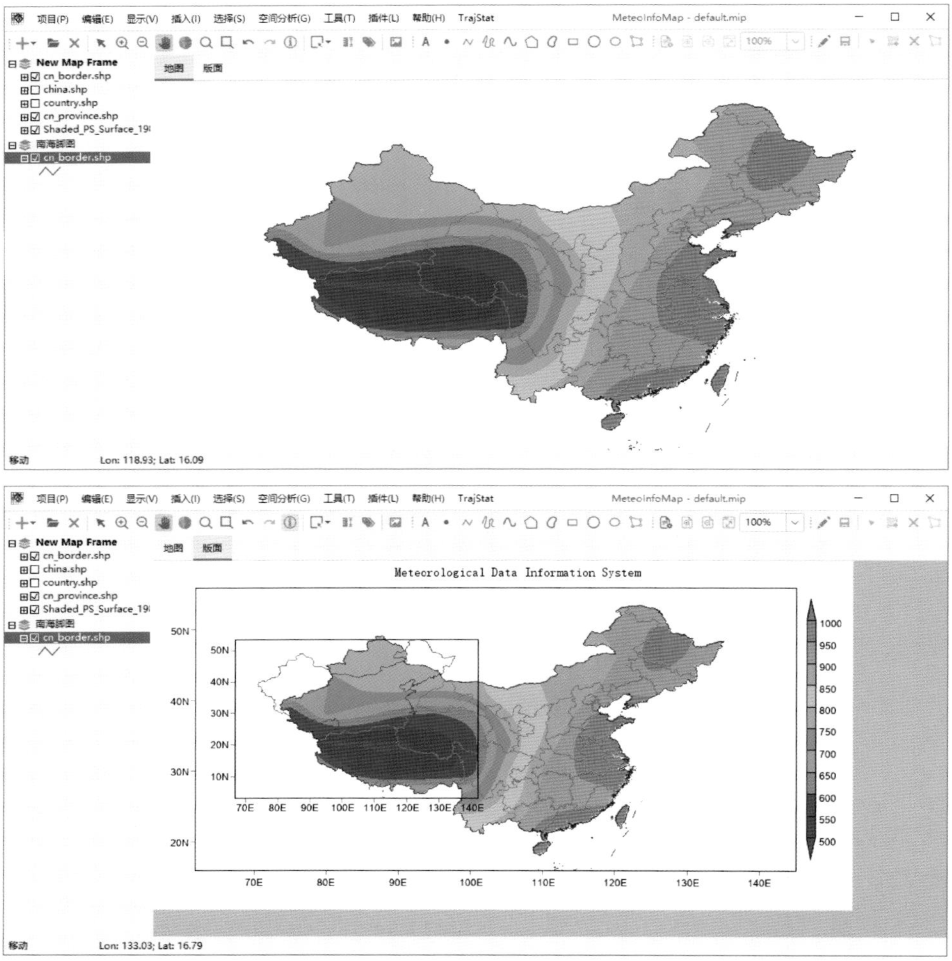

图 2.25　添加南海脚图地图框架

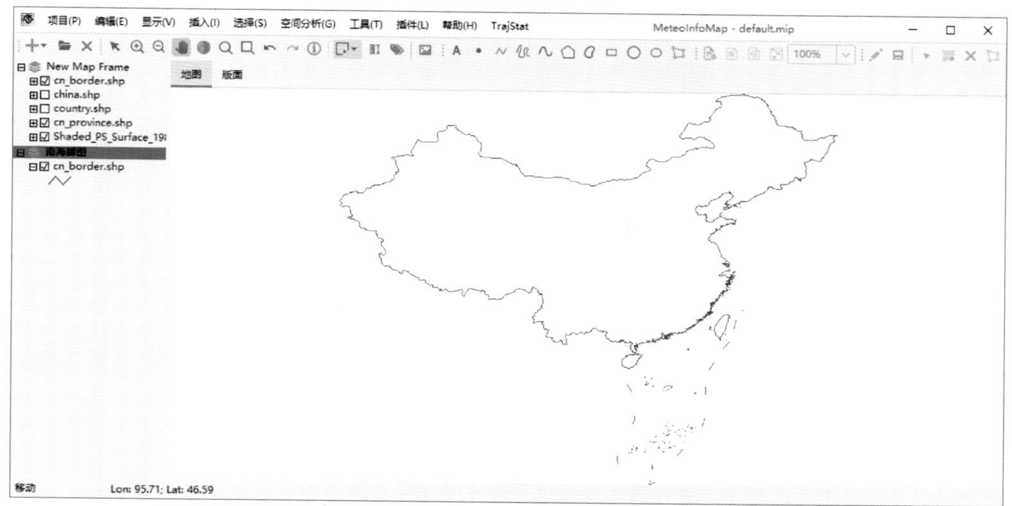

图 2.26　设置“活动”地图框架

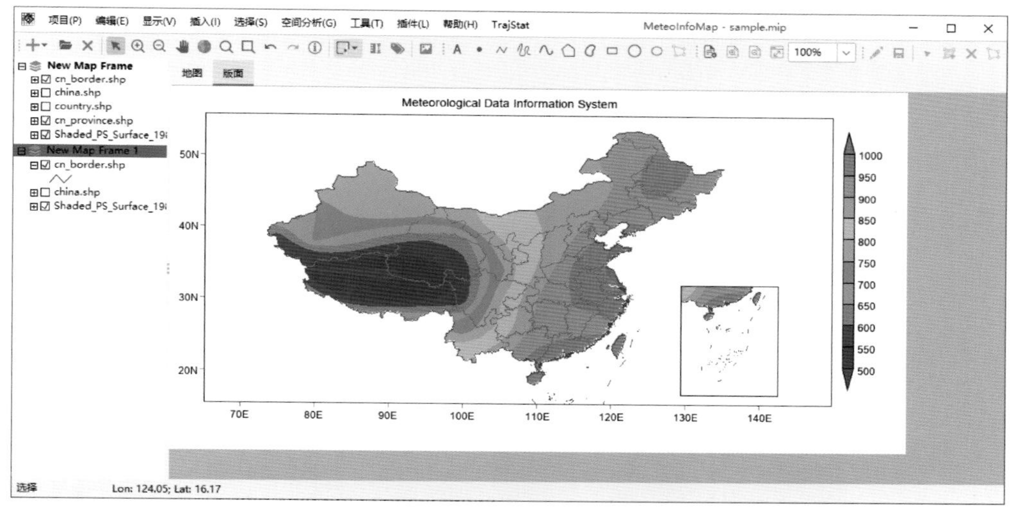

图 2.27　编辑后的带南海脚图的中国地图

2.3　地图操作

2.3.1　地图漫游

地图是活动地图框架图形显示的区域，显示的具体内容是由地图框架中各图层的显示设置决定的。MeteoInfoMap 工具栏中有一些图形缩放工具方便对图形进行漫游，包括“放大”“缩小”“移动”“所有图层范围”“选中图层范围”和“自定义范围”。其中移动工具最为常用，选中该工具按钮后地图区域会出现手形光标，可以通过鼠标拖动进行地图漫游，也可以通过鼠标滚轮进行地图缩放。点击“所有图层范围”按钮可以让地图范围缩放到所有图层的最大范围。在某个图层被选中后可以通过点击“选中图层范围”按钮将地图缩放到该图层的空间范围。

“自定义范围”按钮点击后出现自定义空间范围的对话框，可以对地图显示的范围进行自定义（图 2.28）。

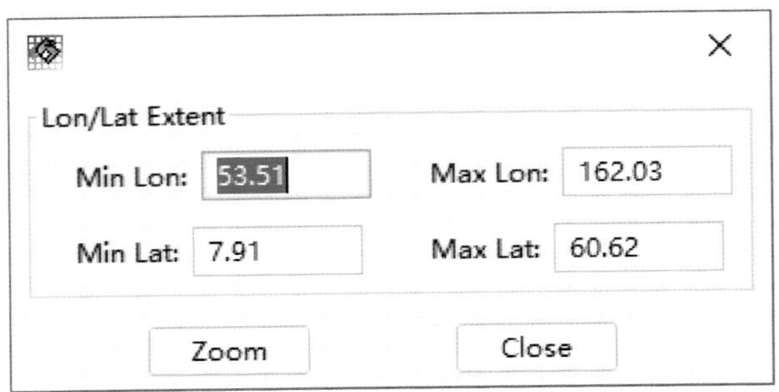

图 2.28 自定义地图显示范围对话框

2.3.2 图层属性数据查询和标注

矢量图层是有属性数据的，选中某个矢量图层，点击工具栏中的“要素属性”按钮，可以在地图上点击图层中的某个空间要素来查看其属性数据，被选中的空间要素会高亮显示（图 2.29）。

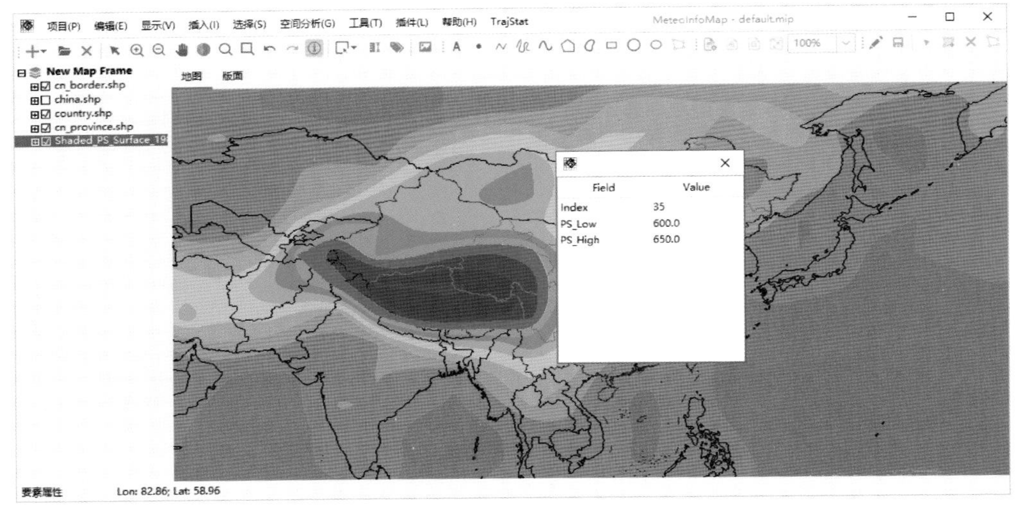

图 2.29 空间要素属性数据查询

选中一个矢量图层后可以利用图层的属性数据对图层的空间要素进行自动标注。例如，选中加载的 cities.shp 图层，点击工具栏中的“标注”按钮，弹出标注设置对话框（图 2.30），选择要标注的属性字段(Field)，点击 Update 就能够将字段中每个空间要素的属性值标注在空间要素位置上，对话框中还可以对标注字体、颜色、位置等进行设置。我们利用 NAME 字段将城市名标注在每个城市位置上，并修改字体、颜色和 Y 方向的偏移量(Y Offset)。对于标注可以设置是否免压盖(Avoid Collision)，该属性选中的状态下有些标注会不再显示以避免标注互相压盖的现象。

选中工具栏中的“选择”按钮，可以用鼠标在地图上选中某个标注（图 2.31），并可移动其位置。

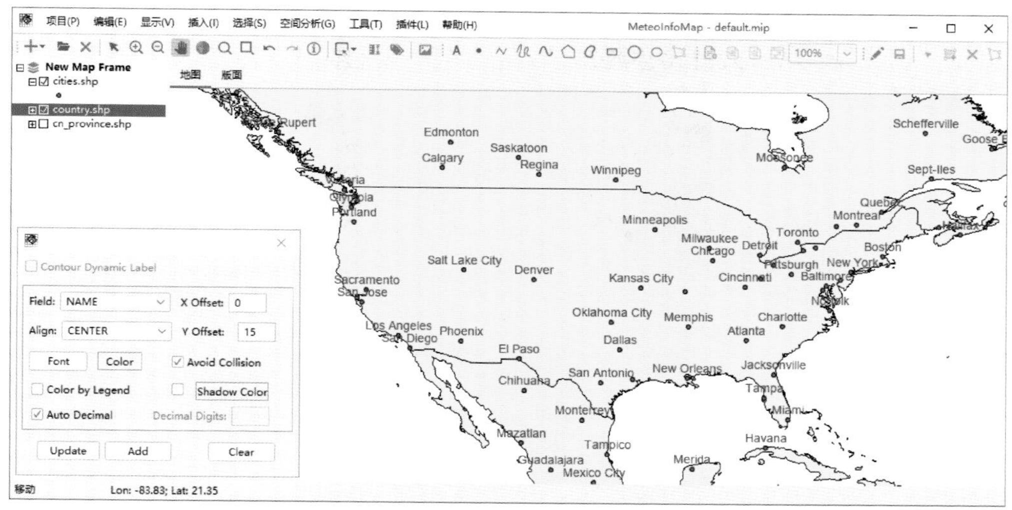

图 2.30　图层属性值标注

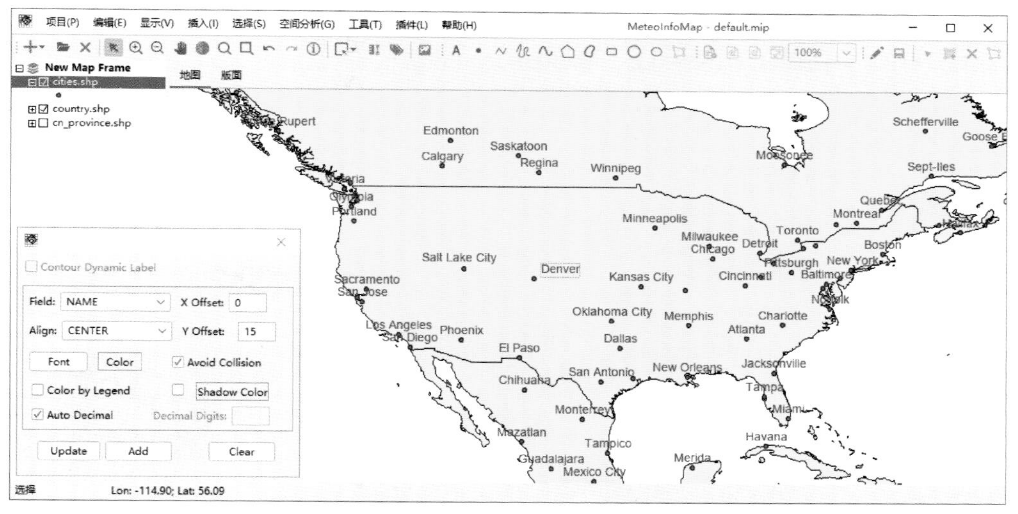

图 2.31　选中并移动标注

双击标注可以在弹出的标注设置对话框中设置标注的文字内容、字体、颜色和角度(图 2.32)。

2.3.3　图层空间要素选择

软件工具栏中有一些选择工具可以交互式的选择某个矢量图层中的部分空间要素，包括“按矩形选择”“按多边形选择”“按套索选择”和“按圆选择”。如图 2.33 所示，选中其中一个(如“按圆选择”)，用鼠标在地图区域绘制相应的图形选中图形内的空间要素。

软件还有“选择”菜单，可以根据矢量图层的属性数据来选择空间要素，或者根据空间位置来选择空间要素。点击“选择→通过属性数据选择”菜单打开通过属性数据选择空间要素的对话框(图 2.34)，设置图层(Layer)为欲进行空间要素选择的图层，设置合适的选择方式(Method)，利用图形的属性字段和数据值编写一个选择表达式。例如，选择能见度小于 10 km 的站点，编写表达式为：Visibility ＜ 10，点击选择按钮(Select)即可，被选中的空间要素会高亮显示。

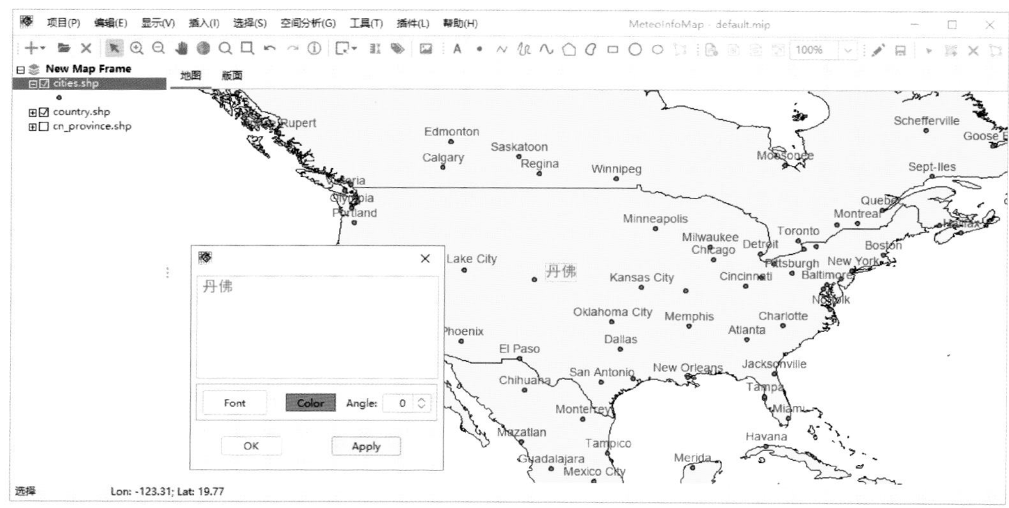

图 2.32 修改标注

图 2.33 空间要素选择工具

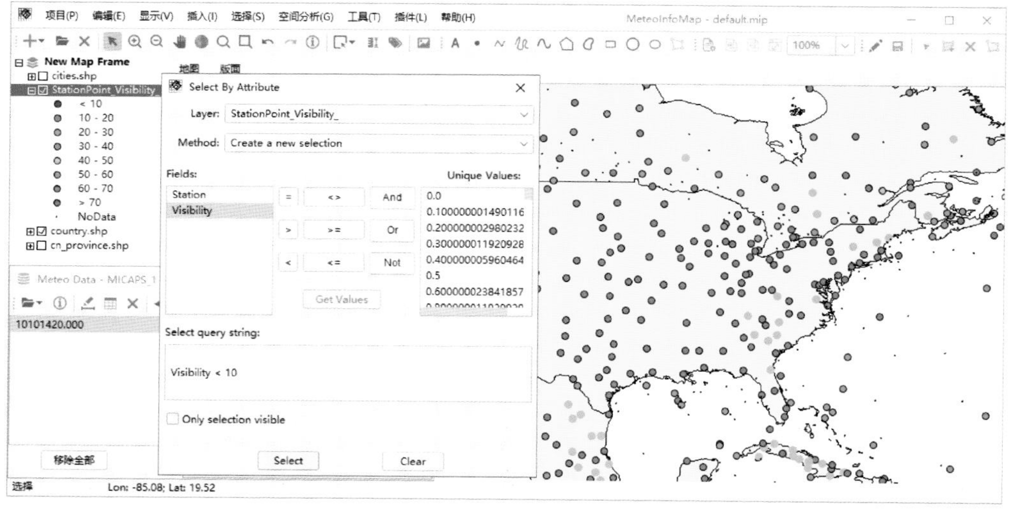

图 2.34 通过属性数据选择空间要素

图 2.35 所示示例为要选择位于内蒙古的站点，用鼠标选中 cn_province. shp 图层名，点击工具栏中"通过矩形选择要素"按钮，通过鼠标点击选中内蒙古区域，被选中区域高亮显示。点击"选择→通过位置选择"菜单，打开通过位置选择对话框，设置被选中空间要素的图层（Select features from the layer）、选择方式（That）、用于确定空间位置的图层（The features in this layer）。注意要勾选只被选中要素（Selected features only），这样就可以用刚才 cn_province. shp 图层中被选中的内蒙古区域来选择站点图层的站点了。选中后的点会高亮显示。

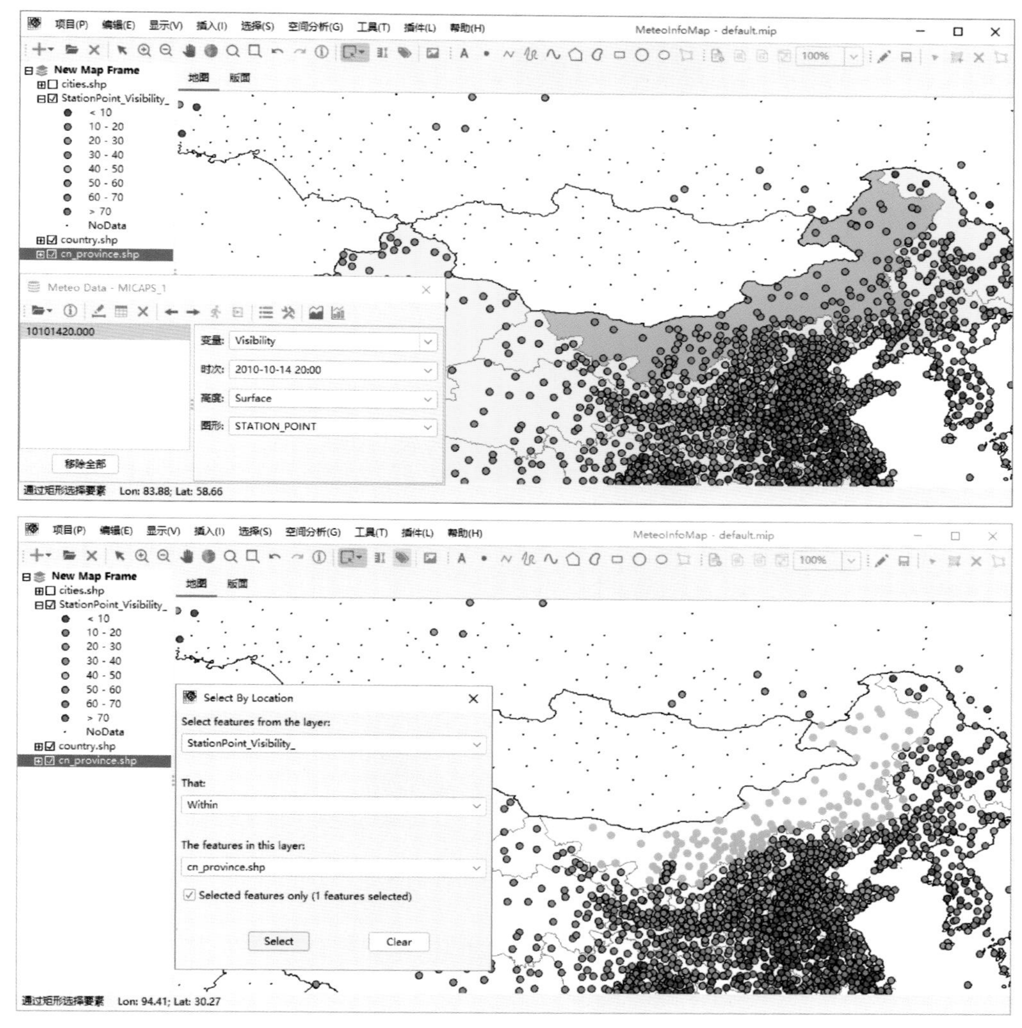

图 2.35 通过位置选择空间要素

2.3.4 距离和面积测量

点击工具栏中的"测量"按钮弹出测量对话框，该对话框中第一个按钮选中后可以通过鼠标在地图区域选中某个图层中的某个空间要素来测量其面积或者距离（图 2.36）。

选择距离（Distance）按钮后，可以用鼠标在地图区域画折线并测量出折线的长度（图 2.37）。

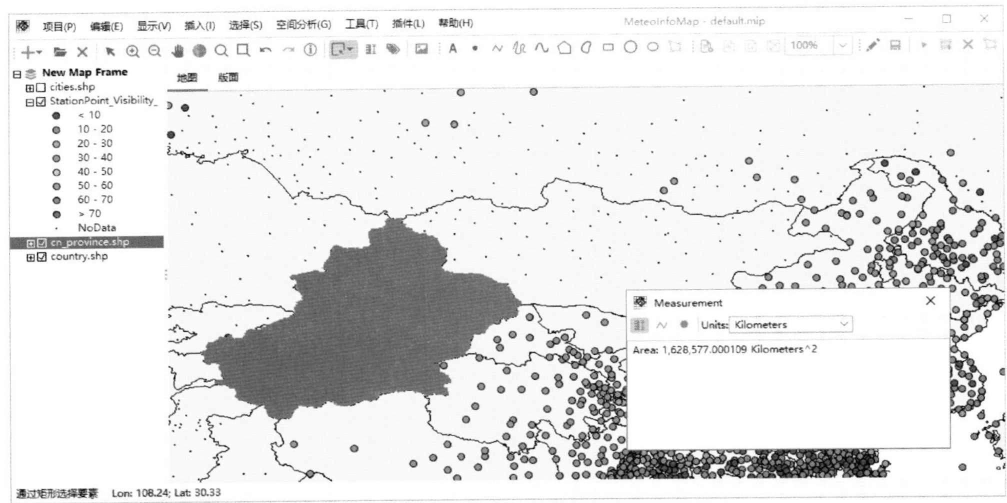

图 2.36　测量图层中某个空间要素的面积

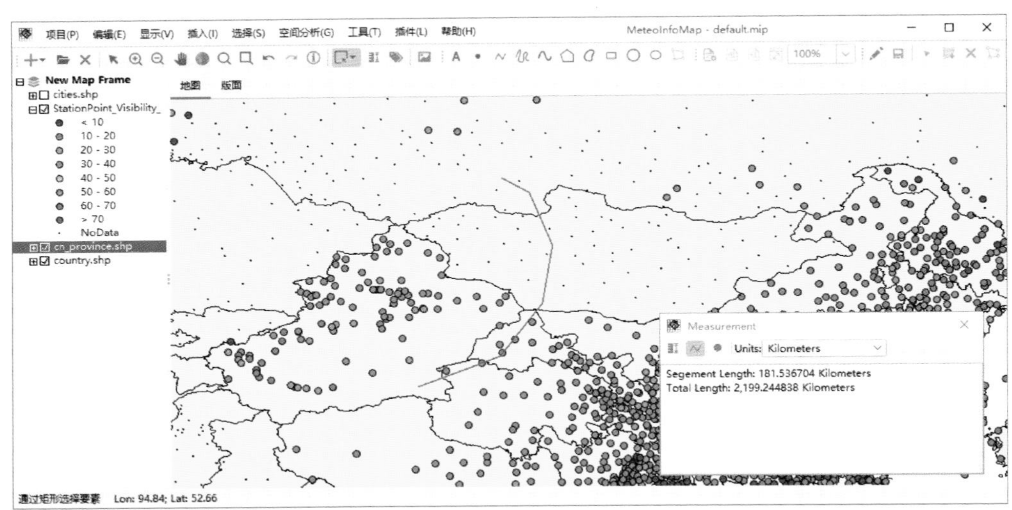

图 2.37　测量绘制折线的长度

选择面积(Area)按钮后,可以用鼠标在地图区域绘制多边形区域并测量出区域面积(图 2.38)。

2.3.5　交互式绘制图形

MeteoInfoMap 提供了丰富的交互式绘制图形工具,可以方便地绘制文字、点、线条和各种多边形。点击工具栏中"添加标注"按钮,用鼠标左键在地图上点击即可添加文字 Text。点击工具栏中的"选择"按钮,用鼠标选中添加的文字,双击鼠标出现文字设置对话框,可以修改文字内容、字体、颜色和角度,并通过鼠标移动文字的位置(图 2.39)。

点击工具栏中的"添加点"按钮可以用鼠标在地图区域添加点,选中添加的点后双击可以打开点符号设置对话框对点的显示符号进行修改(图 2.40)。

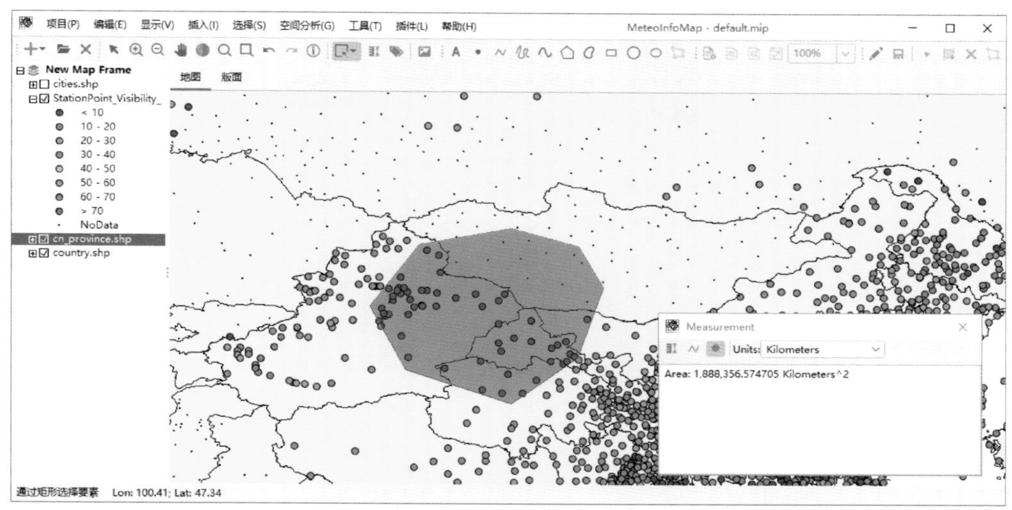

图 2.38　测量绘制多边形区域的面积

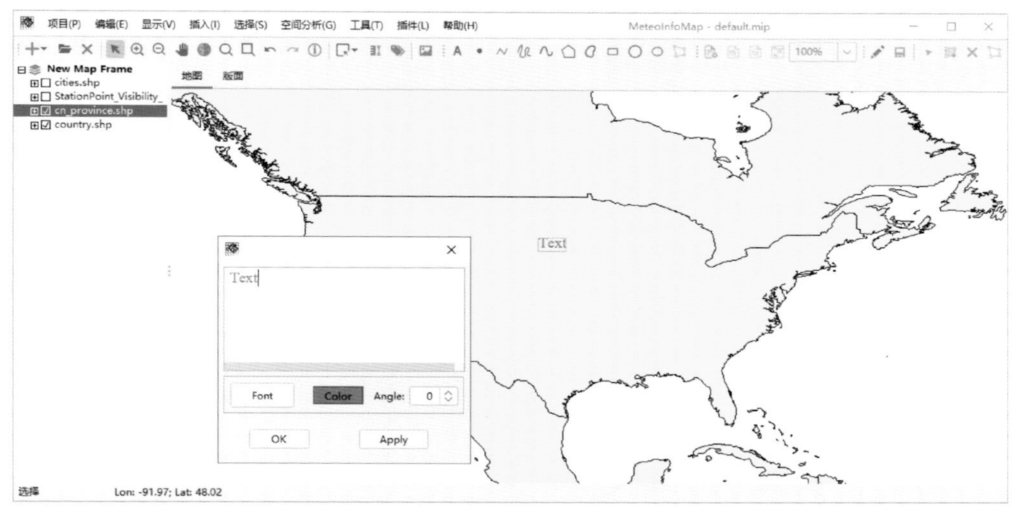

图 2.39　添加和修改文字标注

通过工具栏中“添加线”“添加手绘线”和“添加曲线”工具可以在地图上添加相应的线条，选中添加的线条后点击“编辑节点”按钮可以用鼠标编辑线条上的节点从而实现对线条的修改，再次点击“编辑节点”按钮退出节点编辑状态。选中线条后双击弹出线条符号设置对话框，可以对线条的显示符号进行修改(图 2.41)。

通过工具栏中“添加多边形”“添加曲线多边形”“添加长方形”“添加圆”和“添加椭圆”工具可以在地图上添加相应的多边形。和线条编辑类似，选中添加的多边形后点击“编辑节点”按钮可以用鼠标编辑多边形边界上的节点，从而实现对多边形的修改，再次点击“编辑节点”按钮退出节点编辑状态。选中多边形后双击弹出多边形符号设置对话框，可以对多边形的显示符号进行修改(图 2.42)。

添加图形被选中后可以在键盘上按删除键删除图形，也可以点击鼠标右键利用出现的右键菜单中的“删除”菜单删除图形。

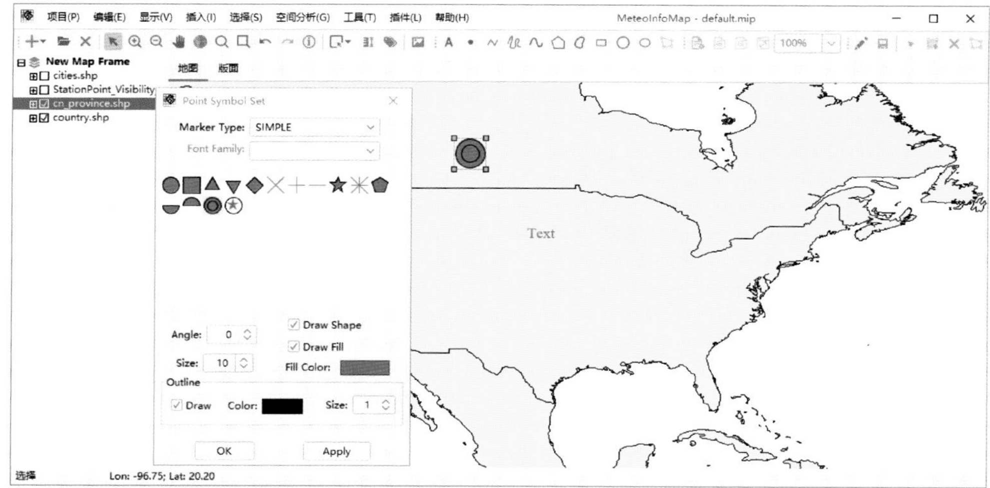

图 2.40 添加和修改点

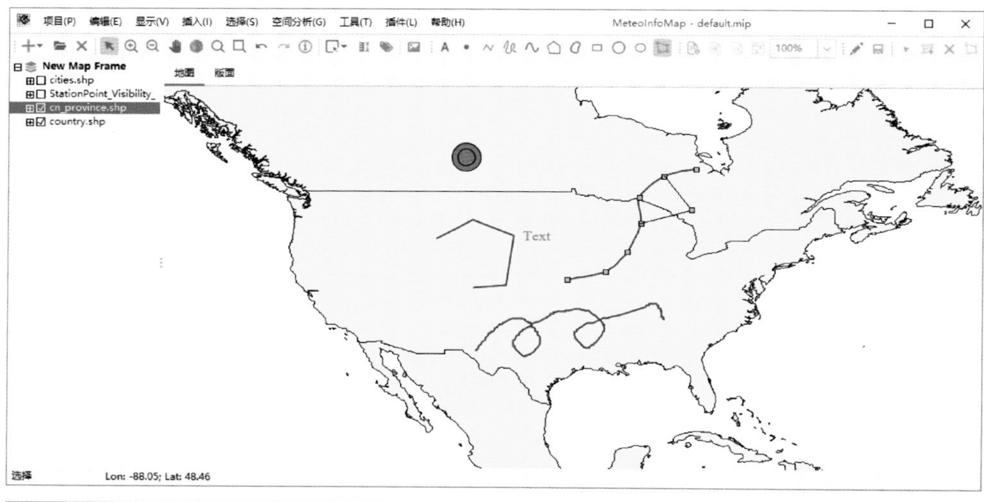

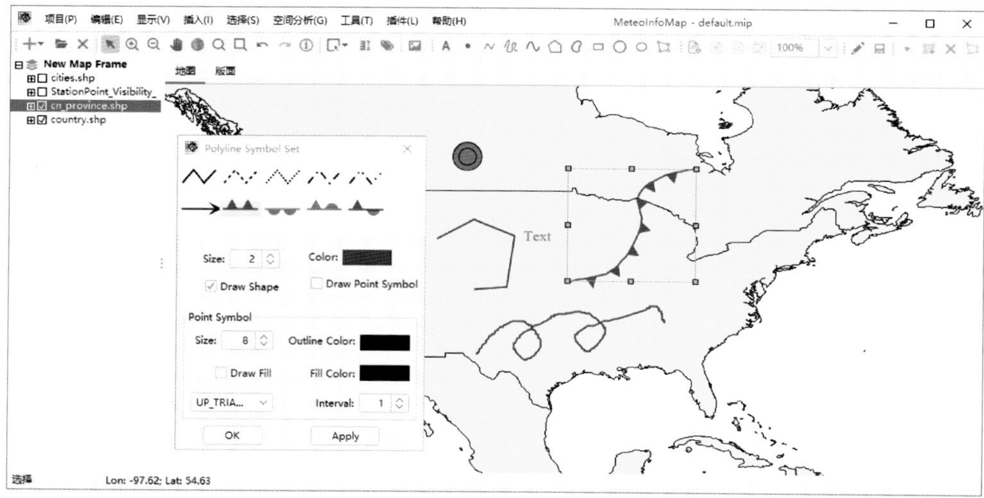

图 2.41 添加和修改线条

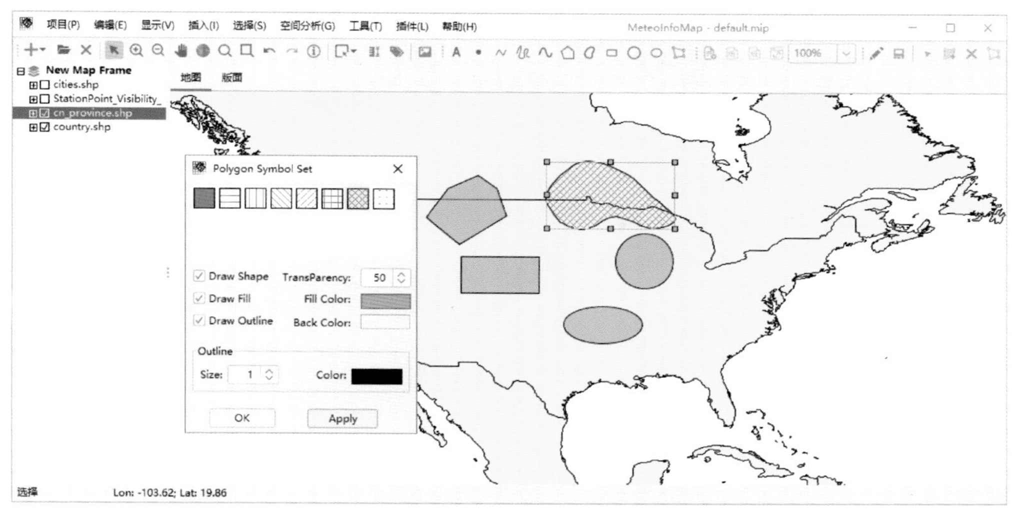

图 2.42　添加和修改多边形

2.3.6　地图投影

通过“显示→投影”菜单可以调出地图投影设置对话框，通过设置投影类型和相关的参数可以实时改变地图的投影方式(图 2.43)。MeteoInfo 通过 Proj4J 库(https://github.com/locationtech/proj4j)支持大多数地图投影类型，但在这个投影设置对话框中只包含了气象领域常用的一些投影类型，包括：

- 等经纬度投影(LongLat)
- 兰勃特投影(Lambert_Conformal_Conic)
- 阿尔伯斯等积投影(Albers_Equal_Area)
- 北极极射赤平面投影(North_Polar_Stereographic_Azimuthal)
- 南极极射赤平面投影(South_Polar_Stereographic_Azimuthal)

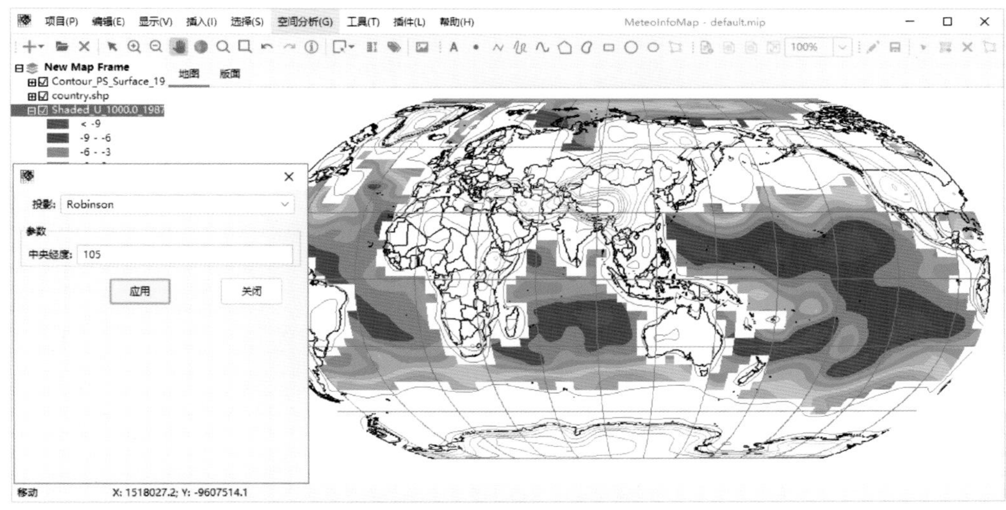

图 2.43　设置地图投影

- 墨卡托投影(Metcator)
- 罗宾逊投影(Robinson)
- 莫尔维德投影(Mollweide)
- 正射投影(Orthographic_Azimuthal)
- 对地静止卫星投影(Geostationary_Satellite)
- 斜立体投影(Oblique_Stereographic_Alternative)
- 横轴墨卡托投影(Transverse_Mercator)
- 正弦投影(Sinusoidal)
- 圆柱等积投影(Cylindrical_Equal_Area)
- 哈默埃克特投影(Hammer_Eckert)

2.3.7 地图属性

地图显示的一些属性特征可以通过"显示→地图属性"菜单弹出的地图属性对话框(图 2.44)进行设置。AntiAlias 属性可以设置地图中的图形显示是否开启反锯齿,开启反锯齿后可以提高图形的显示效果,但会让图形的显示速度变慢。Background 和 Foreground 属性用来设置地图的背景色和前景色。XYScaleFactor 属性设置地图显示纵横比例,比如在等经纬度投影中比例值为 1 时中国地图看起来比较扁,设置为 1.2 会让图形的纵向更长一些。MultiGlobalDraw 属性仅在等经纬度投影中使用,选中该属性地图区域会并排绘制三个全球范围地图,很多气象数据的经度范围是 0～360°,而传统 GIS 地图的经度是－180°～180°,提供此选项能够使气象数据和地图数据的显示匹配起来。PointAntiAlias 属性设置是否在绘制点的时候开启反锯齿效果,这个是对点图形绘制质量的单独设置。HighSpeedWheelZoom 属性勾选后鼠标滚轮缩放地图的速度会比较快,但缩放过程中图形的显示质量下降,在缩小过程中地图显示区域会有白边。不勾选该属性能改善图形缩放过程中图形的显示质量,缩小过程也没有白边,但缩放时的图形显示速度降低。

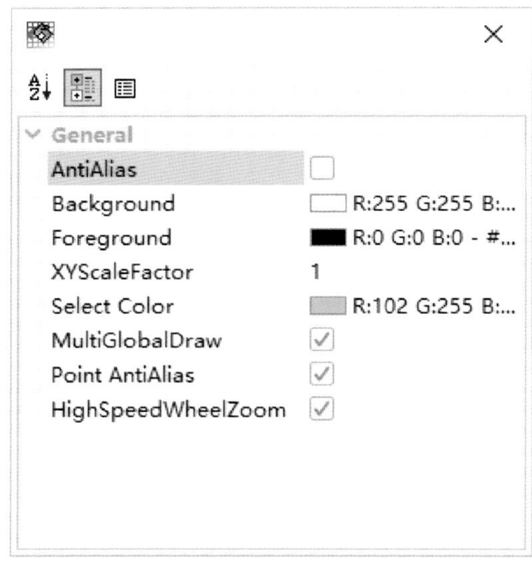

图 2.44 地图属性对话框

图 2.45 是将反锯齿属性选中并将地图背景色设置为淡蓝色的效果示例。

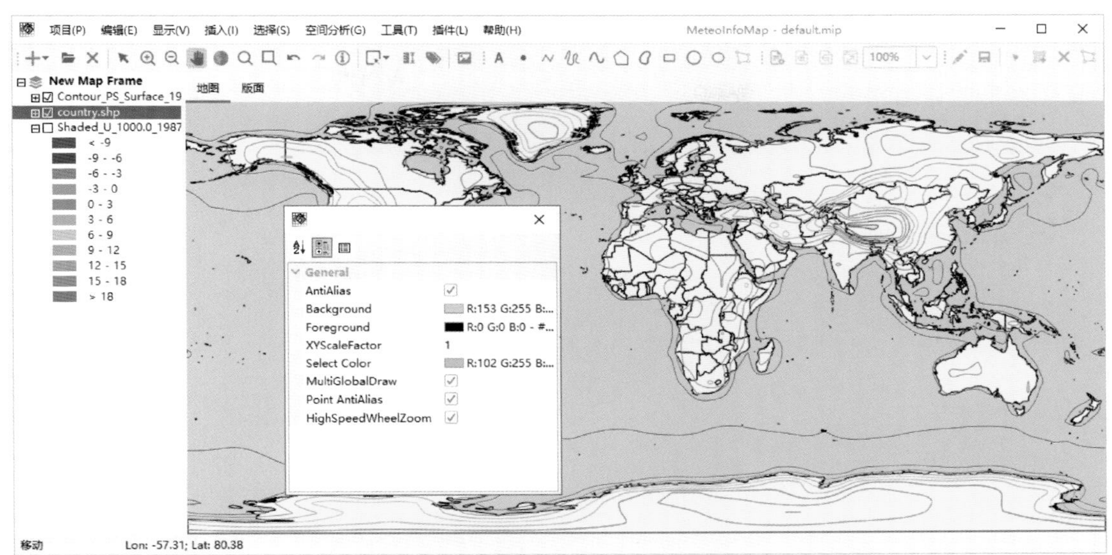

图 2.45　开启反锯齿属性的地图显示

2.3.8　屏蔽外部图形

屏蔽外部图形的功能是指利用多边形区域范围来屏蔽多边形外部的图形，而只显示多边形区域范围内的图形。例如，通过一个全球气象数据做出地面气压场的等值线填色图(图 2.46)。

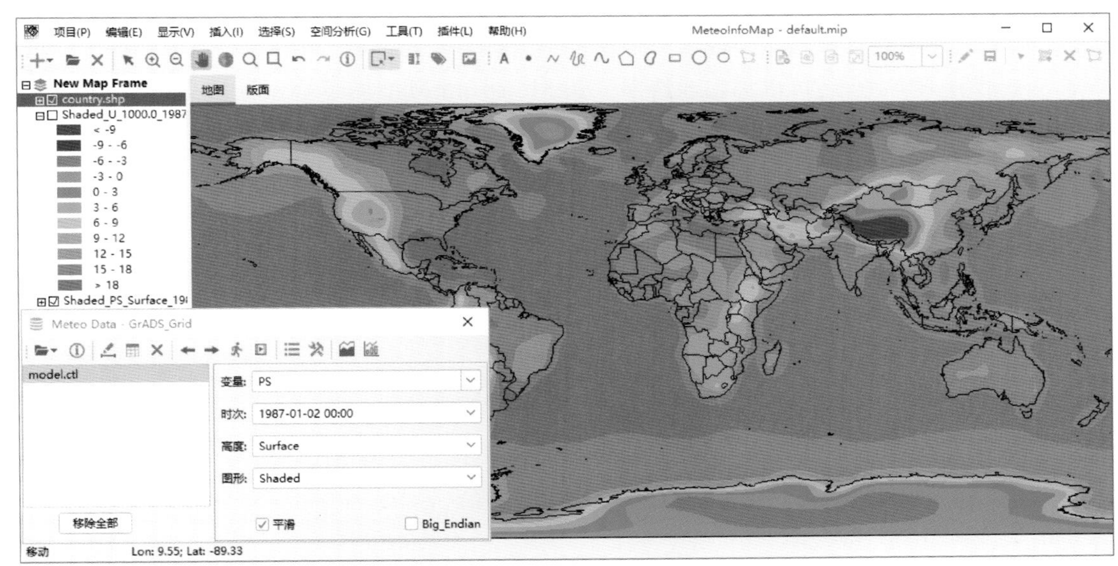

图 2.46　全球范围地面气压场等值线填色图

如果想只显示中国区域的图形，需要先添加一个中国区域的多边形图层，可以使用 MeteoInfo→map 目录中的 china.shp 文件，然后点击“显示→屏蔽外部图形”菜单，在弹出的对话框中设置屏蔽图层(Layer Name)为 china.shp，选中 Is Mskout 选项即可屏蔽气压场图层中国区域外的图形(图 2.47)。需要注意的是,气压场图层属性设置对话框中的 Is Maskout 属性也要是选中状态。配合地图的屏蔽图层设置和每个显示的图层的 Is Maskout 属性,可以选择性地屏蔽特定的一个或多个图层。还有一点需要注意,用来屏蔽的图层中的多边形不要太复杂,会影响图形的显示速度。

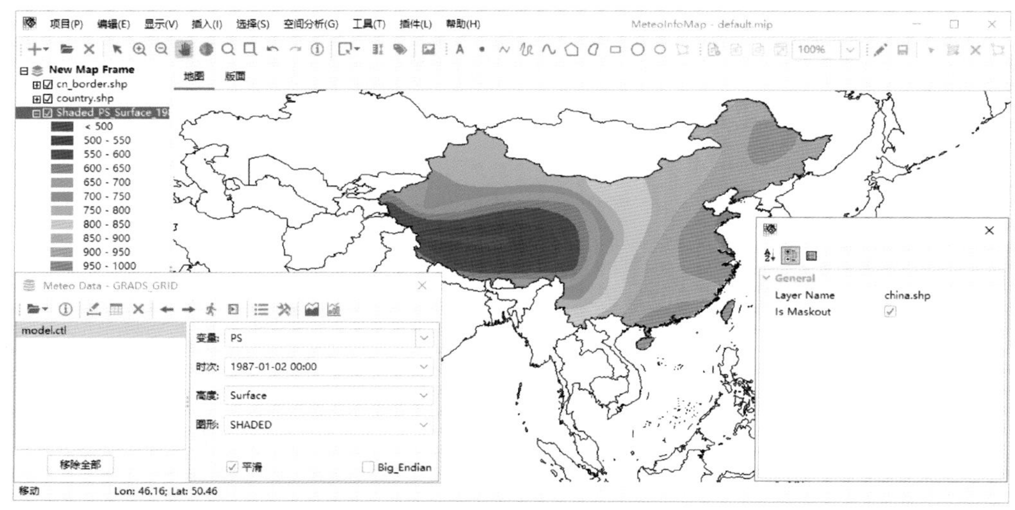

图 2.47　屏蔽中国区域外部的气压场图层图形

2.4 版面布局

版面布局(通常简称为布局)是在虚拟页面上对各种地图元素进行布局,用于地图输出和打印。常见的地图元素包括一个或多个地图框架、比例尺、指北针、地图标题、描述性文本和图例等,为提供地理参考,还可以添加经纬网。在 MeteoInfoMap 图形显示区域点击"版面"选项可以切换到版面布局视图(图 2.48)。工具栏中的地图缩放工具和交互式绘图工具在版面布局视图中也可以使用。

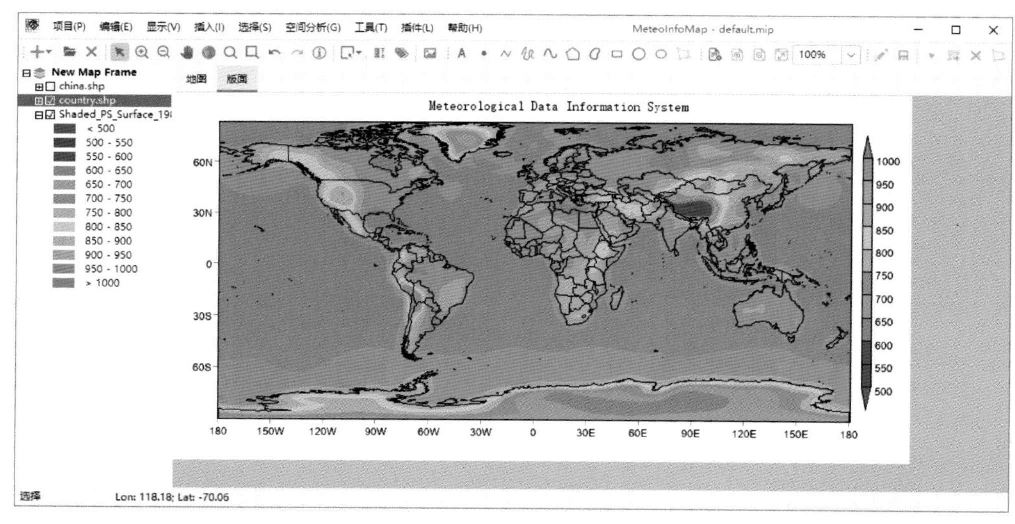

图 2.48　版面布局视图

2.4.1　页面设置和缩放

和地图视图不同，版面的虚拟页面是有长宽尺寸的。拉动软件界面边框时地图视图的范围会随之变化，而版面的尺寸是固定的。页面尺寸之外的部分显示为灰色。切换到版面布局视图后版面设置工具栏状态变为可用，点击工具栏中“页面设置”按钮会弹出页面设置对话框(图 2.49)，用来设置页面的长和宽。

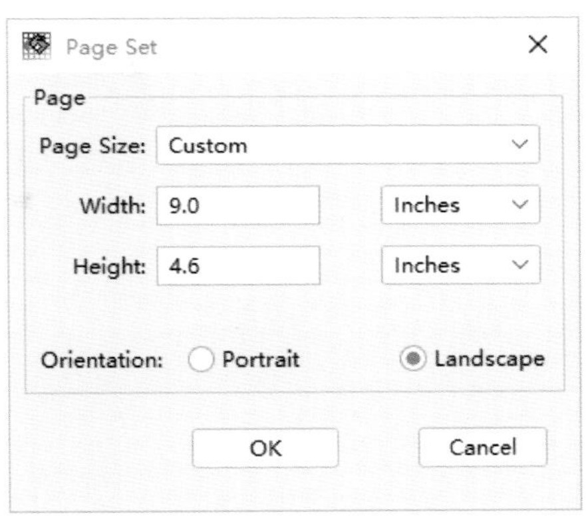

图 2.49　页面设置对话框

版面也可以进行缩放，工具栏中有“放大页面”“缩小页面”“缩放至窗口范围”按钮和一个缩放比例的下拉选择框可以用来控制页面的缩放。需要注意的是，页面缩放并不改变页面的尺寸，只是调整用多大比例，在屏幕上显示页面。当页面显示范围大于界面视图范围时，界面的右边和(或)下边会出现滚动条来帮助浏览页面的内容(图 2.50)。

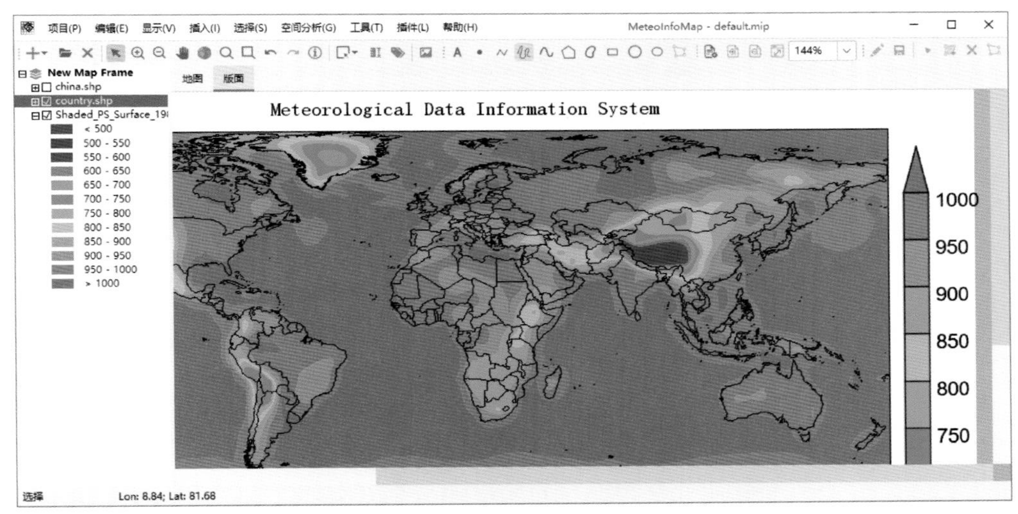

图 2.50　页面显示范围过大时出现滚动条

2.4.2　版面属性

点击“显示→版面属性”菜单弹出版面属性设置对话框(图 2.51)，上面的设置较为简单，AntiAlias 属性用来控制是否开启反锯齿图形显示，Background 和 Foreground 属性用来设置版面的背景色和前景色。

2.4.3　在版面中插入地图要素

在“插入”菜单中有“标题”“文字”“图例”“比例尺”“指北针”和“风箭头”几个可供插入版面的地图要素(图 2.52)，而最重要的地图要素是地图框架要素。

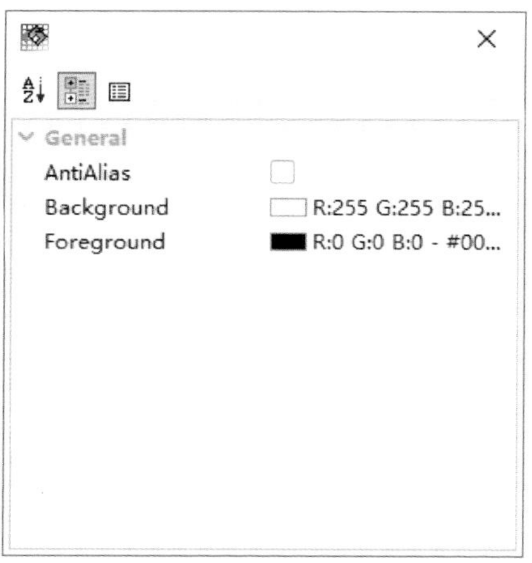

图 2.51　版面属性设置对话框

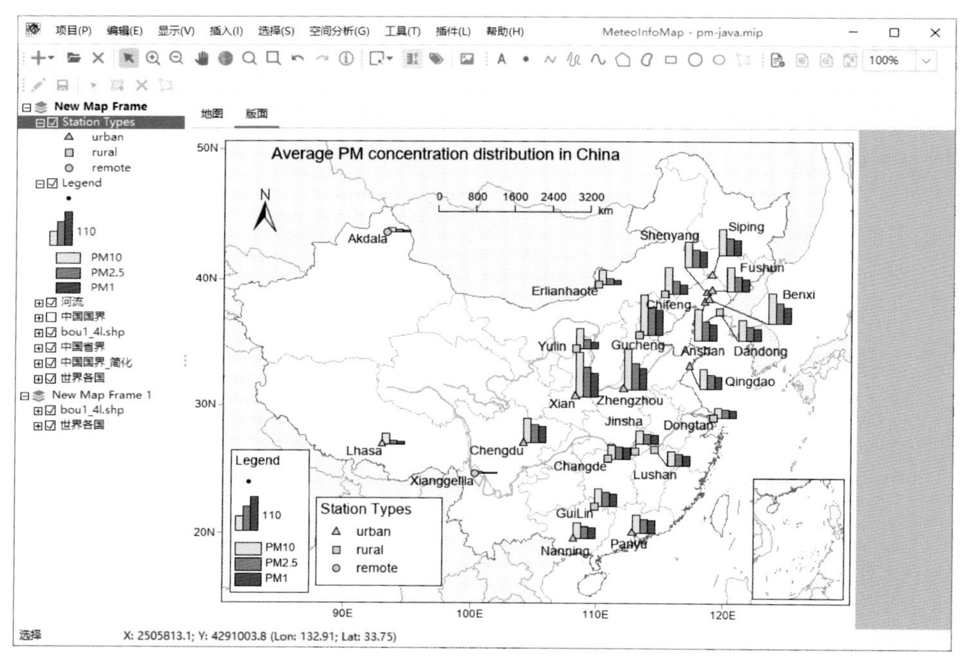

图 2.52　在版面布局中的地图要素

和在地图中添加文字标记类似，在版面中插入的标题和文字都可以被选中、移动和编辑。指北针标明了地图正北方向，比例尺指示了地图长度和实际地理长度的比例。图例标明了图形要素中不同符号的含义。比例尺有多种表现形式，选中后双击打开属性设置对话框，选择比例尺类型(Scale Bar Type)可以改变其绘制方式(图 2.53)。

图中包含了两个地图框架要素，其中一个作为南海脚图。地图框架也支持工具栏中的地图显示范围缩放工具，方便对显示范围进行调整。可以用鼠标选中版面中的地图框架要素，进行交互式移动和尺寸缩放，方便进行布局调整。选中地图框架要素后双击出现属性对话框(图 2.54)，可以对其进行各种设置。其中经纬线和经纬度标注的一些设置最为常用，包括是否显示经纬线、是否标注经纬度、经纬线起始和间隔、经纬度标注字体和位置、经纬线符号设置等。

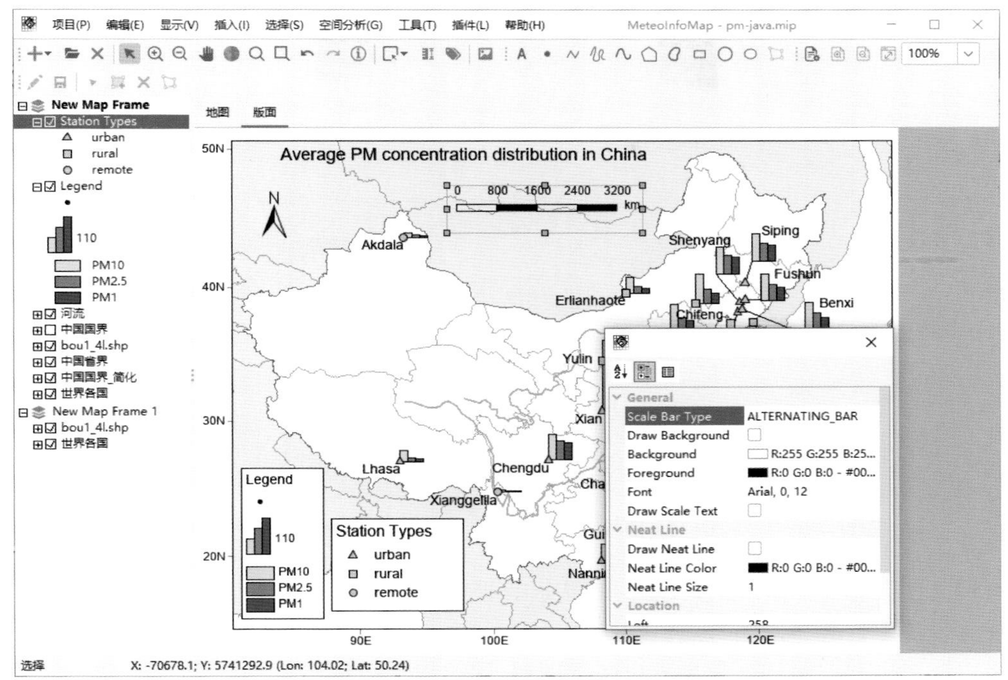

图 2.53 比例尺绘制方式修改

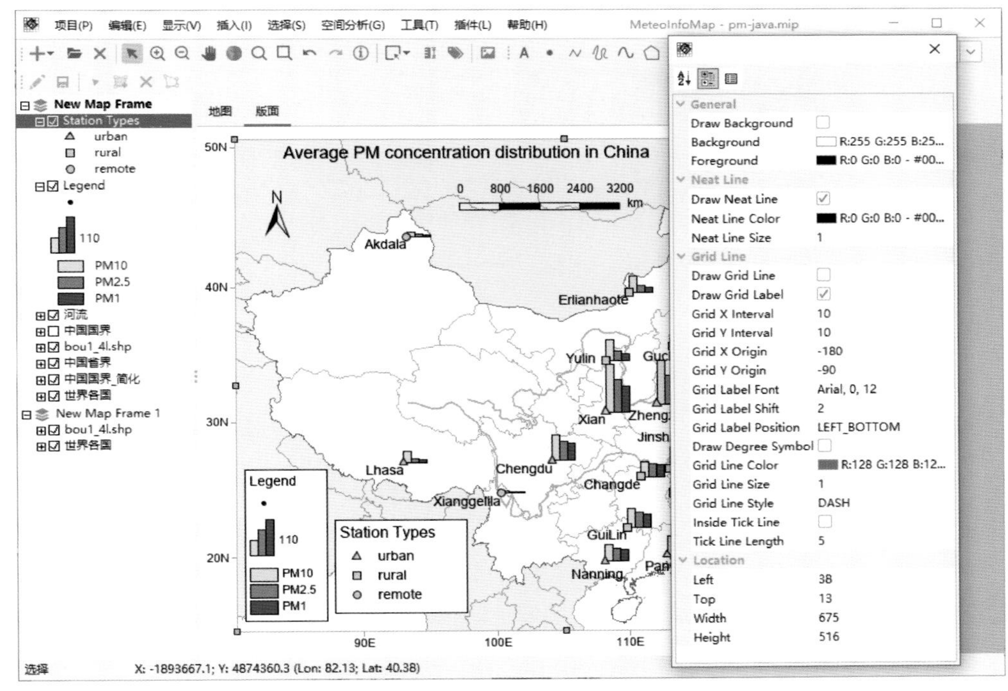

图 2.54 地图框架要素属性设置对话框

图例是地图的重要组成部分，指示了地图中要素符号的含义。图例选中后双击出现图例设置对话框(图 2.55)，可以设置该图例是哪个图层的图例、图例类型、标题、字体、列数等。其中，图例类型分为竖条(Bar_Vertical)、横条(Bar_Horizontal)和标准(Normal)。

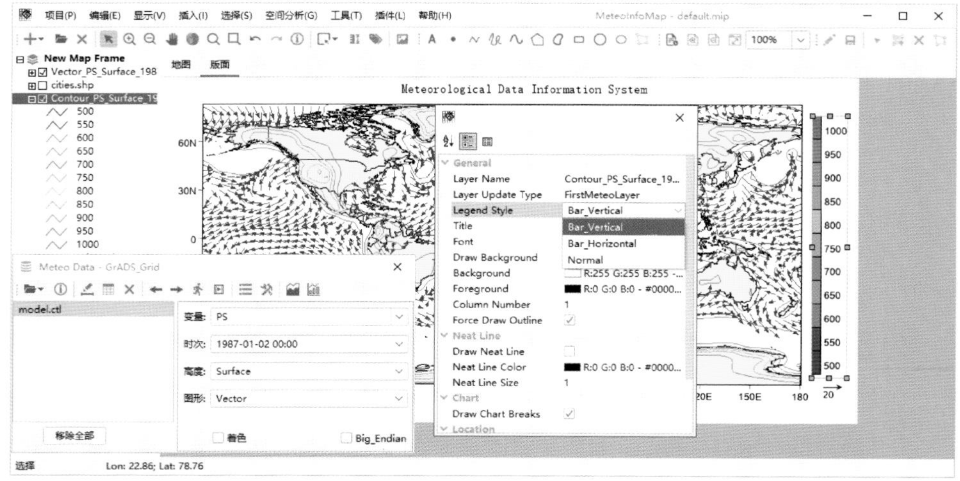

图 2.55　图例设置对话框

图例类型设置为 Normal 后，图例的显示会根据空间要素类型（点、线或多边形）而不同，比如等值线的图例会显示为折线。在版面中可以插入多个图例，图 2.56 中包含了 Normal 类型的多边形图例和点图例。如果有风矢量图层，也可以插入风箭头要素。

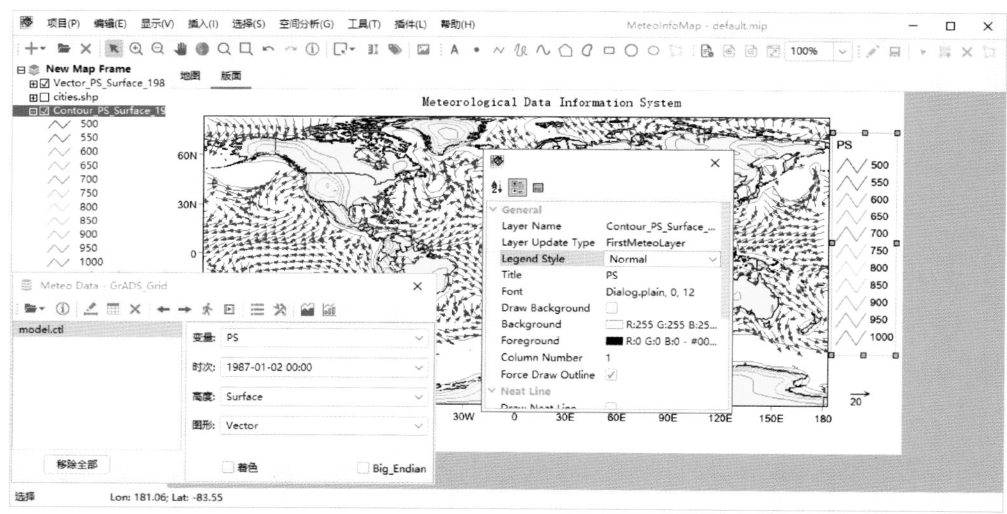

图 2.56　图例类型为 Normal 的等值线图例

2.5　图层创建和编辑

在 MeteoInfoMap 中可创建和编辑矢量图层，包括点图层、线图层和多边形图层。并提供了图层编辑工具栏和相应菜单来添加、编辑图层中的空间要素。

2.5.1　创建图层

点击“编辑→创建图层”菜单，在弹出对话框中选择要创建的图层的类型，包括：点图层

(Point Layer)、线图层(Polyline Layer)和多边形图层(Polygon Layer)。这里以多边形图层为例,创建的图层会自动加载到图层管理区,并自定命名为 New Polygon Layer(图 2.57)。

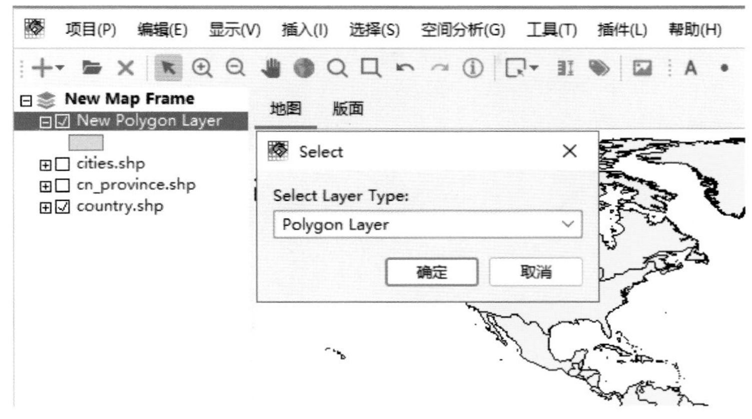

图 2.57 创建多边形图层

2.5.2 添加和编辑空间要素

选中新创建的图层名,点击工具栏中的"切换编辑状态"按钮,则该图层处于可编辑状态,这时图层名周边有红色框。选择"添加要素"按钮,可以用鼠标在地图上添加多边形(图 2.58)。

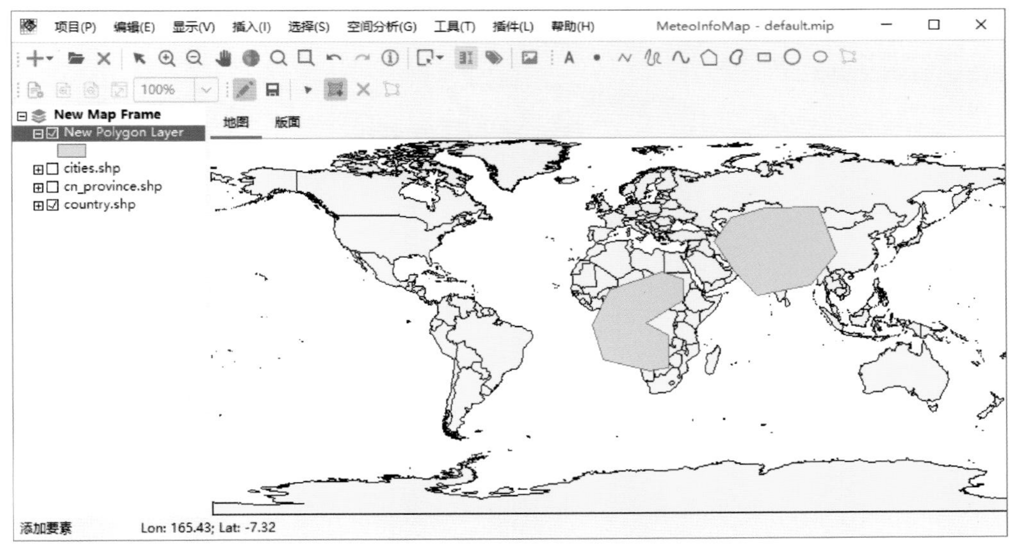

图 2.58 在处于编辑状态的多边形图层中添加多边形

点击"编辑工具"按钮,可以用鼠标在选择图层中的多边形,再点击"编辑要素节点"按钮可以对要素的节点进行编辑(图 2.59),鼠标放在两个节点之间的线段上且鼠标光标变为增加节点光标时可以双击增加节点,鼠标在节点上且光标变为移动节点的光标时可以通过鼠标拖动来编辑节点位置。

鼠标在节点上且光标变为移动节点光标时点击鼠标右键,有编辑节点(Edit Vertice)和删除节点(Remove Vertice)右键菜单,选择编辑节点菜单出现节点坐标编辑对话框(图 2.60),可以对节点的坐标精确编辑。

再次点击“编辑要素节点”退出节点编辑。

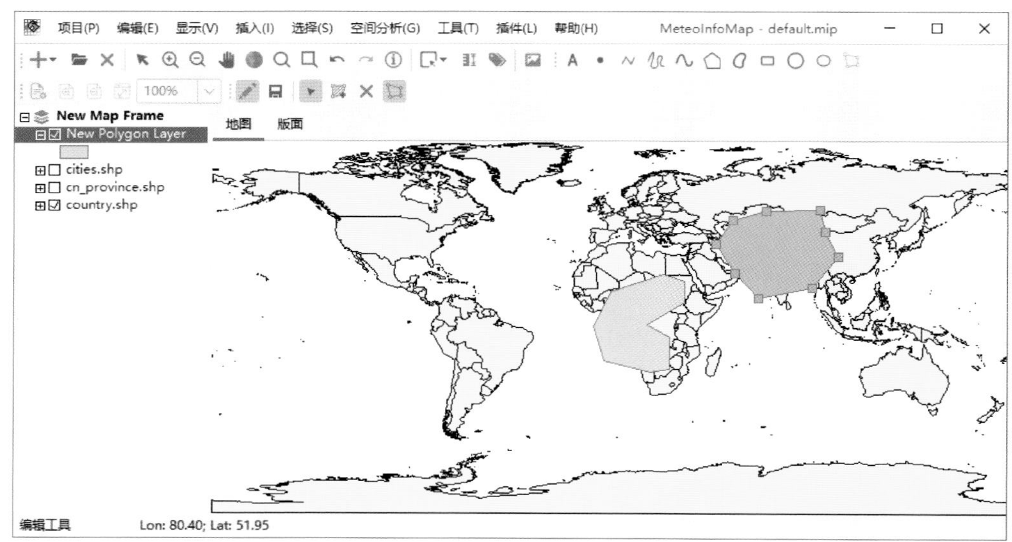

图 2.59 编辑多边形节点

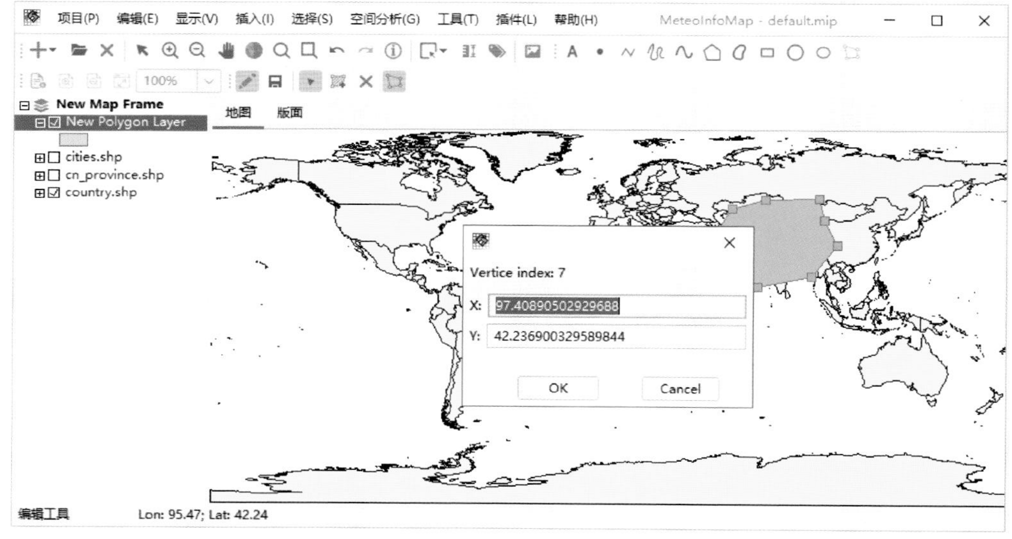

图 2.60 节点坐标编辑对话框

2.5.3 拓扑编辑

在“编辑”菜单中有“添加洞”“填充洞”“重塑要素”“分割要素”“合并选中的要素”等菜单对空间要素进行拓扑编辑。如图 2.61 所示，右边的多边形添加了一个洞，左边的多边形添加了一个被填充的洞。

选择“编辑→重塑要素”菜单，用鼠标在多边形边界上进行重塑，达到编辑多边形边界的目的（图 2.62）。

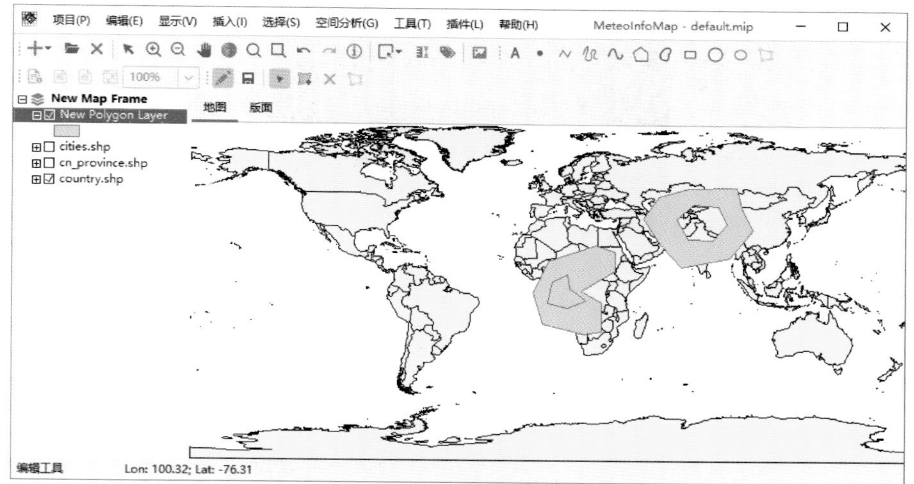

图 2.61　添加洞和填充洞

图 2.62　重塑多边形边界

选择“编辑→分割要素”菜单，用鼠标画一条跨过多边形的线就可以将多边形分割成两个多边形（图 2.63）。

点击工具栏中的“编辑工具”按钮，按住 shift 键选中两个相邻的多边形，然后点击“编辑→合并选中的要素”菜单可以将两个多边形合并为一个（图 2.64）。

编辑完成后可以点击工具栏中的“保存编辑内容”对图层进行保存，再次点击“切换编辑状态”按钮退出使图层退出编辑状态完成图层编辑。

图 2.63 分割多边形

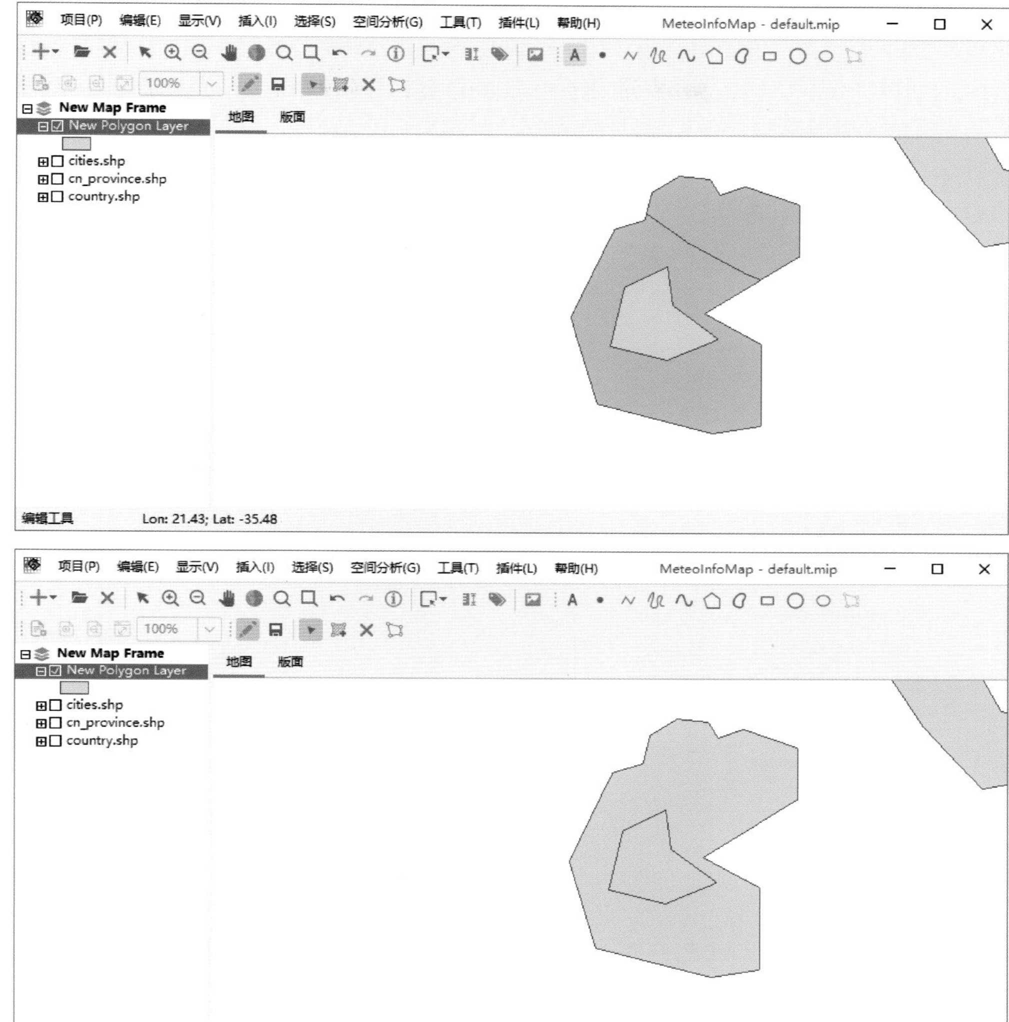

图 2.64　合并选中的多边形

2.6 空间分析

MeteoInfoMap 包含了一些基本的空间分析功能，体现在"空间分析"菜单中。

2.6.1　缓冲区分析

缓冲区(Buffer)分析是对图层的空间要素(点、线或多边形)按设定的距离，围绕空间要素形成多边形，从而实现空间要素的空间扩展信息。缓冲区的建立对于点状要素直接以该点为圆心，以要求的缓冲区距离大小为半径形成圆形(多边形)。线状要素缓冲区的建立是以线状要素为参考线根据给定距离做两端的平行线并考虑端点连接形成多边形。面状(多边形)要素缓冲区的建立是以组成多边形的各边为参考线向外根据给定距离做平行线，然后连接形成多边形。

这里给出一个点图层建立缓冲区的例子，先创建一个点图层，通过编辑工具给图层添加一些点要素。如图 2.65 所示，点击“空间分析→缓冲区分析”菜单打开缓冲区分析对话框，选择要做分析的图层（刚创建的点图层），设置缓冲区距离（Buffer distance），选择是否将各个点要素的缓冲区多边形合并（Merge buffer result），点击 Apply 按钮生成一个新的缓冲区结果多边形图层（Buffer Layer）。

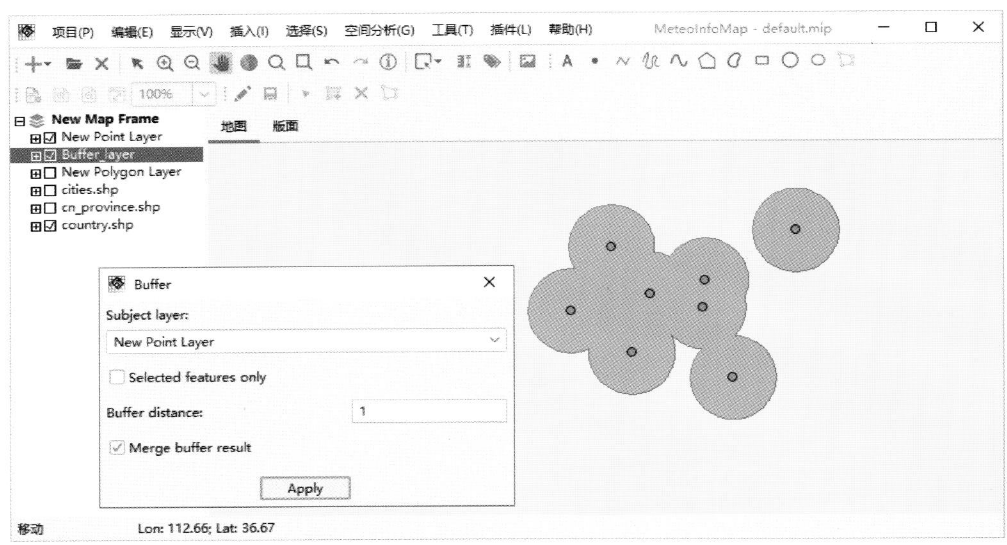

图 2.65 点图层的缓冲区分析

2.6.2 凸包分析

凸包分析（Convex hull）指的是获取多边形要素的最小外包凸多边形。图 2.66 所示示例为做内蒙古区域的凸包分析，在 cn_province. shp 图层选中内蒙古区域空间要素，点击“空间分析→凸包”菜单打开凸包分析对话框，选择要进行凸包分析的图层（subject layer），只针对被选中的空间要素进行凸包分析，需要选中 Selected features only，如果有多个要素进行分析且希望凸包重复部分可以合并，需要选中 Create only one convexhull，点击 Apply 按钮生成一个新的凸包多边形图层（Convexhull_layer）。

2.6.3 交集操作

交集操作（Intersect）是通过重叠处理得到两个图层的交集部分。例如，有两个多边形图层，其中一个有 4 个空间要素，另一个有一个空间要素，两个图层有重叠部分。如图 2.67 所示，点击“空间分析→交集操作”菜单打开交集操作对话框，选择操作对象图层（Subject layer）和用做交集操作的图层（Intersection layer），点击 Apply 按钮生成一个新的交集多边形图层（Intersection_test. shp）。

2.6.4 差值分析

差值分析（Difference）是指通过重叠处理获得两个图层不同的部分。点击“空间分析→差

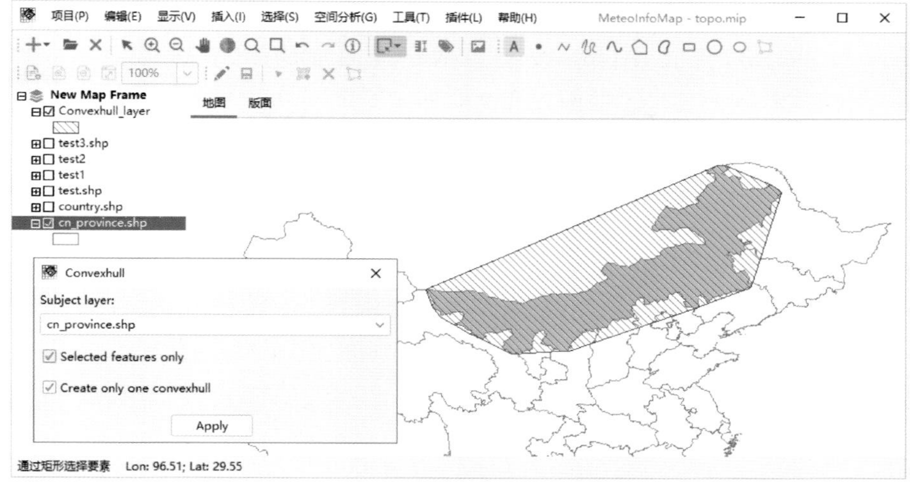

图 2.66 凸包分析

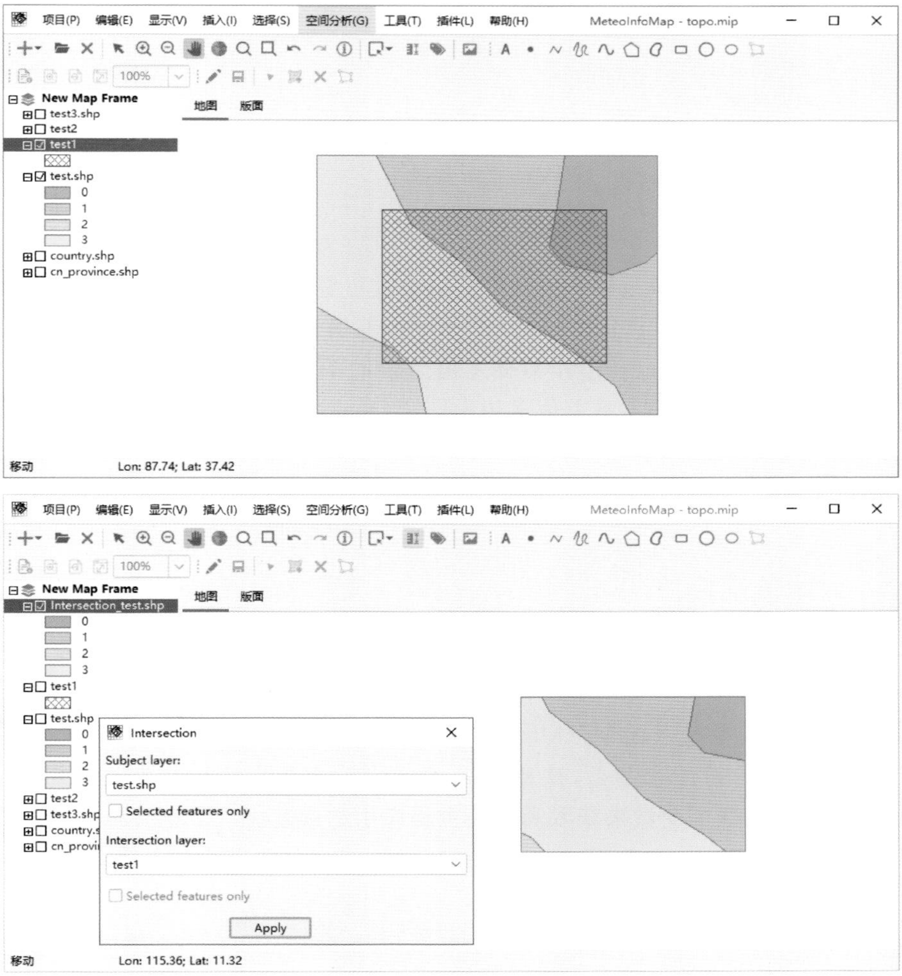

图 2.67 交集操作

值"菜单打开差值分析对话框(图 2.68),选择操作对象图层(Subject layer)和用做差值分析的图层(Difference layer),点击 Apply 按钮生成一个新的差值多边形图层(Difference_test.shp)。

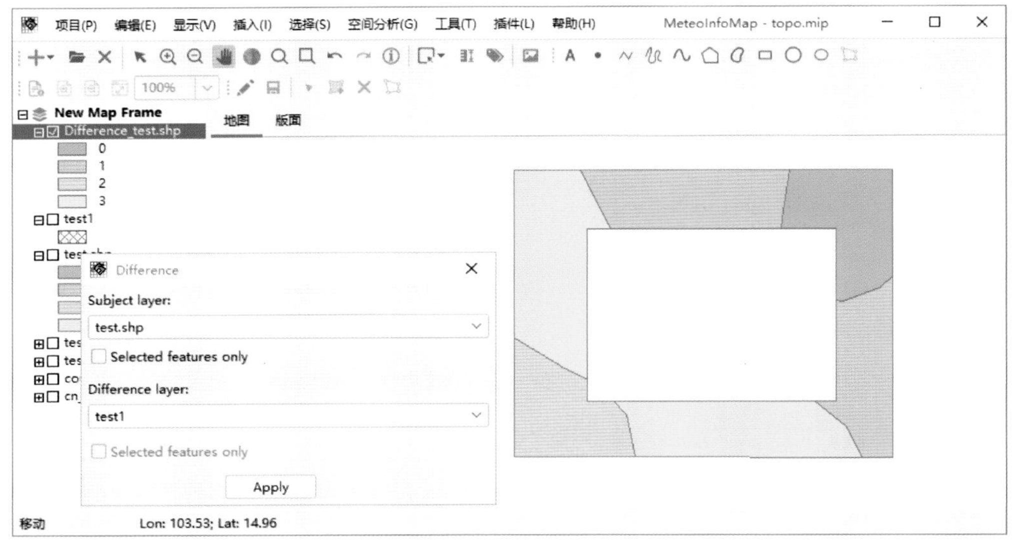

图 2.68 差值分析

2.6.5 对称差值分析

对称差值分析(Symmetrical Difference)是指通过重叠处理获得两个图层叠加后去掉公共部分的区域。如图 2.69 所示,点击"空间分析→对称差值"菜单打开对称差值分析对话框,选择操作对象图层(Subject layer)和用作对称差值分析的图层(Symmetrical Difference layer),点击 Apply 按钮生成一个新的对称差值多边形图层(SymDifference_test.shp)。

2.7 工具

2.7.1 脚本编辑器

MeteoInfoMap 中可以通过编写 Jython 脚本程序或者命令行输入来实现一些功能。点击"工具→脚本编辑器"菜单打开脚本编辑窗体(图 2.70),上面可以编辑 Jython 脚本程序,下面是命令行窗口执行相应的输入命令。MeteoInfo 的脚本功能主要在 MeteoInfoLab 中体现,这里就不详细讲述了。需要注意的是,这里引入了 miapp 变量来表示正在运行的 MeteoInfoMap 主程序,可以通过这个变量来获取和改变主程序中的内容。

2.7.2 软件设置选项

点击"工具→选项"菜单打开选项对话框(图 2.71),MeteoInfoMap 支持多种皮肤外观,通过修改 LookAndFeel 选项来更换软件的外观。

比如将 LookAndFeel 选项修改为 FlatDarkLaf,MeteoInfoMap 的外观更改如图 2.72 所示。

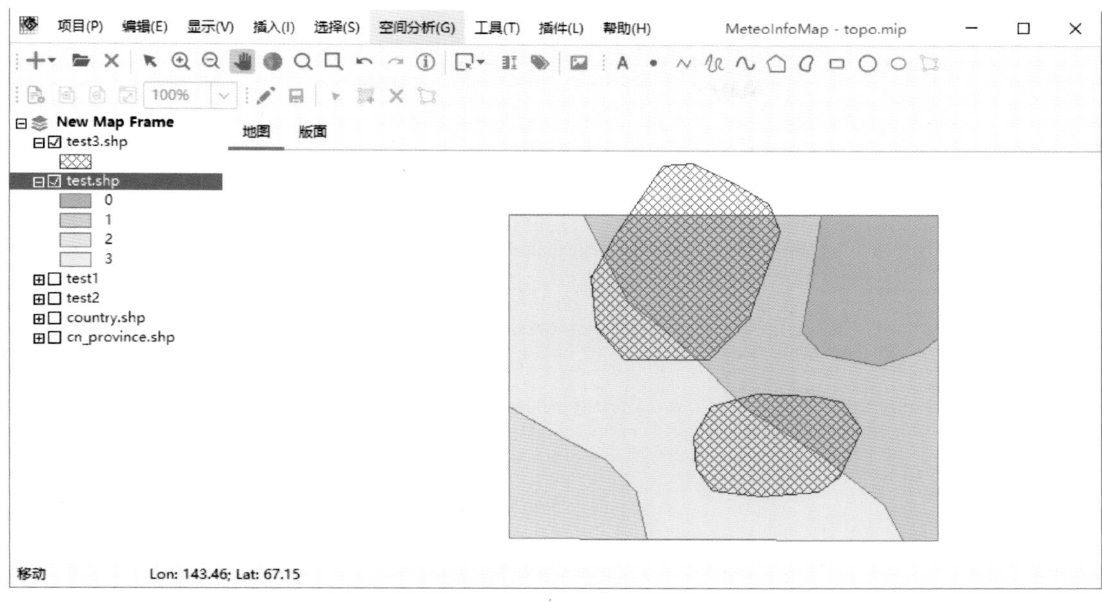

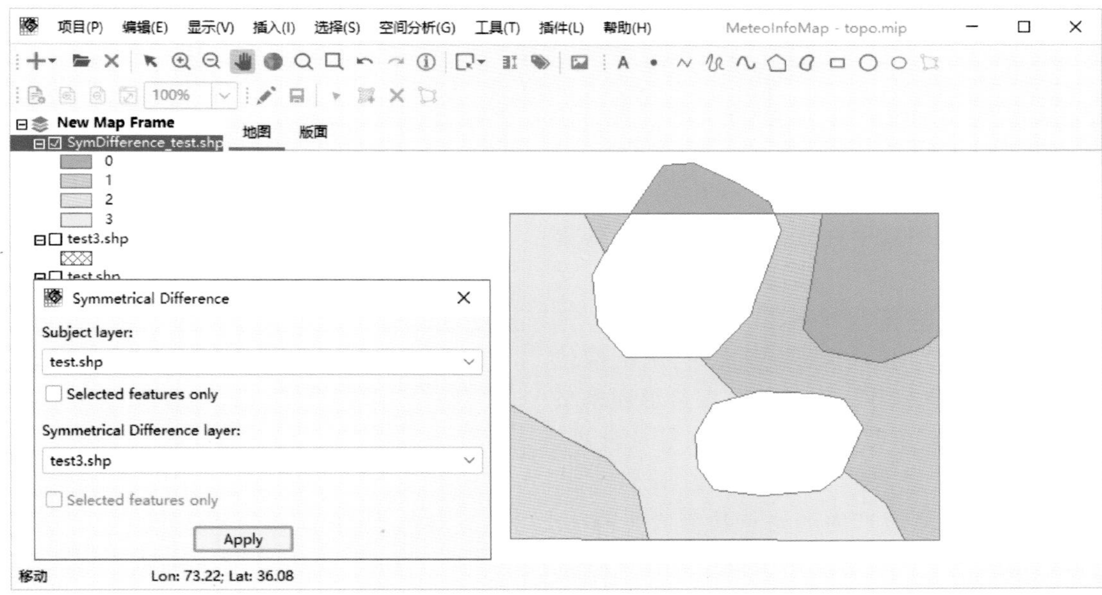

图 2.69 对称差值分析

Font 选项卡是对图例、文本字体的设置。Plot 选项卡里有双缓冲(Double Buffering)选项,选中该选项图形会绘制到一个图像中,然后再把图像绘制到屏幕上,绘制速度快,尤其是在用户交互式操作时图形的重绘速度快。不选择双缓冲选项图形会直接绘制到屏幕上,影响交互式操作时图形的重绘速度,但在高屏幕分辨率电脑上显示更为清晰。

2.7.3 输出地图数据

对于某个矢量图层可以将其全部或者被选中的部分要素对象输出,点击"工具→输出地图数据"菜单打开输出地图数据对话框(图 2.73),选中要输出的图层(Map Layer),图层中的全

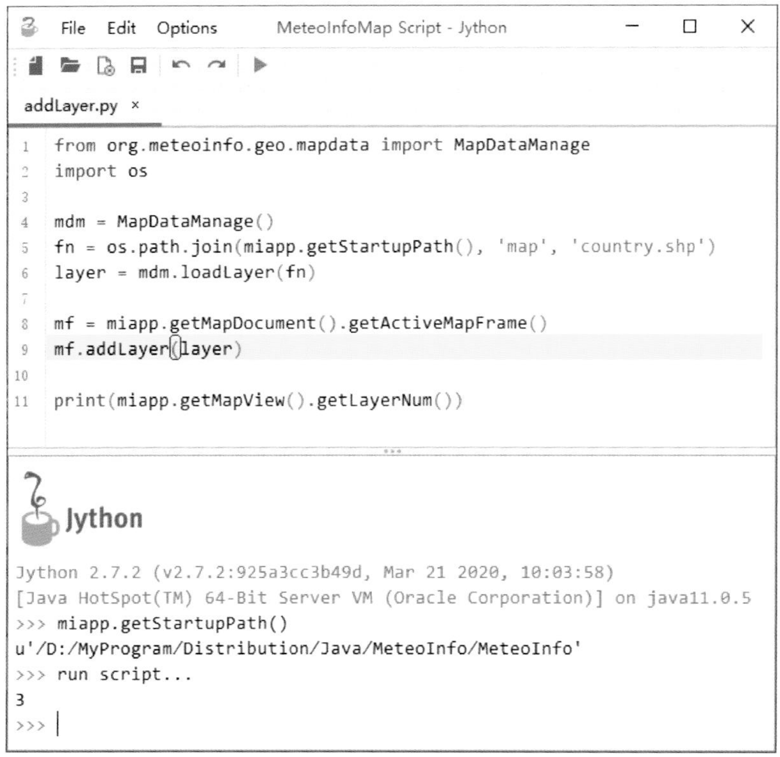

图 2.70 Jython 脚本编辑器

部或部分(如果图层中有被选中要素的话)要素对象可以输出为不同格式的文件,包括 wmp 文本格式、Shapefile 格式和 KML 格式。KML 格式是一种基于 XML 语法与格式的、用于描述和保存地理信息(如点、线、图像、多边形和模型等)的编码规范,可以用于谷歌地球等软件中。对于多边形图层,还可以输出为 GrADS 的 maskout 文件,多边形内的格点数值为 1,多边形外的格点值为−1,可以用于格点数据的屏蔽(maskout)。

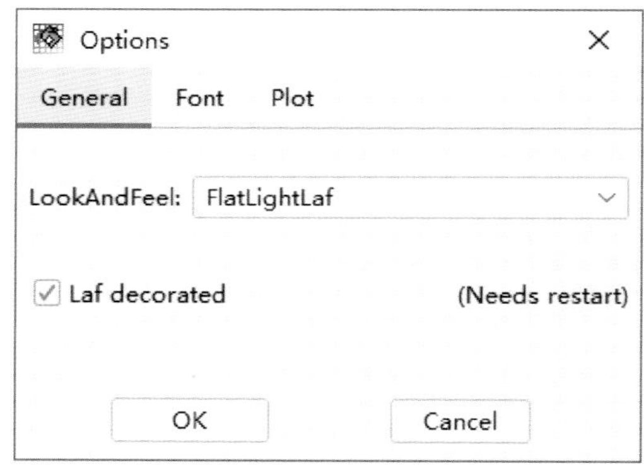

图 2.71 选项对话框

2.7.4 添加 X/Y 数据

对于包含经纬度信息的站点数据可以作为点图层添加到 MeteoInfoMap 中,数据文件格式是文本文件,第一行是数据每一列的名称,列之间可以是空格、逗号和分号分隔符,必须包含经度和纬度列,第二行之后,每一行代表一个站点的数据。点击“工具→添加 X/Y 数据”菜单打开对话框(图 2.74),选择文本数据文件,设置经度和纬度列,点击 Add Data 按钮出现保存对话框,输入欲保存的 Shapefile 文件名,确定即可将站点文本数据文件保存为 Shapefile 文件,并在 MeteoInfoMap 图层管理区添加该 Shapefile 文件为一个点图层。

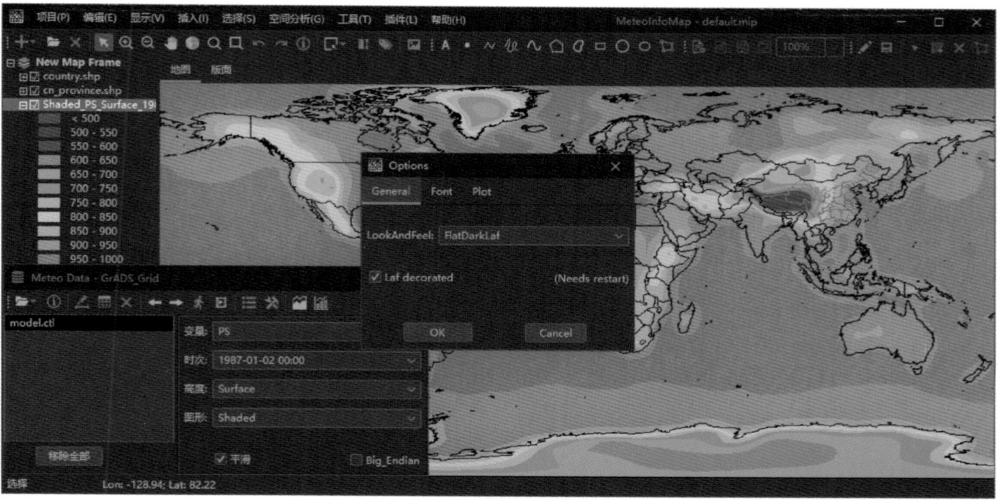

图 2.72　MeteoInfoMap 界面的 FlatDarkLaf 外观

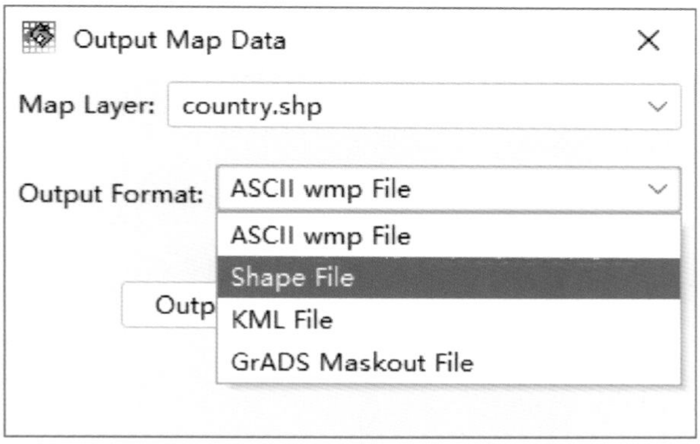

Output Map Data

Map Layer: country.shp

Output Format: ASCII wmp File

ASCII wmp File

Shape File

KML File

GrADS Maskout File

Outp

图 2.73　输出地图数据对话框

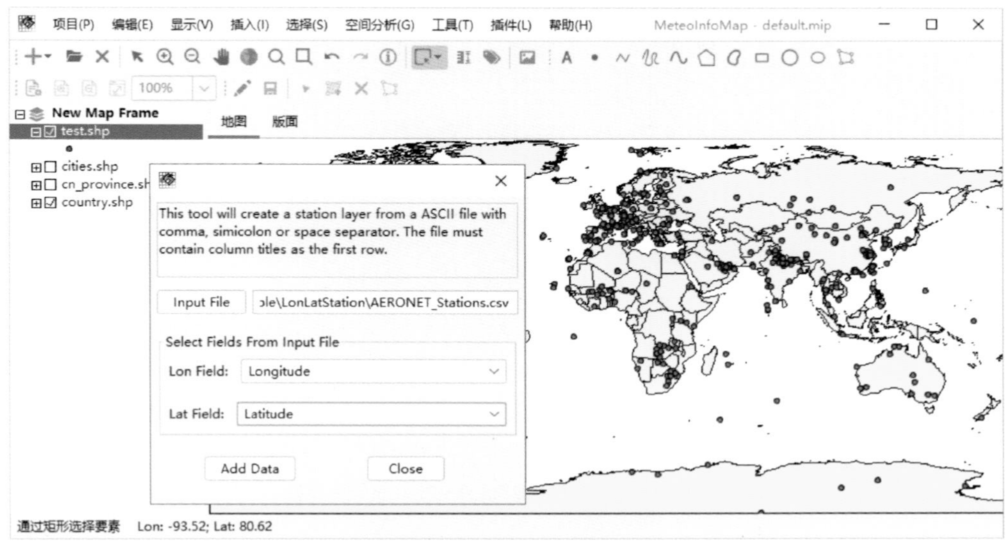

图 2.74　添加 X/Y 数据

2.7.5 其他工具

MeteoInfoMap 还包含 gif 动画和 NetCDF 文件合并的工具，gif 动画可以将一系列的图像文件生成一个 gif 动画图像文件。NetCDF 文件合并可以将多个 NetCDF 文件合并为一个文件，支持多时次和多变量合并。操作比较简单，这里不再赘述。

第 3 章 MeteoInfoMap 气象数据分析

气象数据通常是多维的，包含空间三维以及时间维，以表示大气的时空变化状态。而 GIS 图层是二维的，且具有地理坐标（经纬度或者投影后的坐标），因此需要将多维的气象数据通过设置转变为 GIS 图层的维度，从而生成 GIS 图层和地理图层来一起显示、分析。但是 GIS 图层仅限于地理坐标，难以对多维的气象数据进行充分展示，因此需要剖面图、一维图等功能进行扩充。

气象数据根据其数据空间分布特征可以主要分为三种类型：①格点数据，数据在地理空间上是以规则网格形式分布，气象再分析以及模式输出数据是典型的格点数据；②站点数据，数据在地理空间上是以不规则点状形式分布，多气象站点的观测数据是典型的站点数据；③轨迹数据，数据在地理空间上是以线条形状分布，气团轨迹、台风路径等是典型的轨迹数据。

3.1 气象数据对话框

3.1.1 气象数据对话框界面

MeteoInfoMap 通过气象数据（Meteo Data）对话框进行气象数据的分析绘图，该对话框如果被关闭，可以通过点击 MeteoInfoMap 主工具栏上的“打开数据文件”按钮打开。如图 3.1 所示，对话框中包括了打开各类气象数据文件、查看数据信息、生成气象数据 GIS 图层、动画、图例设置、剖面图、一维图等功能。

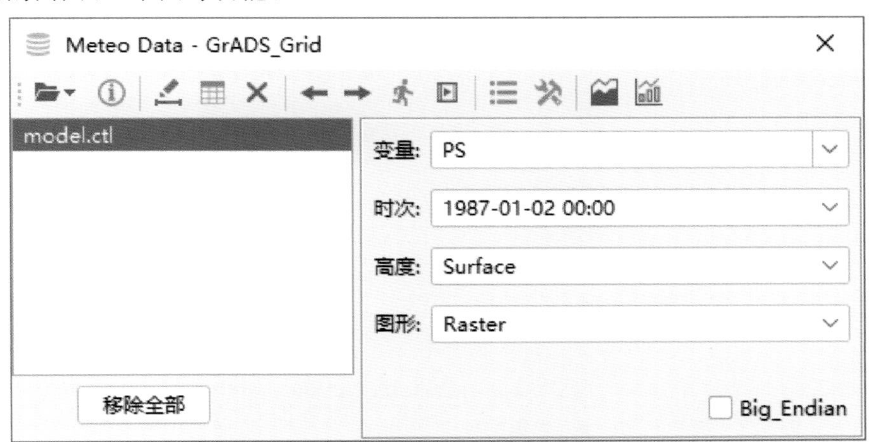

图 3.1 气象数据对话框

3.1.2 打开数据文件

气象数据对话框工具栏第一个按钮用于打开数据文件，该按钮有一个下拉菜单，可以通过点击下拉菜单中的子菜单打开某一类或几类气象数据文件（图 3.2）。

• NetCDF，GRIB，HDF…：这个子菜单能够打开的数据格式最多，包括 NetCDF、GRIB、HDF 等格式数据文件；

• GrADS Data：可以打开 GrADS 的二进制格式数据文件，打开时需要选择 Control 文件；

• ARL Data：ARL 格式是 HYSPLIT 模式所需的特定气象数据文件格式；

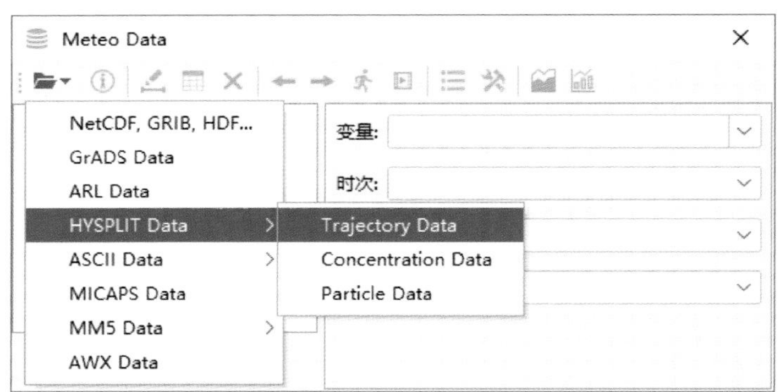

图 3.2 打开数据文件下拉菜单

• HYSPLIT Data：包含了三个子菜单，分别用来打开 HYSPLIT 模式输出的气团轨迹数据文件（Trajectory Data）、污染物浓度数据文件（Concentration Data）和轨迹点分布数据文件（Particle Data）；

• ASCII Data：包含 5 个子菜单，用来打开各类文本数据文件，包括：包含经纬度的站点数据文件（Lon/Lat Station Data）、SYNOP 全球地面气象站点数据文件（SYNOP Data）、METAR 航空例行气象报文数据文件（METAR Data）、Esri 文本格点数据文件（Esri ASCII Grid Data）、Surfer 文本格点数据文件（Surfer ASCII Grid Data）；

• MICAPS Data：用于打开中国气象局的 MICAPS 数据文件，目前支持的有 MICAPS 第 1、2、3、4、7、11、13、120、131 类数据文件；

• MM5 Data：包含两个子菜单，分别用来打开 MM5 模式的输出数据文件（MM5 Output Data）和中间数据文件（MM5 Intermediate Data）；

• AWX Data：用于打开中国气象局的卫星遥感 AWX 数据文件。

3.1.3 显示数据文件信息

MeteoInfo 软件“MeteoInfo→sample”目录中有一些示例气象数据文件，例如，打开一个 GRIB 格式气象数据文件 model.grb（位于 MeteoInfo→sample→GRIB 目录中），软件会自动读取数据文件中的各类信息，变量、时次、高度信息会显示在 Meteo Data 对话框右侧供用户选择（图 3.3）。

图 3.3 打开 model.grd 数据文件

点击对话框工具栏中“显示

数据信息”按钮可以将打开的数据文件信息显示出来(图 3.4)。主要包括数据的维(Dimensions)、全局属性(Global Attribute)、变量(Variables)。每个变量可能有不同的维设置,还会有属性数据来描述变量的特征。

```
File Name: D:\MyProgram\Distribution\Java\MeteoInfo\MeteoInfo\sample\GRIB\model.grb
File type: GRIB1 Collection (GRIB-1)
Dimensions: 6
        lon = 72;
        lat = 46;
        time = 5;
        isobaric = 7;
        isobaric1 = 5;
        height_above_ground = 1;
X Dimension: Xmin = 0.0; Xmax = 355.0; Xsize = 72; Xdelta = 5.0
Y Dimension: Ymin = -90.00000762939453; Ymax = 89.99999237060547; Ysize = 46; Ydelta = 4.0
Global Attributes:
        : :Originating_or_generating_Center = "Brazzaville"
        : :Originating_or_generating_Subcenter = "2"
        : :GRIB_table_version = "0,128"
        : :file_format = "GRIB-1"
        : :Conventions = "CF-1.6"
        : :history = "Read using CDM IOSP GribCollection v3"
        : :featureType = "GRID"
Variations: 16
        int LatLon_Projection);
                LatLon_Projection: :grid_mapping_name = "latitude_longitude"
                LatLon_Projection: :earth_radius = 6367470.0
```

图 3.4 数据文件信息

3.1.4 绘制数据图形

在 Meteo Data 对话框中选择要绘制的数据变量、时次、高度和图形类型,然后点击工具栏中的“绘制数据图形”按钮,软件会根据设置生成一个图层并加入图层控制栏中,达到图形化显示数据的目的,相关数据会加入图层的属性数据表中(图 3.5)。

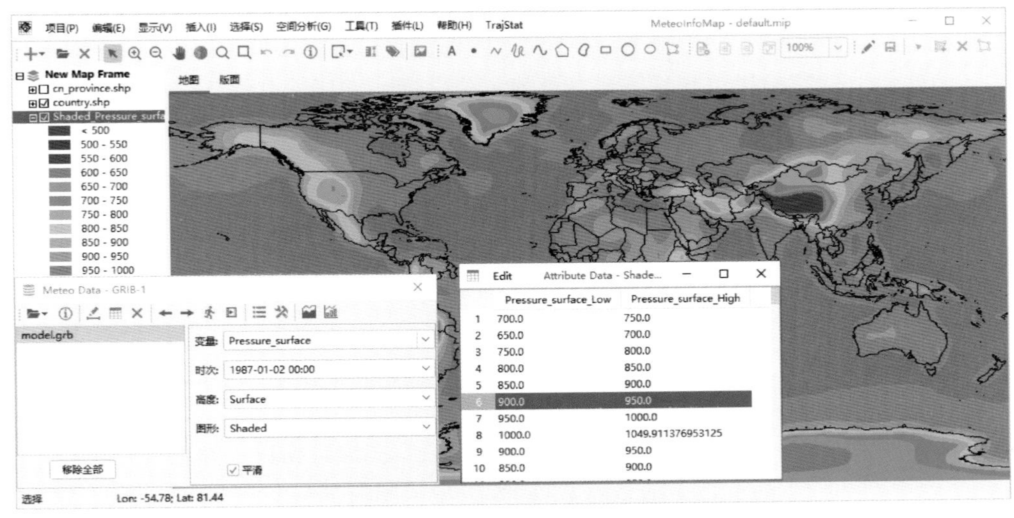

图 3.5 数据作为一个图层绘制

数据被绘制后点击工具栏中的"显示数据"按钮可以将数据的值显示在一个表格中(图3.6)。

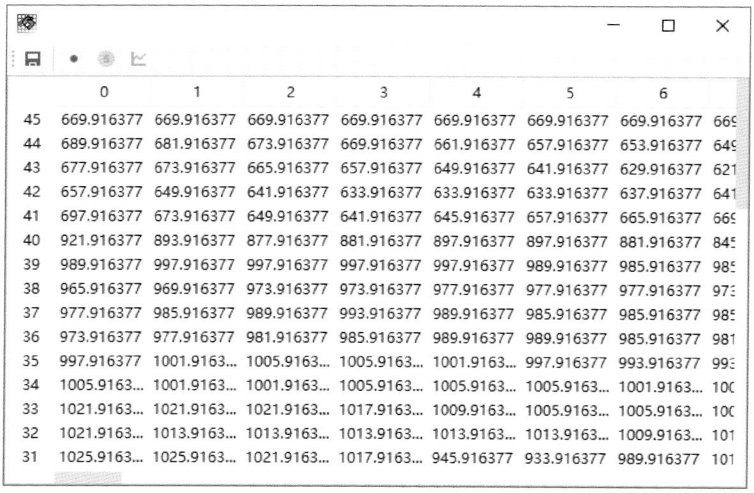

	0	1	2	3	4	5	6	
45	669.916377	669.916377	669.916377	669.916377	669.916377	669.916377	669.916377	66
44	689.916377	681.916377	673.916377	669.916377	661.916377	657.916377	653.916377	64
43	677.916377	673.916377	665.916377	657.916377	649.916377	641.916377	629.916377	621
42	657.916377	649.916377	641.916377	633.916377	633.916377	633.916377	637.916377	641
41	697.916377	673.916377	649.916377	641.916377	645.916377	657.916377	665.916377	66
40	921.916377	893.916377	877.916377	881.916377	897.916377	897.916377	881.916377	84
39	989.916377	997.916377	997.916377	997.916377	997.916377	989.916377	985.916377	98
38	965.916377	969.916377	973.916377	973.916377	977.916377	977.916377	977.916377	97
37	977.916377	985.916377	989.916377	993.916377	989.916377	985.916377	985.916377	98
36	973.916377	977.916377	981.916377	985.916377	989.916377	989.916377	985.916377	981
35	997.916377	1001.9163...	1005.9163...	1005.9163...	1001.9163...	997.916377	993.916377	99
34	1005.9163...	1001.9163...	1001.9163...	1005.9163...	1005.9163...	1005.9163...	1001.9163...	10
33	1021.9163...	1021.9163...	1021.9163...	1017.9163...	1009.9163...	1005.9163...	1005.9163...	10
32	1021.9163...	1013.9163...	1013.9163...	1013.9163...	1013.9163...	1013.9163...	1009.9163...	101
31	1025.9163...	1025.9163...	1021.9163...	1017.9163...	945.916377	933.916377	989.916377	101

图3.6　显示数据

数据图层创建后只是在内存中,软件退出后图层就不存在了。如果要保存图层,可以在图层控制区选中图层名,点击鼠标右键在弹出菜单中选择"保存图层"菜单将图层数据保存在硬盘中。从数据被创建的图层可以通过点击工具栏中的"删除数据图形"按钮从图层控制栏中删除,该按钮只会删除最后创建的图层,如果有多个数据创建图层,可以在 MeteoInfoMap 主界面工具栏中点击"删除数据图层"按钮将所有的数据图层全部删除。

如果数据变量有多个时次,可以通过 Meteo Data 对话框工具栏中的"上一时次"和"下一时次"按钮来查看该变量不同时次的数据图层。点击"动画"按钮可以让数据图层根据时次以动画的形式展现。"创建动画文件"按钮可以将地图区域图形按时次保存为一个 gif 动画文件。对于等值线(Contour)和等值线填色图层(Shaded),要改变等值线分级和值的设置,需要点击对话框工具栏中"图例设置"按钮,在弹出的图例设置对话框中修改,这样才能根据设置重新追踪等值线。"设置"按钮主要是风场变量等一些设置。工具栏中还有"截面图"和"一维图"按钮来绘制数据的截面图和一维图。

3.2 生成格点数据 GIS 图层

气象格点数据通常是多维的,常见的维是时间维、高度维、纬度维(Y 维)和经度维(X 维),要生成地理空间的 GIS 图层需要将时间维和高度维固定,从某个变量中获取地理空间二维格点数据,然后再从二维格点数据生成各种 GIS 图层。对于格点数据可以绘制成以下几种类型的图层:

- 栅格图层(Raster),生成栅格图层(RasterLayer),二维数据以图像形式显示,显示速度快,适合高分辨率和分布离散性高的格点数据(如卫星云图数据);
- 等值线(Contour),生成矢量线图层(Polyline VectorLayer),需要进行等值线追踪;
- 等值线填色(Shaded),生成矢量多边形图层(Polygon VectorLayer),需要进行等值线追踪、拓扑填色,对于高分辨率和分布离散性高的格点数据,等值线分析速度会比较慢;

• 格点填色(Grid Fill),生成矢量多边形(矩形)图层(Polygon VectorLayer),以格点空间位置为中心点生成相邻的矩形组成一个图层,格点数很多的时候会影响显示速度;

• 格点点图(Grid Point),生成矢量点图层(Point VectorLayer),根据格点空间位置生成点图层;

• 风场矢量(Vector),生成风场矢量点图层(Wind VectorLayer),根据风场 U/V 分量或者风向、风速数据生成点图层,以风箭头的形式显示;

• 风向杆(Barb),生成风场风向杆点图层(Wind VectorLayer),根据风场 U/V 分量或者风速、风向数据生成点图层,以风向杆的形式显示;

• 风场流线(Streamline),生成风场流线图层(Polyline VectorLayer),根据风场 U/V 分量进行风场流线追踪,生成流线图层,以线条和流线方向箭头形式显示。

3.2.1 等值线与等值线填色

等值线与等值线填色是气象数据非常重要的图形化表现形式,能够很好地体现二维格点数据的分级分布特征,如不同降水量等级的空间分布等。这里以 model. grb 数据为例,打开该数据文件后,选择数据中的地面气压变量(Pressure_surface),设置数据时次和高度(此变量只有一个高度),"图形"下拉选项框设置为 Contour,点击工具栏中"绘制数据图形"按钮生成地面气压的等值线图层(图 3.7)。等值线追踪后可以选择是否对等值线进行平滑处理,可以通过对话框中的"平滑"选项来控制。生成的等值线图层会将地面气压值作为属性数据放入等值线图层的属性表中。

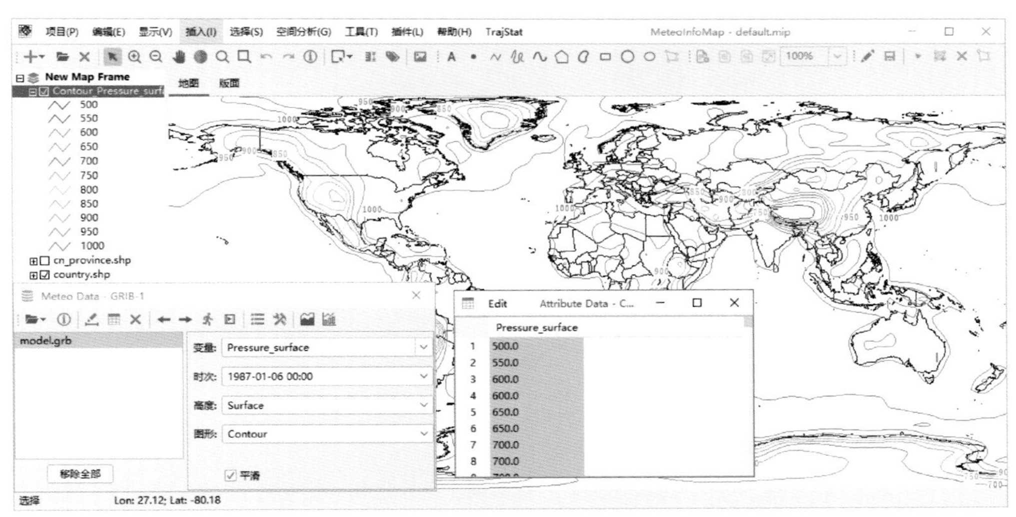

图 3.7 生成等值线图层

数据文件中的风场 U 分量变量(u-component_of_wind_isobaric)是 4 维变量(时间、高度、纬度和经度维),其高度维是等压面,这里设置"高度"为 1000 hPa,"图形"为 Shaded,点击"绘制图形数据"按钮,生成该变量设定时次 1000 hPa 高度的等值线填色图层(图 3.8)。1000 hPa 高度陆地上基本都是缺测值,形成等值线填色图层的空白区域。

生成等值线或者等值线填色图层时,软件会根据数据值的分布情况自动设定等值线分级数和每级的等值线值。如果要自定义等值线分级,可以点击工具栏中的"图例设置"按钮打开图例设置对话框(图 3.9)。

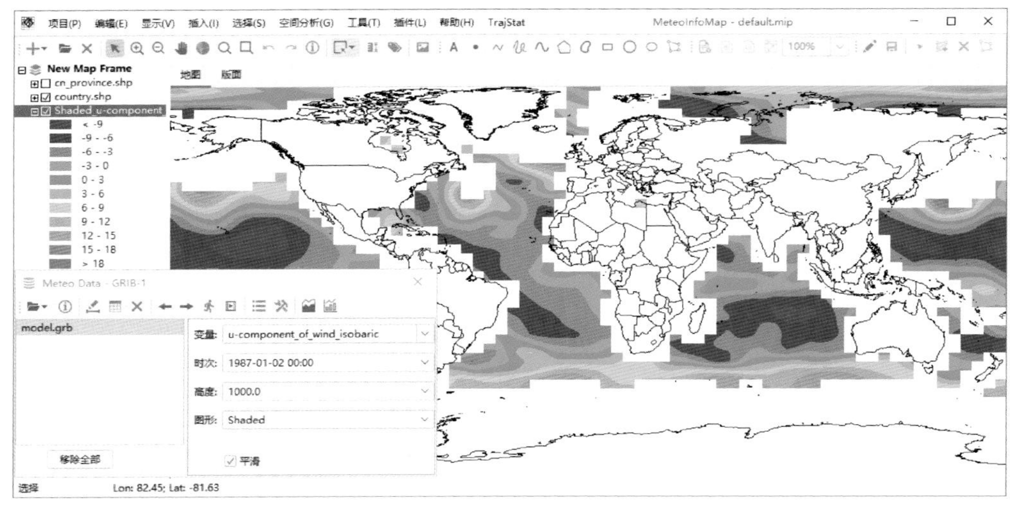

图 3.8　生成等值线填色图层

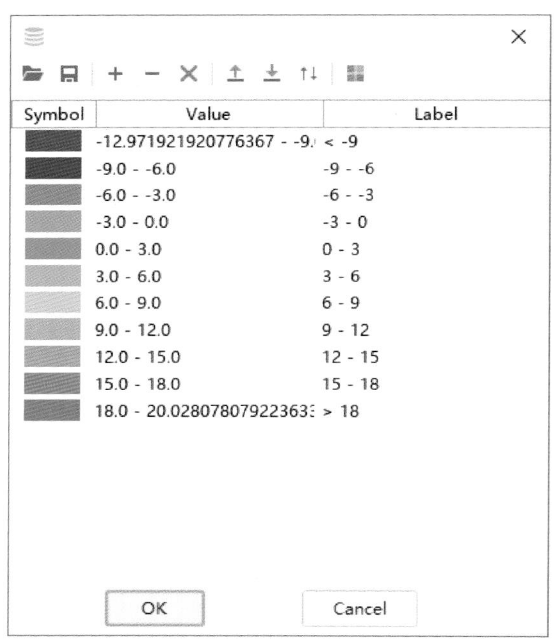

图 3.9　图例设置对话框

和图层图例编辑操作类似,编辑完成后点击“OK”按钮会重新生成等值线或等值线填色图层(图 3.10)。需要注意的是,已经生成的等值线或等值线填色图层不能通过图层图例设置重新追踪等值线。

3.2.2　格点填色与格点点图

格点填色是简单地把格点按照空间坐标生成相邻的系列矩形多边形,从而形成多边形图层(图 3.11),变量的属性值加入图层的属性表中。

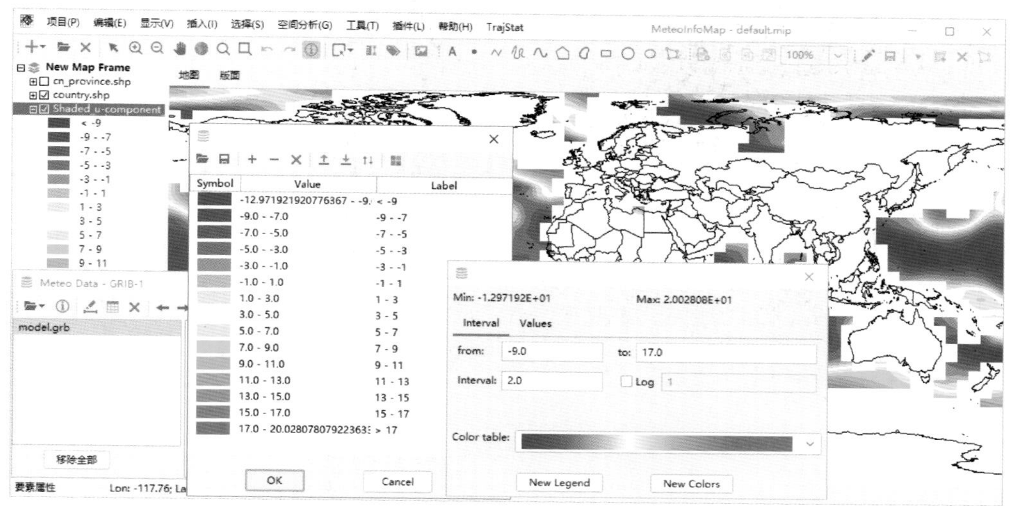

图 3.10　通过图例编辑重新生成等值线填色图层

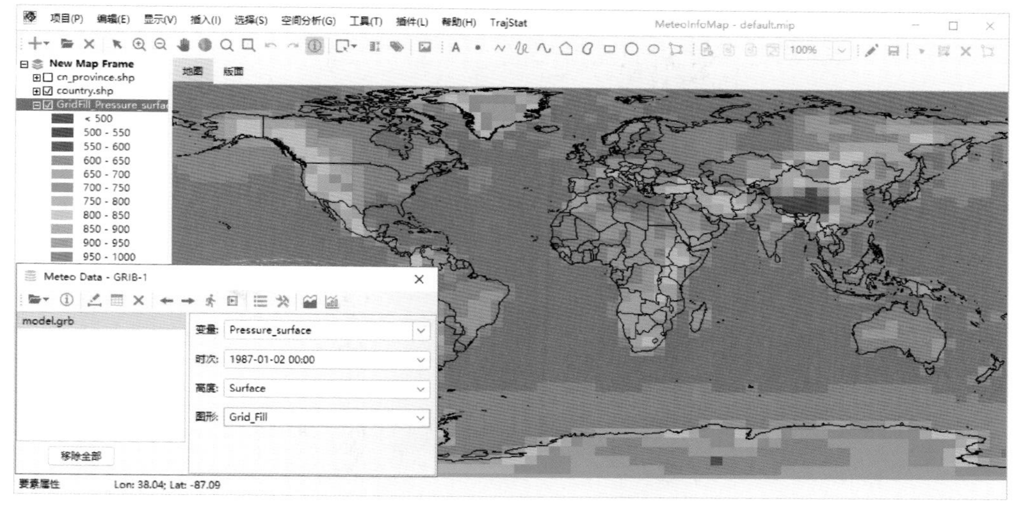

图 3.11　生成格点填色图

格点点图是将格点数据按照空间坐标生成系列点空间要素，从而形成点图层（图 3.12），变量的属性值加入图层的属性表中。

3.2.3　栅格图层

如图 3.13 所示，和格点填色类似，格点数据根据空间位置和格点的变量值生成栅格图层（RasterLayer），图层是以图像的形式显示，适合高分辨率和分布离散度高的格点数据，比等值线填色和格点填色的处理和显示速度快很多，尤其适合卫星图像格点数据的显示。栅格图层每个格点的数据值也可以通过"要素属性"工具提取。

3.2.4　风场矢量和风向杆

格点数据文件中如果包含风场 U/V 分量或者风向、风速变量，可以通过设置风场变量来

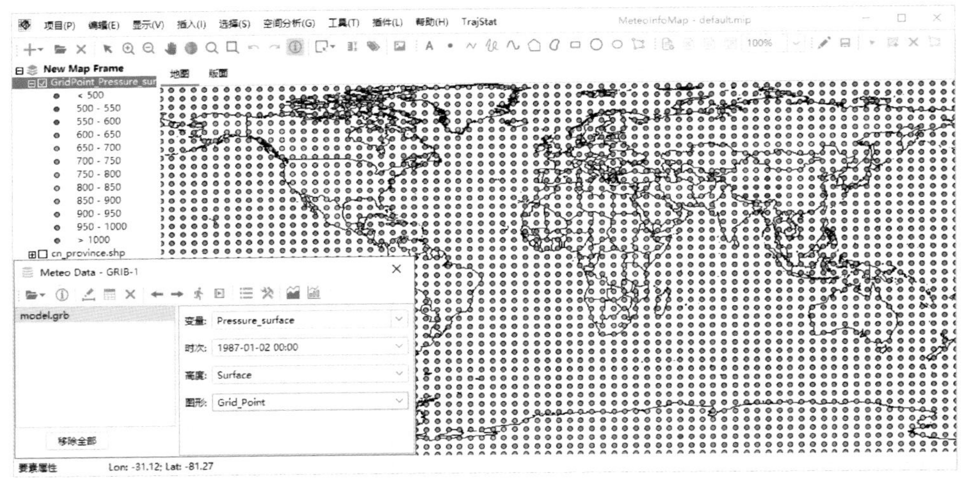

图 3.12 生成格点点图层

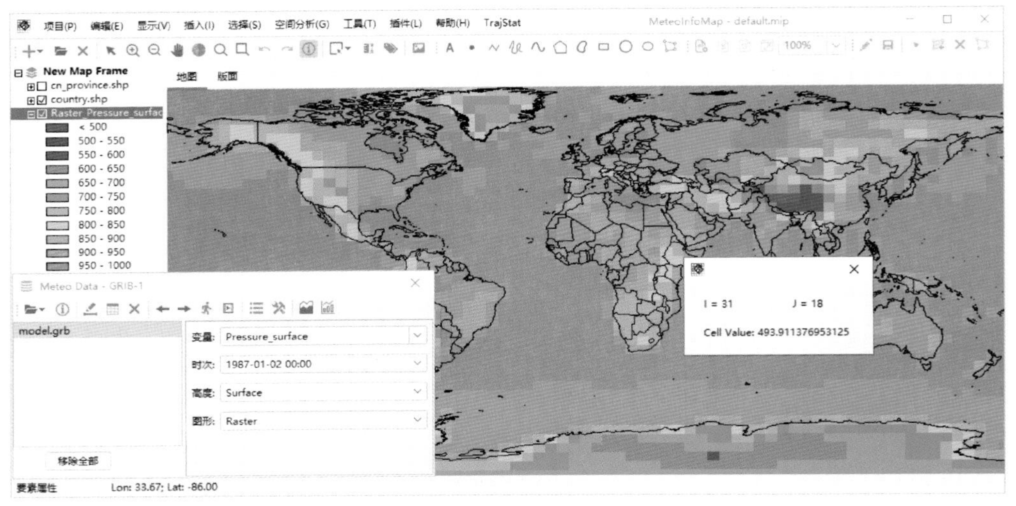

图 3.13 生成栅格图层

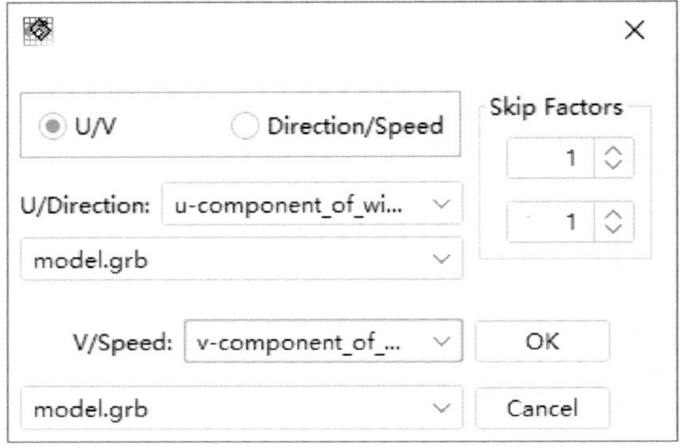

图 3.14 风场变量设置对话框

生成风场矢量或者风向杆图层。在气象数据对话框中将“图形”设置为 Vector，点击“绘制数据图形”按钮，软件会自动在数据包含的变量中查找 U/V 变量，一些简单的 U/V 变量名软件可以自动识别出来，这个数据文件例子中的 U/V 变量名比较复杂，软件不能自动识别，会弹出一个设置对话框（点击工具栏中的“设置”按钮也可以弹出该对话框）来让用户自行设置风场的变量（图 3.14）。设置对话框中可以选中风场变量是 U/V 还是风向风速（Direction/Speed），支持

U/V 变量或者风向风速变量在不同的文件中，通过数据文件和变量下拉框进行选择。如果风场数据空间上太过密集，还可以设置 X 和 Y 方向上格点数据的间隔(Skip Factors)，从而降低风场显示的密集度。

设置完成后即可通过风场 U/V 分量或者风向风速变量生成风场矢量图层(图 3.15)。如果选中气象数据对话框中的“着色”选项，可以根据“变量”框中选定的变量数据对风场矢量绘制颜色。

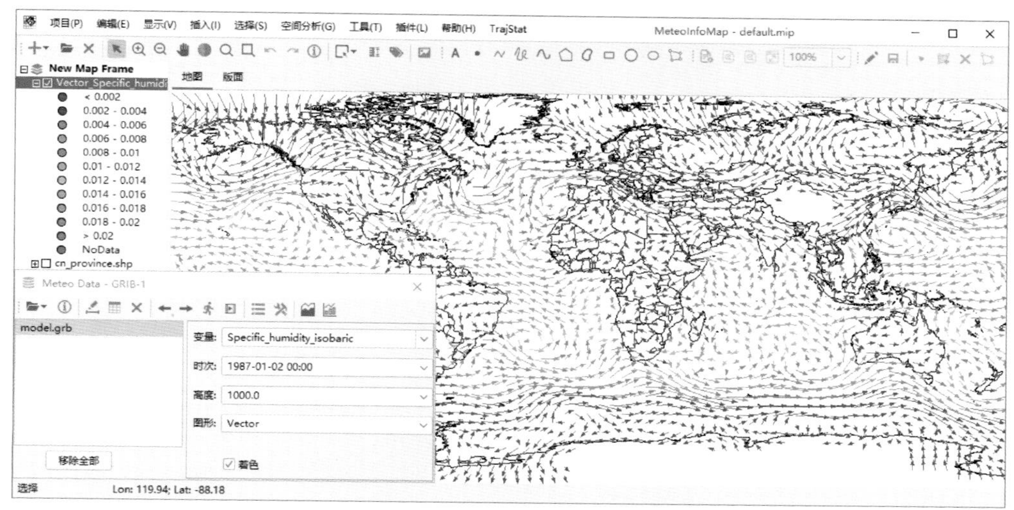

图 3.15 生成风场矢量图层

生成风场风向杆图层(图 3.16)和风场矢量图层类似，区别在于要将气象数据对话框中“图形”选为 Barb。

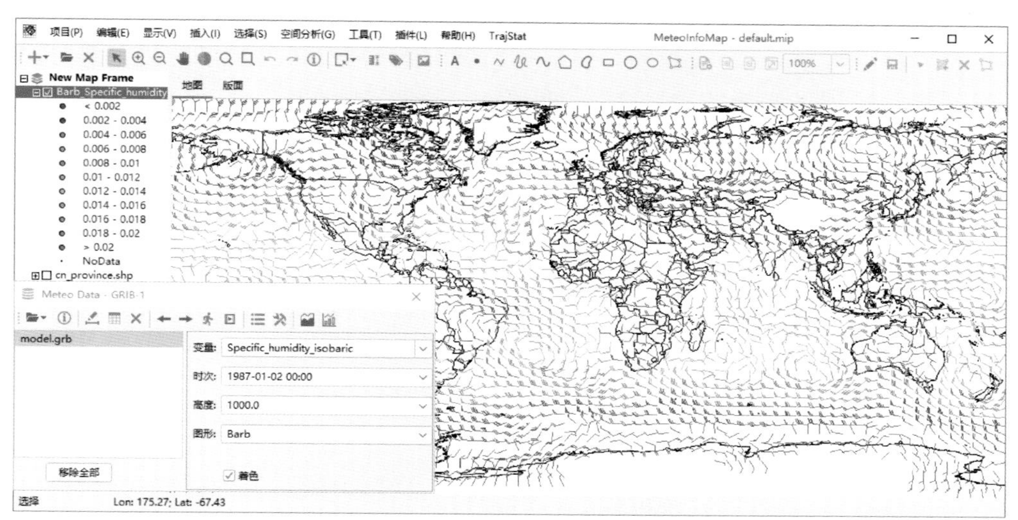

图 3.16 生成风场风向杆图层

3.2.5 风场流线

风场流线的追踪同样需要指定 U/V 分量变量，气象数据对话框中“图形”设置为 Streamline，点击“绘制数据图形”按钮既可生成风场流线图层（图 3.17）。

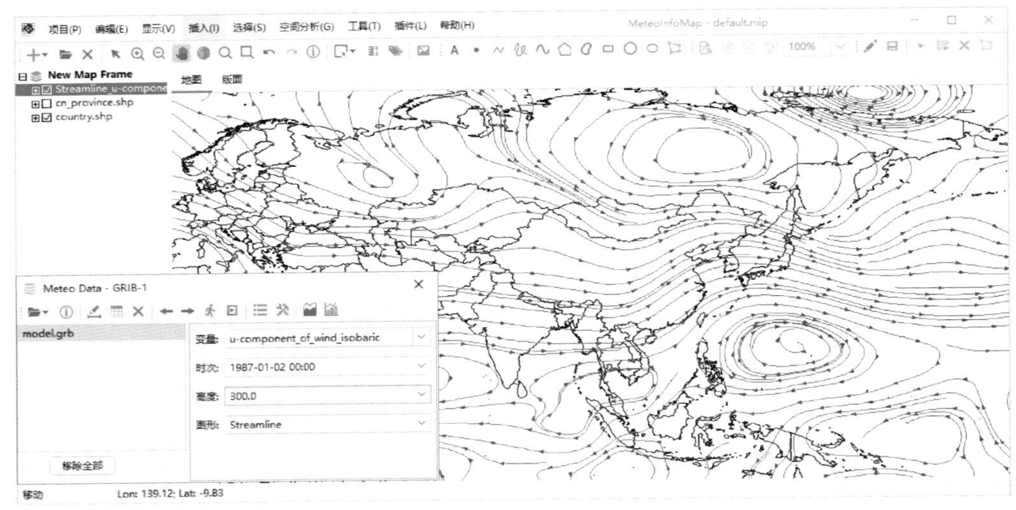

图 3.17 生成风场流线图层

点击工具栏中“设置”按钮打开流线密度设置对话框（图 3.18），可以设置流线的疏密程度（Streamline density）。流线密度取值在 1～10 范围内的整数，数值越高，密度越大，缺省值是 4，如果将其改为 2，则生成的流线就会较为稀疏。

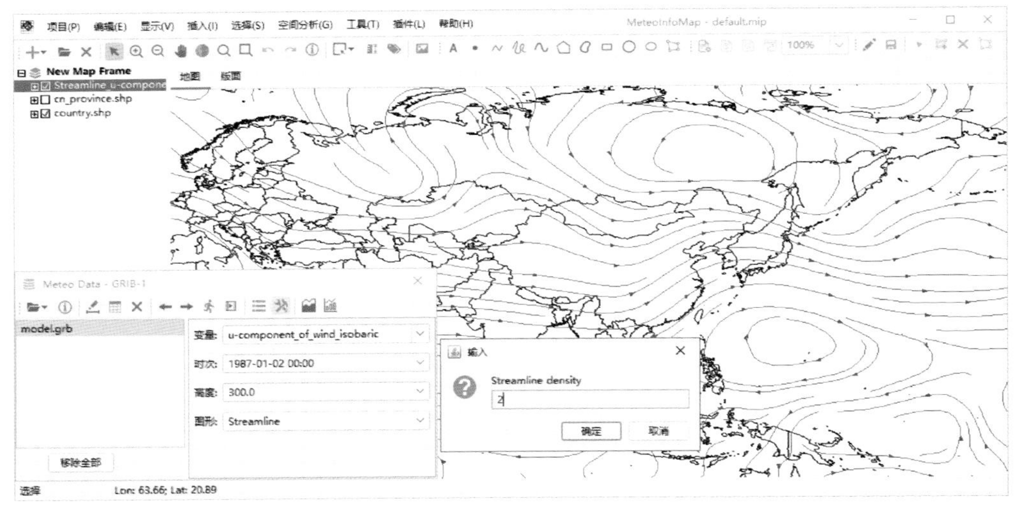

图 3.18 流线密度设置

3.2.6 利用已有变量生成新变量

在气象数据对话框“变量”栏中可以通过编写简单的公式，从数据已有变量生成新的变量。例如，打开“MeteoInfo→sample→GrADS”目录中 model.ctl 文件，该数据文件中包含风场的 U/V 分量变量 U 和 V，但没有风速变量。可以在“变量”栏输入公式“sqrt(U * U+V * V)”计算出风速，并以此为新变量生成风速等值线填色图（图 3.19）。

支持的运算符号包括：“+”“-”“*”“/”“%”“^”；函数包括：“abs”“acos”“asin”“atan”

“cos”“exp”“log”“log10”“sin”“sqrt”“tan”。

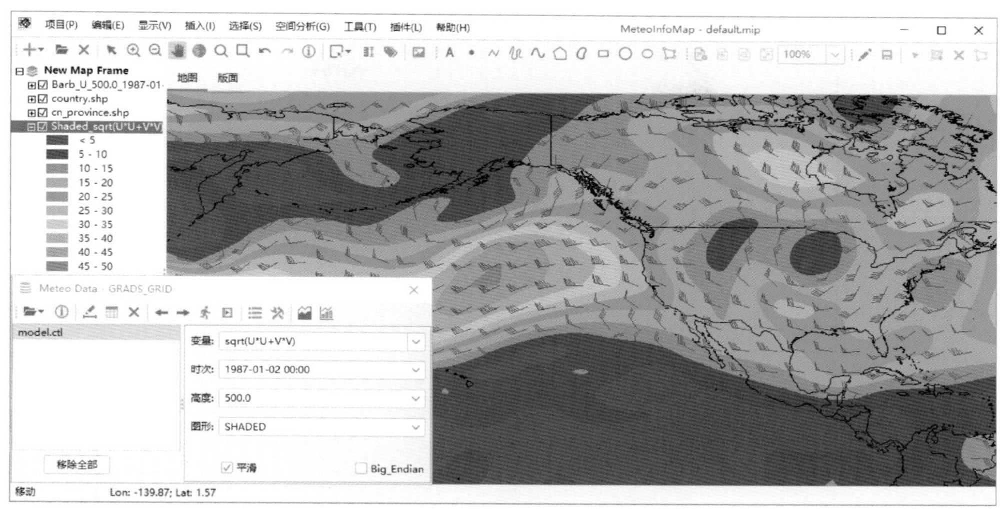

图 3. 19 利用已有变量生成新变量并绘图

3.3 生成站点数据 GIS 图层

站点数据的空间分布是离散的，可以绘制成以下几种类型的 GIS 图层：

• 站点图（Station Point），生成站点分布点图层，选中变量的数据添加在图层的属性表中；

• 站点信息图（Station Info），生成站点分布点图层，站点数据中所有变量的数据均添加到图层的属性表中；

• 天气符号图（Weather Symbol），生成天气符号分布点图层，天气现象用天气符号字体绘制；

• 站点填图（Station Model），生成站点填图点图层，站点观测的多个数据信息以相应符号绘制；

• 风场矢量（Vector），生成风场矢量点图层，根据站点风 U/V 变量或者风向、风速数据绘制风箭头；

• 风向杆（Barb），生成风场风向杆点图层，根据站点风 U/V 分量或者风速、风向数据绘制风向杆；

• 等值线（Contour），站点数据先插值生成格点数据，然后再由格点数据生成矢量线图层，需要进行等值线追踪；

• 等值线填色（Shaded），站点数据先插值生成格点数据，然后再由格点数据生成矢量多边形图层，需要进行等值线追踪、拓扑填色；

• 风场流线（Streamline），站点数据先插值生成格点数据，然后再由格点数据生成风场流线图层，根据风场 U/V 分量进行风场流线追踪，生成流线图层，以线条和流线方向箭头形式显示。

3.3.1 站点图

这里以“MeteoInfo → sample → MICAPS”目录中的 MICAPS 第一类数据文件 10101420.000 为例，在气象数据对话框中打开该数据文件软件会自动读取数据信息，并将数据中所有变量放入“变量”下拉框中，该数据为地面全要素气象观测数据，包含气象站地面观测的多个变量，该数据文件仅有一个时次。例如，选择“变量”为能见度(Visibility)，“图形”为 Station_Point，点击“绘制数据图形”按钮生成站点分布点图层(图 3.20)，图层的属性表中有两个字段，分别是站号和能见度数据。

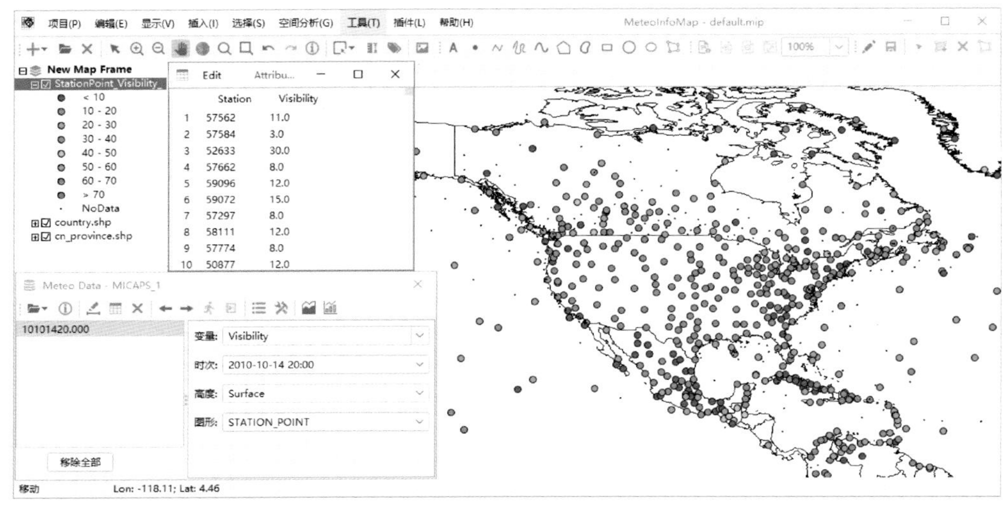

图 3.20 生成站点图层

3.3.2 站点信息图

气象数据对话框中“图形”设置为 Station_Info 也同样生成站点分布点图层(图 3.21)，和站点图不同的是，站点数据中所有变量数值都放入了图层的属性表中。

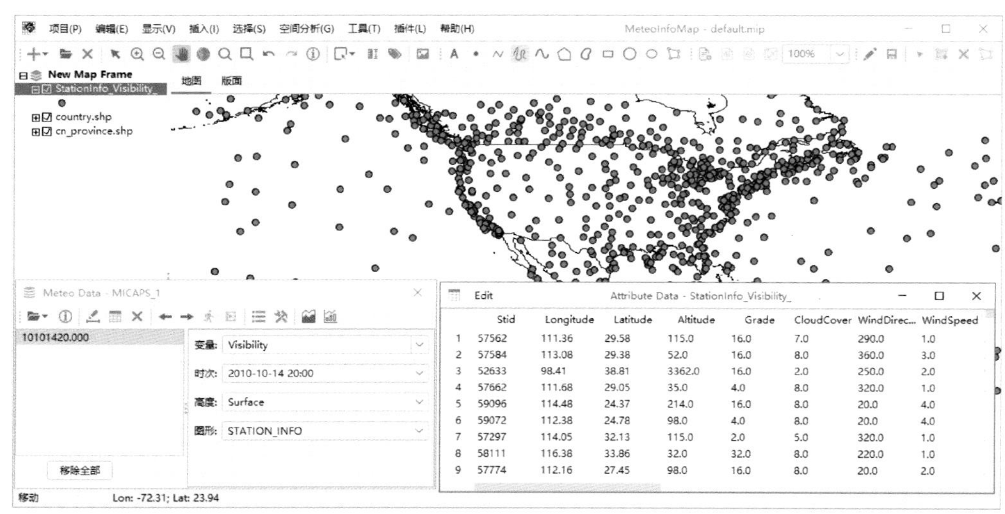

图 3.21 生成站点信息图

3.3.3 天气符号图

站点观测到的天气现象通过天气现象编码以 1～99 的整数放入数据文件中，在气象数据对话框中“变量”设为现在天气（WeatherNow），“图形”设置为 Weather_Symbol，点击“绘制数据图形”按钮生成天气符号点图层（图 3.22）。

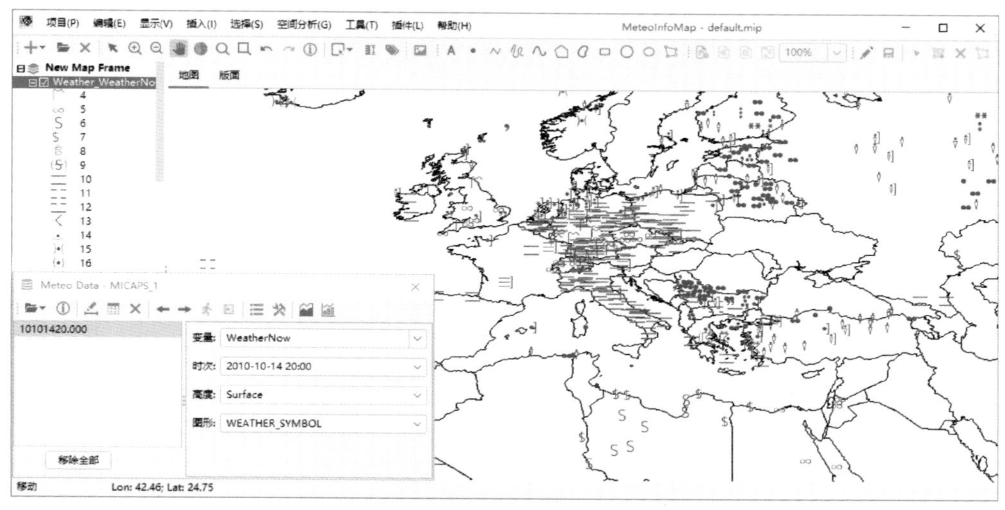

图 3.22 生成天气符号点图层

生成天气符号点图层后，点击气象数据对话框工具栏的“设置”按钮，可以选择绘制哪些天气现象符号（图 3.23）。

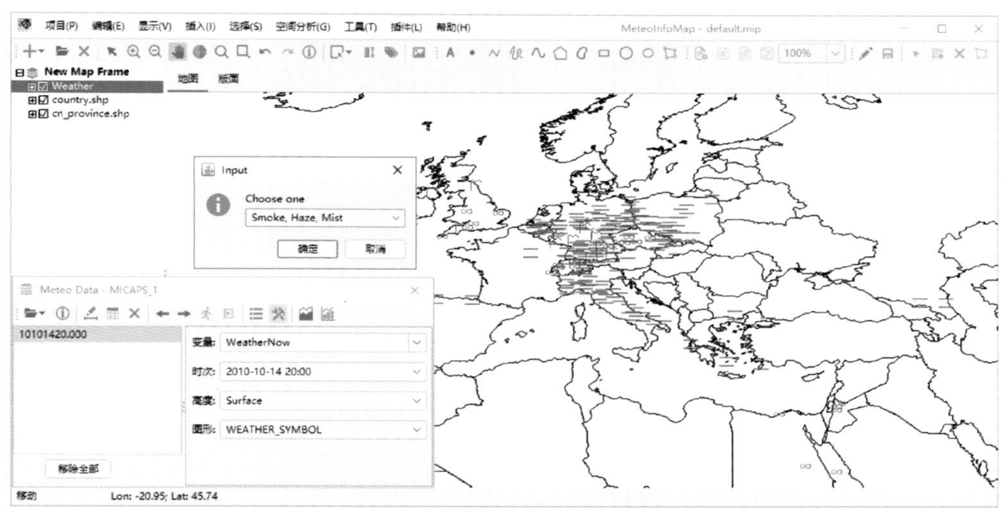

图 3.23 设置要绘制的天气现象符号

3.3.4 站点填图

在气象数据对话框中设置“图形”为 Station_Model，点击“绘制数据图形”按钮生成站点填图点图层（图 3.24），图层属性表中包含风速、风向、天气现象、温度、露点、气压、云覆盖字段，这些数据以站点填图的形式绘制。

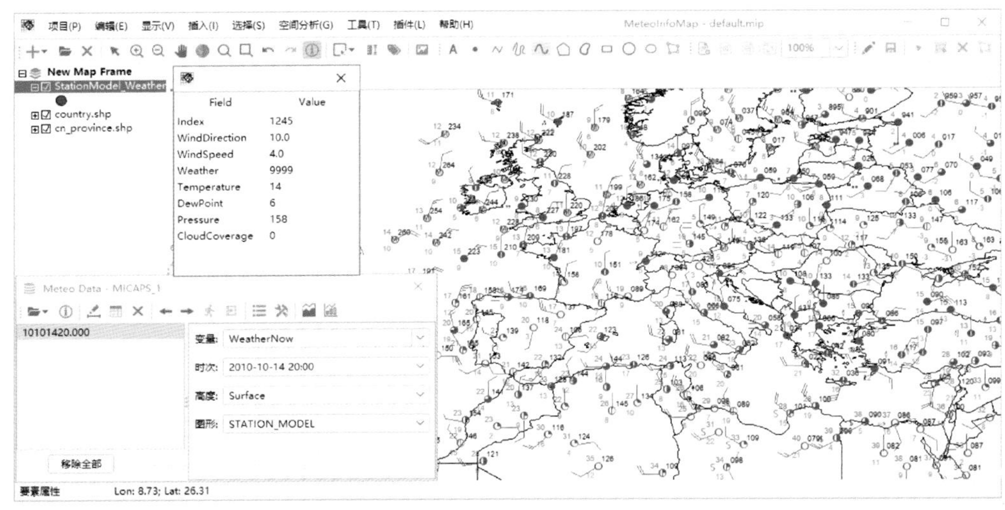

图 3.24　生成站点填图点图层

站点填图点图层缺省设置了图形免压盖，只绘制不互相压盖的空间要素。如图 3.25 所示，在图层属性对话框中勾选掉免压盖（Avoid Collision）选项，则所有空间要素都被绘制出来，站点密集的地方会有图形压盖现象。

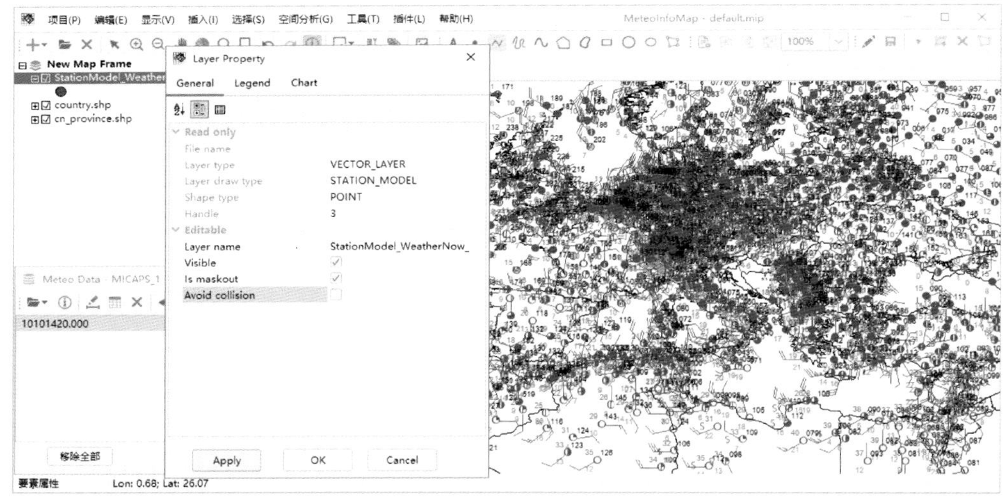

图 3.25　勾选掉图层空间要素免压盖选项

3.3.5　风场矢量和风向杆图

地面全要素观测数据中有风向（WindDirection）、风速（WindSpeed）变量，在气象数据对话框中设置“图形”为 Vector，点击“绘制数据图形”按钮生成风场矢量点图层（图 3.26），软件会自动识别风向、风速变量名，也可以手动设置。选中“着色”选项可以根据“变量”中的变量对风箭头着色。

如图 3.27 所示，同风向杆图类似，“图形”设置为 Barb 即可。

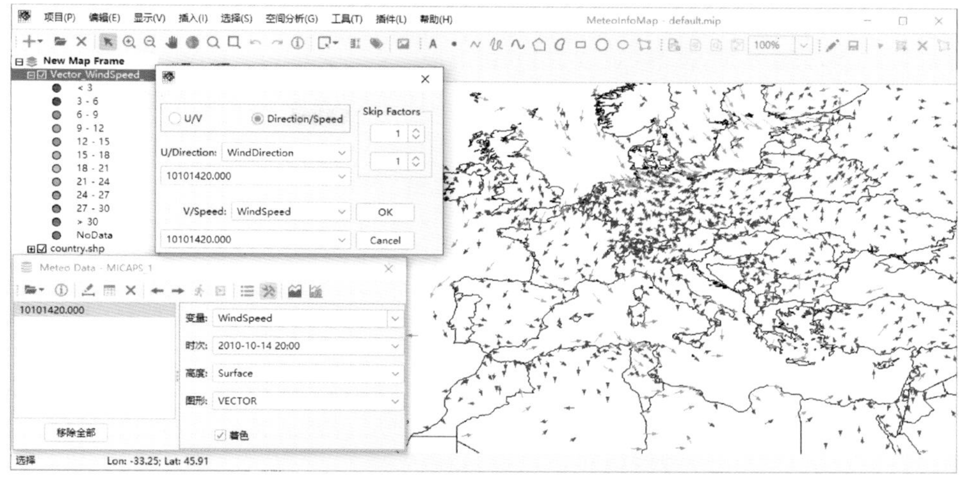

图 3.26 生成风场矢量点图层

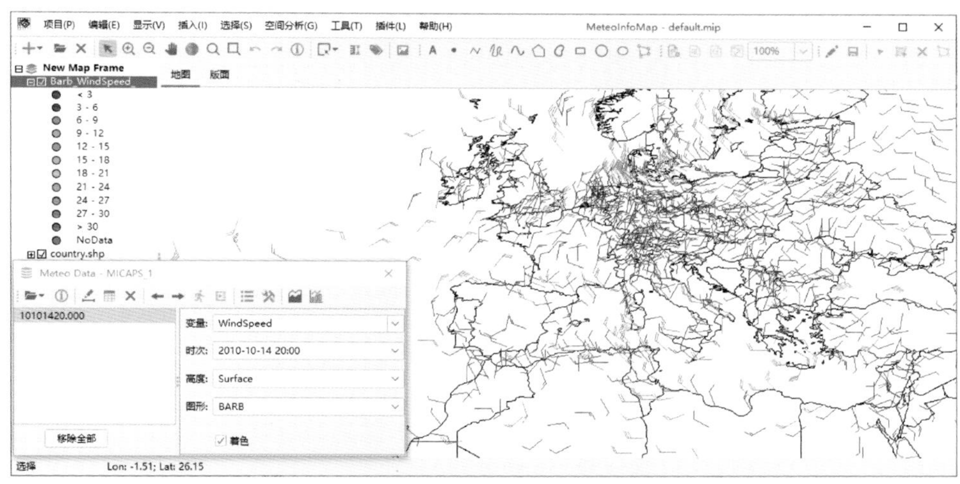

图 3.27 生成风场风向杆点图层

3.3.6 等值线和等值线填色

站点数据进行等值线分析需要先将站点数据通过插值(Interpolation)生成格点数据,然后再利用格点数据追踪等值线和拓扑填色算法生成等值线线图层或者等值线填色多边形图层。站点插值到格点的插值算法有很多,MeteoInfo 里提供了气象上两个常用的插值算法:反距离加权法(IDW)和 Cressman 客观分析算法。例如,制作站点 6 h 累积降水等值线填色图,在气象数据对话框中设置"变量"为 Precipitation6h,"图形"为 Shaded,点击"绘制数据图形"按钮,软件会根据数据范围自动给出缺省格点和插值方法设置,并生成等值线填色图。软件给出的缺省值通常效果并不好,需要用户自行进行插值设置。

点击气象数据对话框工具栏中的"设置"按钮,打开插值设置对话框(图 3.28),对话框上部是格点范围和分辨率的设置,下部是插值方法和参数的设置。格点数据范围如果是等经纬度投影,可以用最小经度(minX)、最大经度(maxX)、最小纬度(minY)和最大纬度(maxY)来控制。格点数据分辨率可以用经度(X)方向和纬度(Y)方向格点的大小(XSize 和 YSize)来设置，或者用X方向和Y方向格点数(XNum和YNum)来设置。插值方法通过Method下拉框来选择，IDW方法又分为两类：IDW_Radius和IDW_Neighbours。IDW_Radius要设置插值半径(Radius)，只选择要插值的格点为中心半径范围内的站点进行反距离加权插值计算，如果半径范围内没有站点或者站点数目少于最小站点数(MinNum)，则该格点的值设为缺测值。IDW_Neighbours方法在插值计算某个格点值时会遍历所有站点数据，然后根据站点到该格点的距离进行反距离加权插值计算。

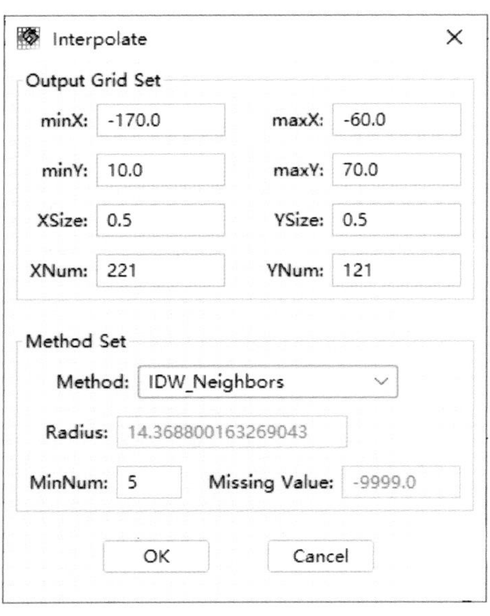

图3.28 插值设置对话框

通过上图中格点和IDW插值参数设置，再通过气象数据对话框工具栏中“图例设置”工具设置合适的图例，重新生成等值线填色图层如图3.29所示。

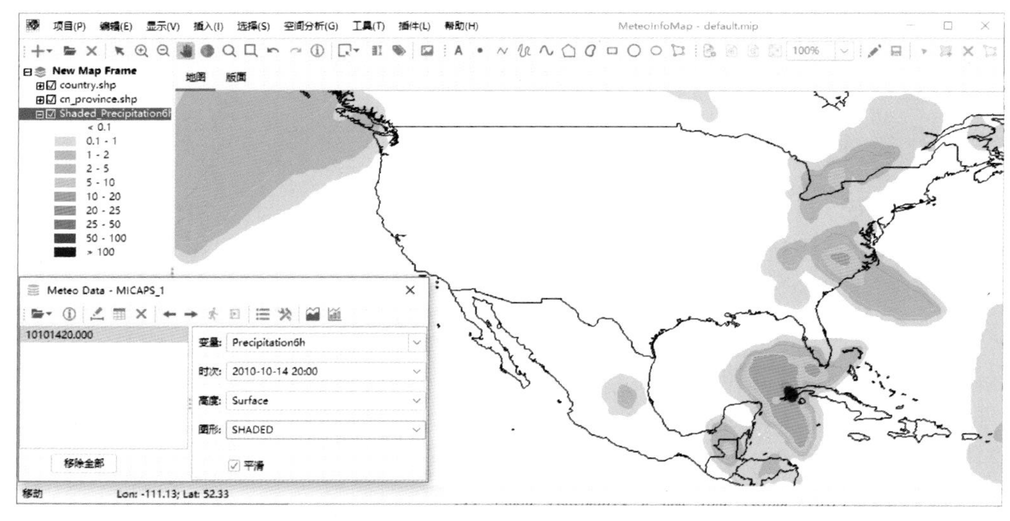

图3.29 IDW插值方法生成的等值线填色图层

Cressman客观分析法是气象上常用的插值方法，它通过使用多次迭代强制将数据收敛为观测到的内插值来实现。该方法通常需要设置多个插值半径，每次迭代需要一个插值半径，插值半径依次减小。图 3.30 是 Cressman 插值方法生成站点等值线填色的例子。

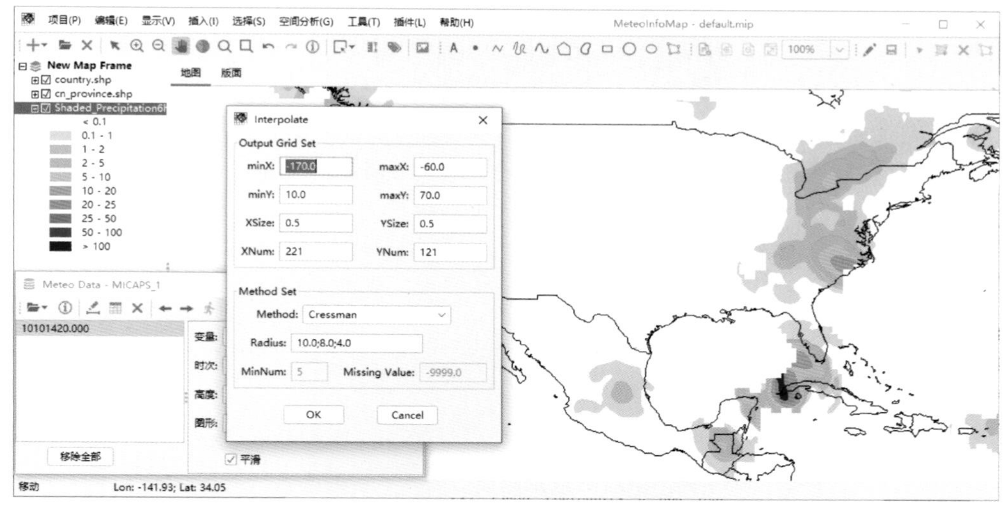

图 3.30　Cressman 插值方法生成的等值线填色图层

3.3.7　风场流线

站点数据绘制风场流线图（图 3.31）需要站点数据中有风场 U/V 或风向、风速变量。示例数据中有风向（WindDirection）和风速（WindSpeed）变量，在软件内部会先计算出风场 U/V 分量，然后对 U/V 变量进行插值生成格点的 U/V 数据，再做流线分析生成风场流线图层。

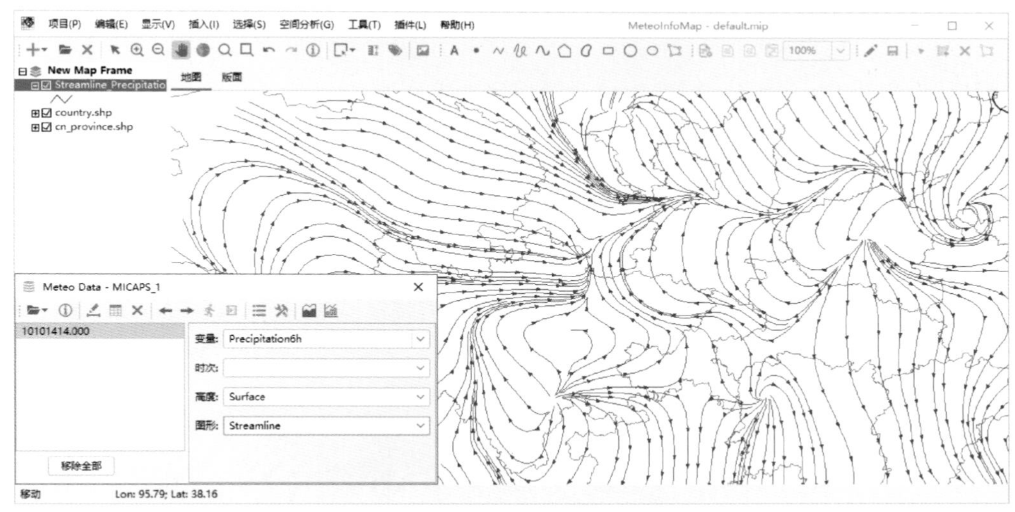

图 3.31　站点数据生成风场流线图层

3.4　生成轨迹数据 GIS 图层

轨迹数据主要包括气团轨迹和台风路径等气象线状数据，可以生成 GIS 线图层，线是由点组成的，因此也可以从轨迹数据中生成点图层。

3.4.1 气团轨迹数据绘制

气团轨迹指微小气团在大气中移动的实际路径，常用来追踪大气污染物、水汽等的来源。HYSPLIT 模式是 NOAA（美国国家海洋和大气管理局）的 ARL 实验室开发的用来计算简单的气团轨迹以及模拟复杂的扩散和沉积的模式，在全球有很多用户。HYSPILIT 模式输出的气团轨迹计算结果数据文件可以用气象数据对话框“HYSPLIT→Trajectory”菜单打开，轨迹输出文件至少有气压（Pressure）变量，还可能有其他用户自定义的输出变量。选择“图形”为 Traj_Line，点击“绘制数据图形”按钮生成轨迹 GIS 线图层（图 3.32）。

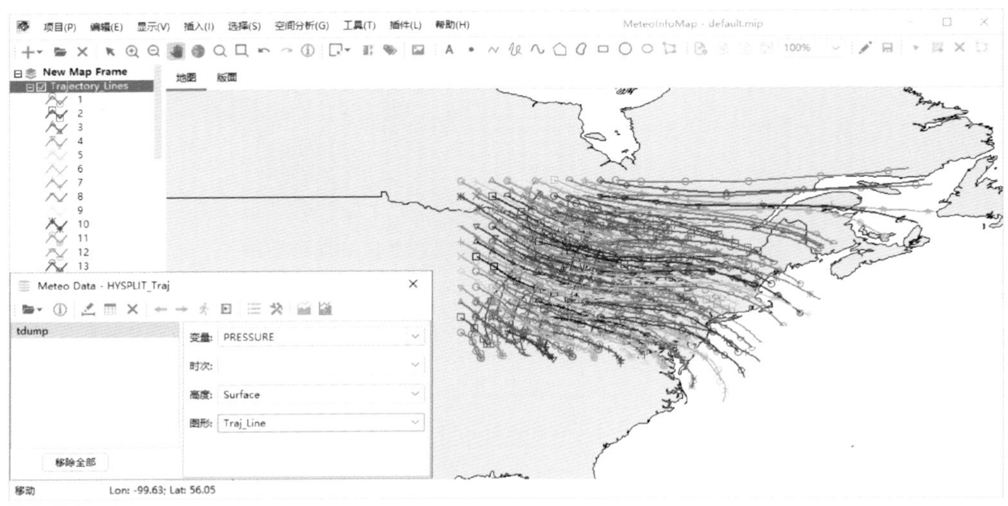

图 3.32 生成气团轨迹线图层

“图形”设置为 Traj_Point 可以生成包含轨迹线上所有的节点的轨迹点图层（图 3.33）。

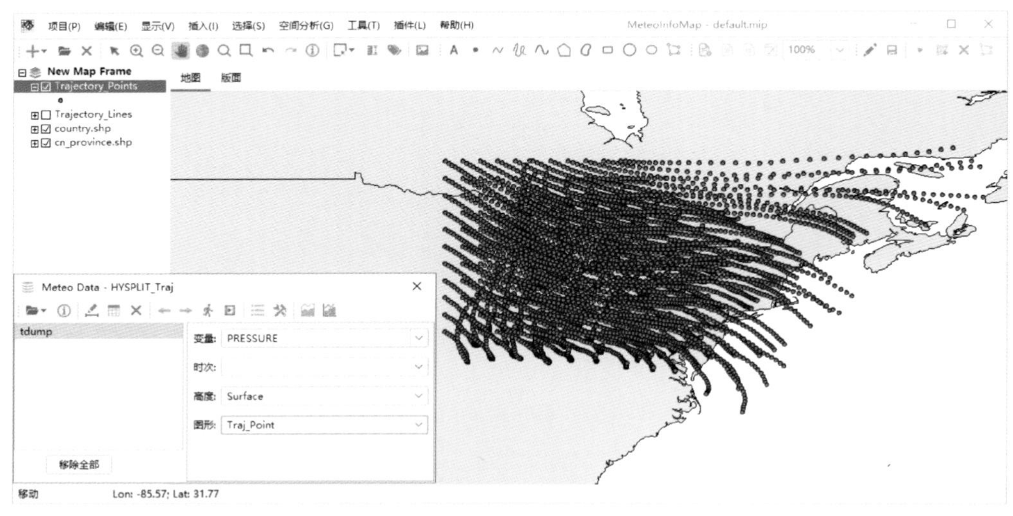

图 3.33 生成气团轨迹点图层

“图形”设置为 Traj_StartPoint 可以生成所有气团轨迹起始点图层（图 3.34）。

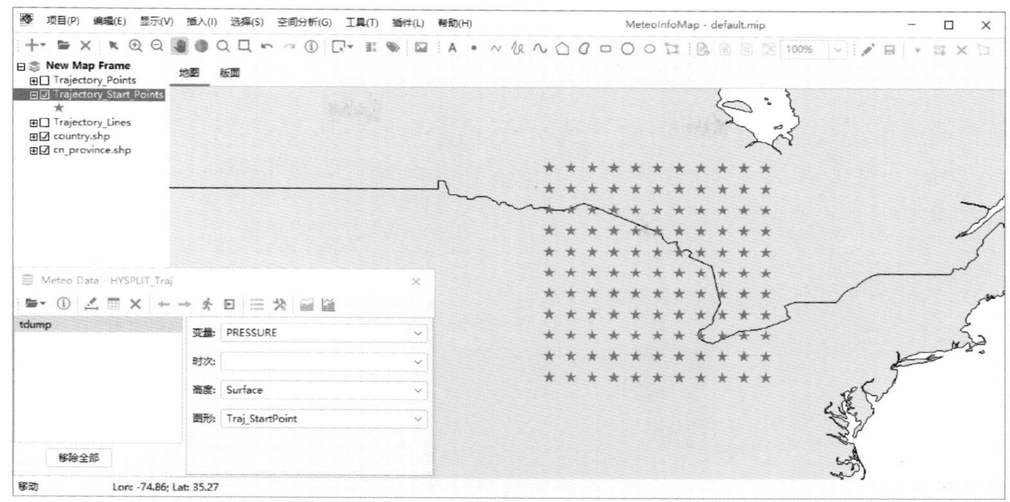

图 3.34　生成气团轨迹起始点图层

3.4.2　台风路径绘制

台风路径的绘制和气团轨迹类似，在气象数据对话框中打开“MeteoInfo→sample→MICAPS”目录中的 Typhoon_obj1ebabj0808.dat 文件，该文件为 MICAPS 第 7 类数据文件，包含了一条客观预报台风路径。可以绘制出台风路径线图层、点图层和起点图层（图 3.35）。

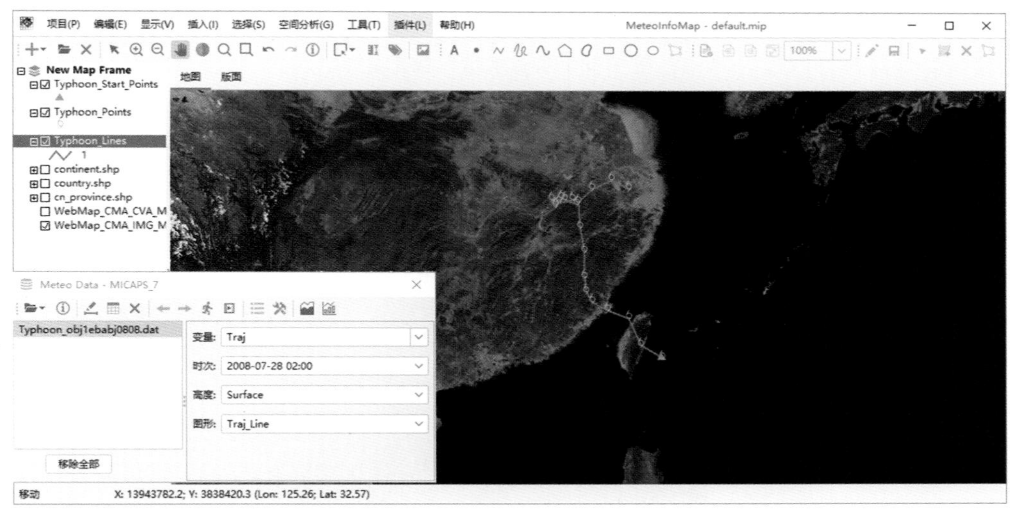

图 3.35　生成台风路径的轨迹线、点和起点图层

3.5　绘制截面图

气象数据具有多维属性，上面介绍的从气象数据生成 GIS 图层只能展现地理空间上的二维特征，截面图功能可以展现数据其他组合的二维特征，包括：高度-经度维（Level_Lon）、高度-纬度维（Level_Lat）、时间-经度维（Time_Lon）、时间-纬度维（Time_Lat）和高度-时间维

(Level-Time)。这里以“MeteoInfo→sample→GrADS”目录中的 model.ctl 文件为例，在气象数据对话框中打开该数据文件，点击工具栏中“截面图”按钮打开截面图绘制界面(图 3.36)，里面的工具栏里的工具按钮和气象数据对话框以及 MeteoInfoMap 主界面工具栏里对应的工具按钮功能类似。选择数据中的一个变量，设置欲绘制的图形类型，然后设置“图形维”。例如，设置变量为 Q，图形为 Shaded，图形维为 Level_Lat，此时高度和纬度维全取，而时间和经度维需要固定。

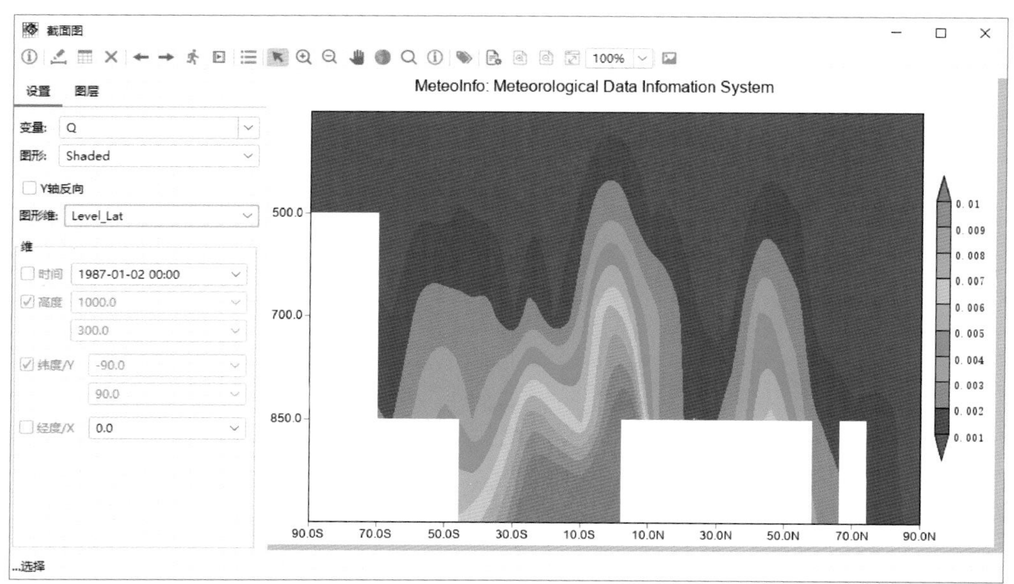

图 3.36 等值线填色截面图

数据中有风场 U/V 分量或风向/风速变量也可以绘制截面风场图(图 3.37)。

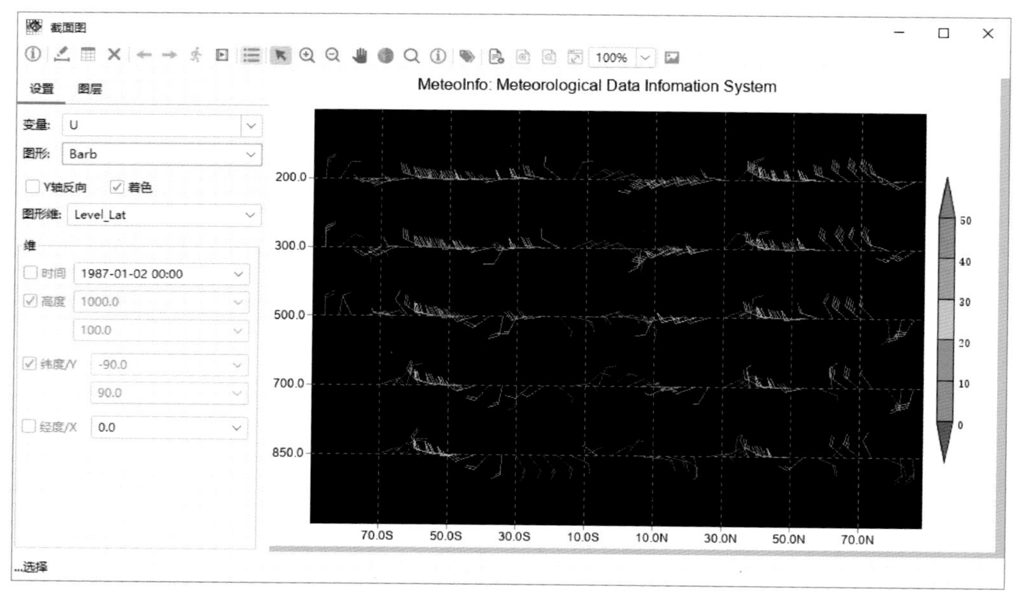

图 3.37 风场风向杆截面图

3.6 绘制一维图

对于多维的气象数据，只让其中一维可变，其他维都固定就可以取出一维数组绘制数据一维图(图 3.38)。例如，选择变量 T、图形 LINE_POINT、图形维 Lon。可以在维设置区域固定时间、高度和纬度维，经度维全取，绘制出来就是 T 变量沿经度变化的一维图。

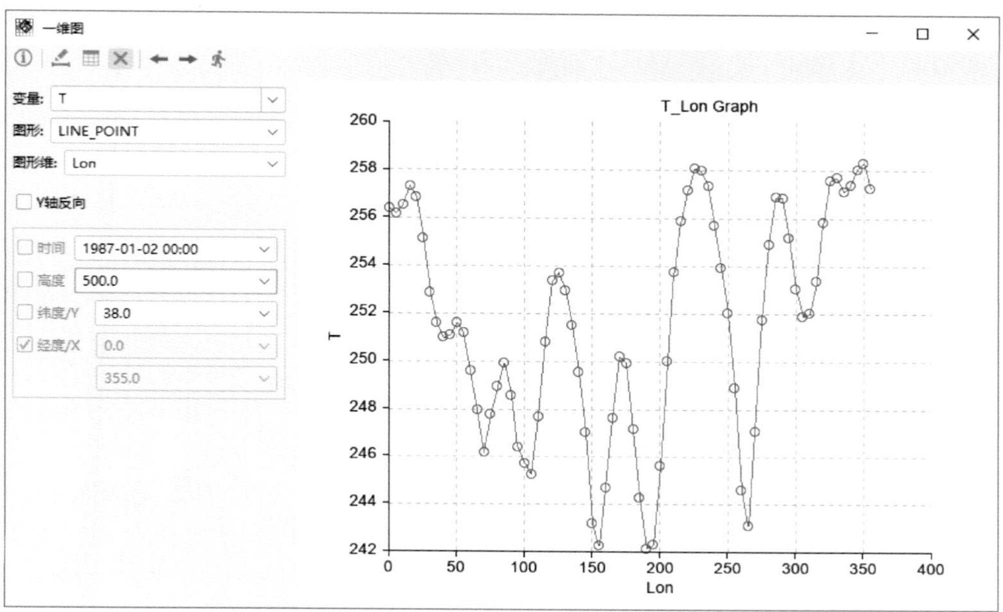

图 3.38　绘制数据一维图

第 4 章 MeteoInfoLab 简介

MeteoInfoMap 虽然可以通过点击鼠标的简单操作来浏览气象多维数据，但是更复杂的数据分析计算和可视化任务需要用 MeteoInfoLab 脚本程序来完成。MeteoInfoLab 将 Jython 作为脚本语言，既可以方便地调用底层的 Java 库函数，也可以用 Python 的简洁语法来编写数据分析和可视化程序。

4.1 Jython 简介

要了解 Jython 首先要了解 Python。Python 是用 C 语言编写的高级的、面向对象的、开放源代码的编程语言。荷兰人 Guido van Rossum 是 Python 的原创者，继而在 Python 的快速发展中产生了一大批高水平的设计者和程序员在不断开发和维护 Python。作为一种动态类型的"胶水语言"，Python 可以很方便地使用 C/C++和 Fortran 编写的库，因此尽管 Python 语言本身的运行效率比较低，通过底层低级语言的扩展能够实现高效的数值运算，从而使 Python 成为数据科学和人工智能领域最流行的编程语言之一。Java 编程语言具有面向对象、分布式、健壮性、安全性、平台独立与可移植性、多线程、动态性等特点，作为长期非常流行的编程语言，积累了大量开源库和代码，Python 的 Java 实现也变得很有必要。Jython 就是 Python 语言的 Java 实现。

Jython 的历史要追溯到 Jim Hugunin，他是 Guido van Rossum 在国家研究动力中心(CNRI)的同事。Jim Hugunin 认识到 Python 编程语言用 Java 实现的重要性，并在 1997 年开始开发最初名为 JPython 的语言。1999 年 2 月由当时也在 CNRI 的 Barry Warsaw 继续领导 JPython 的开发并发布了 JPython 1.1 版本。2000 年 10 月 JPython 项目转移到 Sourceforge 上成为一种更开放的语言模型，并改名为 Jython。在此期间，一个对 Jython 做了主要贡献的人 FinnBock 领导了 Jython 项目小组。正是由于 FinnBock 所做的杰出贡献，使 Jython 现在成为一个如此有价值的工具。后续的主要开发者包括 Frank Wierzbicki、Finn、Samuele、Jeff Allen、Jim Baker 等。目前 Jython 的最新版本是 2.7.2，可以在 Jython 网站上下载：https://www.jython.org。

Jython 和同版本的 Python 语法完全相同，也包含了几乎所有 Python 标准库，但不支持 Python 中用 C 语言编写的扩展库，如 Numpy、Matplotlib 等。在 Jython 里可以方便地导入和使用 Java 包，示例如图 4.1 所示。

```
C:\WINDOWS\system32\cmd.exe - jython

C:\Users\dell>jython
Jython 2.7.2 (v2.7.2:925a3cc3b49d, Mar 21 2020, 10:03:58)
[Java HotSpot(TM) 64-Bit Server VM (Oracle Corporation)] on java11.0.5
Type "help", "copyright", "credits" or "license" for more information.
>>> from java.util import Random
>>> r = Random()
>>> r.nextInt()
-1862190797
>>> for i in xrange(5):
...     print(r.nextDouble())
...
0.503649639406
0.549905942972
0.0847369873993
0.10076818147
0.511060917314
>>>
```

图 4.1 在 Jython 中导入和使用 Java 包

4.2 MeteoInfoLab 主界面

MeteoInfoLab 启动后的主界面如图 4.2 所示，主要包括：菜单栏、工具栏、当前目录、代码编辑栏(Editor)、命令行栏(Console)、图形栏(Figures)、文件浏览栏(File explorer)、变量浏览栏(Variable explorer)。

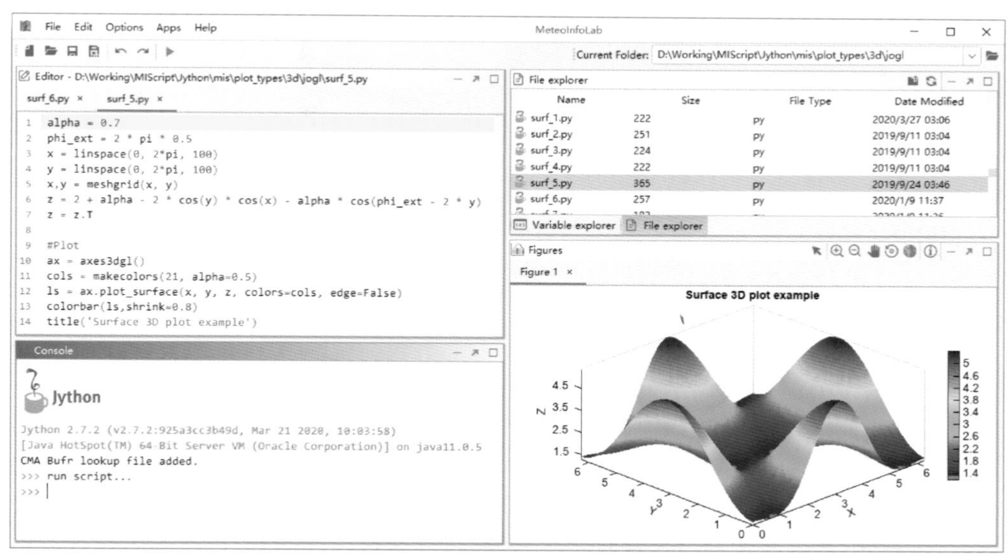

图 4.2 MeteoInfoLab 主界面

MeteoInfoLab 的界面支持多种外观，点击“Options→Setting”菜单打开设置对话框(图 4.3)，Look&Feel 选为 FlatDarLaf 软件界面会转变为黑色背景(图 4.4)。

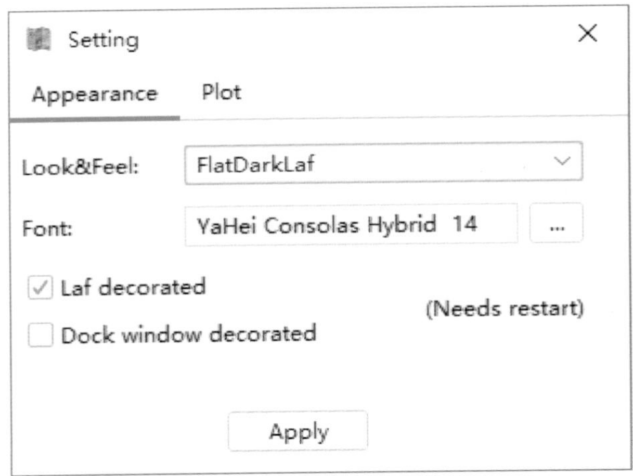

图 4.3　设置对话框

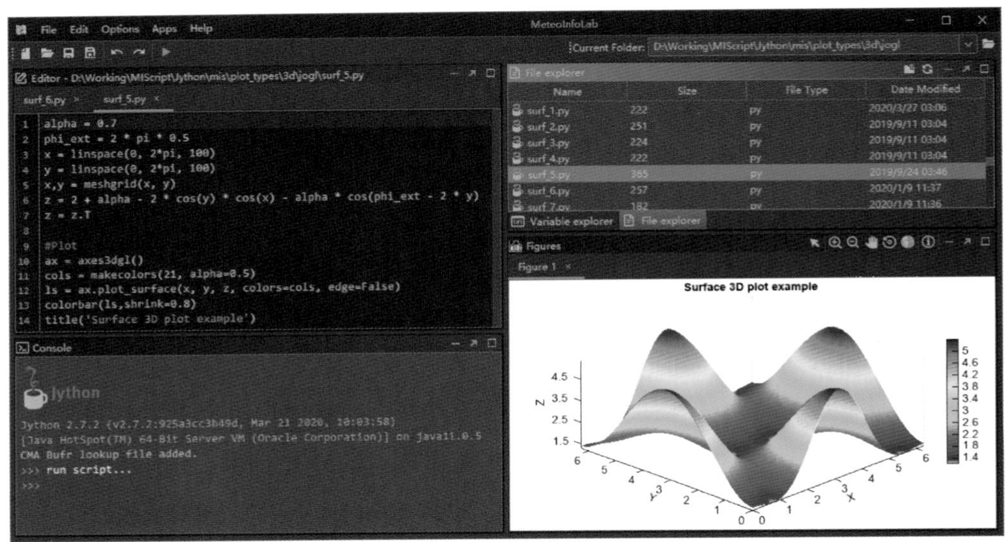

图 4.4　黑色背景的 MeteoInfoLab 主界面

4.2.1　命令行

MeteoInfoLab 启动后在 Console 中会出现 Jython 的图标以及 Jython 和 Java 的版本信息，以及 Jython 命令行输入的提示符：>>>。可以在 Console 中输入 Jython 命令行代码，点击回车会解释运行(图 4.5)，输入已经定义的变量可以将变量的内容在 Console 中输出。

Console 中有代码提示功能，在包、模块或者变量后面输入小数点或者函数输入左括号时会出现相应的代码提示框来帮助完成代码的编写(图 4.6)。

4.2.2　代码编辑

Editor 是编辑 Jython 脚本程序的区域，可以通过点击“File→New”菜单或者工具栏中的“New File”按钮在 Editor 中创建一个新文件，然后在代码编辑区域编写代码，File 菜单和工具

```
Console
Jython

Jython 2.7.2 (v2.7.2:925a3cc3b49d, Mar 21 2020, 10:03:58)
[Java HotSpot(TM) 64-Bit Server VM (Oracle Corporation)] on java11.0.5
CMA Bufr lookup file added.
>>> run script...
>>> a = 5
>>> a
5
>>> a * 3
15
>>>
```

图 4.5　在 Console 中运行命令行代码

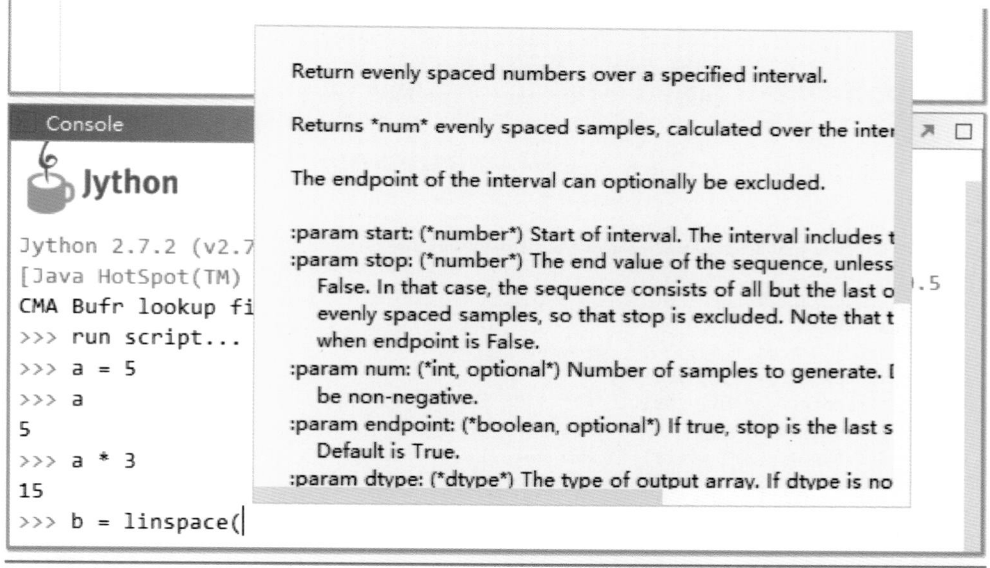

图 4.6　Console 中的代码提示功能

栏中有保存文件(Save File)和另存文件(Save As)的菜单和按钮将编写的代码保存到文件中，和 Python 一样，Jython 程序文件的后缀也是 . py。工具栏中有打开文件(Open File)按钮来打开已有的 Jython 程序文件，或者在 File explorer 中双击 Jython 文件名在 Editor 中打开代码文件。

Editor 中有代码高亮和代码提示功能，可以用剪切(Cut)、复制(Copy)、粘贴(Paste)来编辑代码(图 4.7)。

点击“Edit→Find & Replace”菜单打开查找和替换对话框，可以对代码中进行查找和替换操作(图 4.8)。

Edit 菜单中的切换注释(Toggle Comment)菜单可以对选中代码行进行代码注释和取消注释的操作；Insert Tab (4 spaces)菜单和 Delete Tab (4 spaces)菜单可以对选中代码行前统一插入

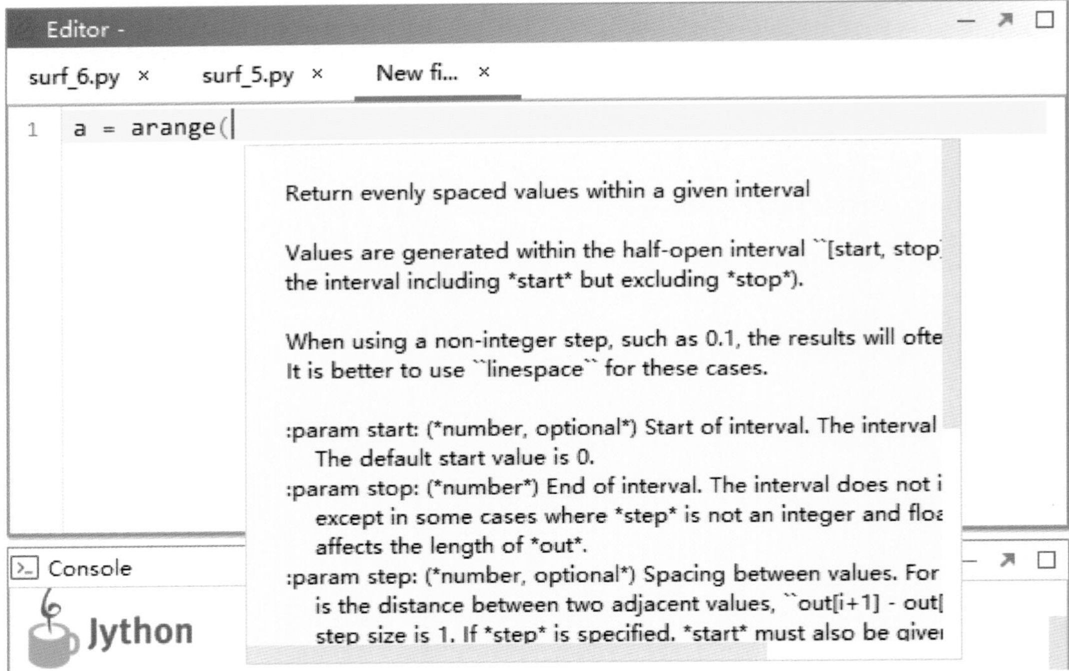

图 4.7 Editor 中的代码提示功能

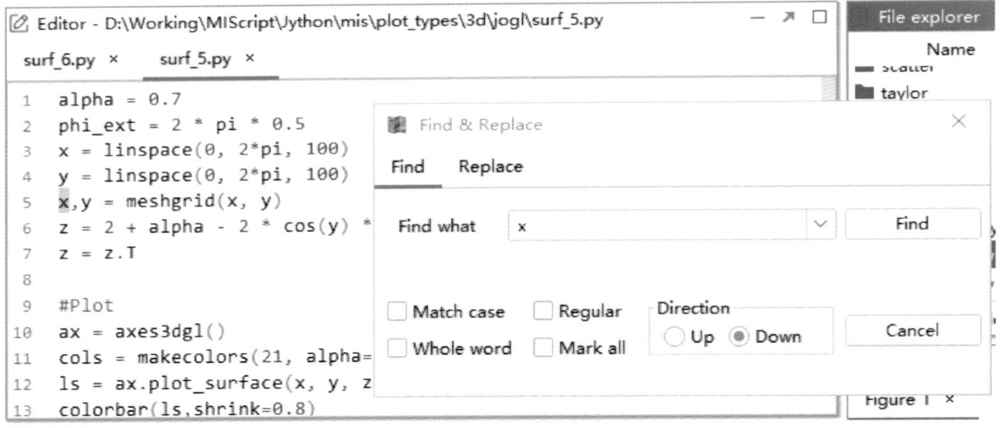

图 4.8 代码查找和替换

4 个空格和删除 4 个空格。Jython 语法中很重要的是代码缩进，建议用 4 个空格来进行缩进。在 Editor 中选中部分代码点击鼠标右键，在弹出的右键菜单中也有上述相应的功能。

点击工具栏中“Run Script”按钮可以运行 Editor 中当前 Jython 文件的代码，在 Console 中会输出>>> run script…，代码中打印(print)语句也会在 Console 中输出。在 Editor 中选中部分代码，点击鼠标右键，在弹出菜单中第一个是 Evaluate Selection 菜单(图 4.9)，点击该菜单可以运行被选中的代码行，此功能在调试代码的过程中很有用。

点击 Evaluate Selection 菜单后在 Console 中会输入>>>evaluate selection…字样和被选中的代码(蓝色显示，见图 4.10)。

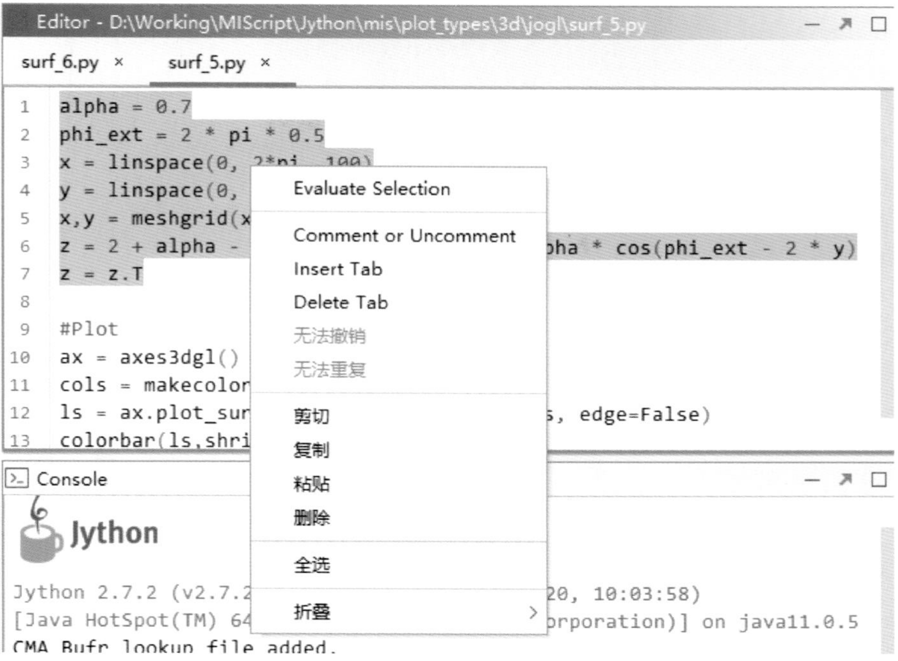

图 4.9　选中代码的右键菜单

Editor - D:\Working\MIScript\Jython\mis\plot_types\3d\jogl\surf_5.py

surf_6.py ×　surf_5.py ×

```
alpha = 0.7
phi_ext = 2 * pi * 0.5
x = linspace(0, 2*pi, 100)
y = linspace(0, 2*pi, 100)
x,y = meshgrid(x, y)
z = 2 + alpha - 2 * cos(y) * cos(x) - alpha * cos(phi_ext - 2 * y)
z = z.T

#Plot
ax = axes3dgl()
cols = makecolors(21, alpha=0.5)
ls = ax.plot_surface(x, y, z, colors=cols, edge=False)
colorbar(ls,shrink=0.8)
```

Console

```
5
>>> a * 3
15
>>> evaluate selection...
alpha = 0.7
phi_ext = 2 * pi * 0.5
x = linspace(0, 2*pi, 100)
y = linspace(0, 2*pi, 100)
x,y = meshgrid(x, y)
z = 2 + alpha - 2 * cos(y) * cos(x) - alpha * cos(phi_ext - 2 * y)
z = z.T

>>>
```

图 4.10　只运行选中代码行

4.2.3 图形

Console 或 Editor 中的绘图语句运行后生成的图形会显示在图形栏(Figures)中,Figures 中还有一些交互操作工具按钮(图 4.11),包括:选择(Select)、放大(Zoom In)、缩小(Zoom Out)、移动(Pan)、旋转(Rotate)、复原(Full Extent)和提取信息(Identifer)。Rotate 工具只在三维图中有效,Identifer 工具只在地图坐标系中有效。

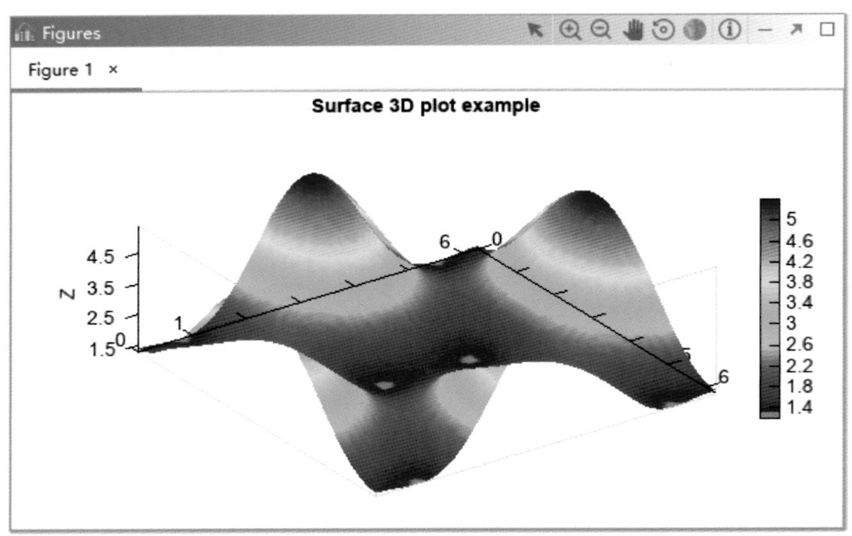

图 4.11 三维图形交互式旋转

4.2.4 文件浏览

设置当前目录(Current Folder)则在 File explorer 中显示该目录中的所有子目录和文件,如果文件的后缀是 .py 会显示 Jython 的图标。双击目录名可以进入该目录,该目录也就成为当前目录(图 4.12)。双击 Jython 文件名则在 Editor 区域打开该 Jython 文件,可以进行文件编辑和运行。File explorer 右上角有上级目录(Up Folder)和更新(Update)按钮,可以进入上级目录和对当前目录的内容进行更新显示。

Current Folder: D:\Working\MIScript\Jython\mis\plot_types

File explorer

Name	Size	File Type	Date Modified
taylor		Folder	
violinplot		Folder	
weather		Folder	
wind		Folder	
air_path.py	298	py	2018/5/10 05:51
air_path_3d.py	487	py	2018/5/10 11:49
annotate_1.py	209	py	2019/1/29 01:30
annotate_2.py	175	py	2019/1/27 10:43

Variable explorer | File explorer

图 4.12 文件浏览和当前目录

4.2.5 变量浏览

通过运行 Console 代码或者 Editor 代码生成的变量可以在 Variable explorer 区域浏览（图 4.13），包括变量名（Name）、变量类型（Type）、包含数据的大小（Size）、具体值（Value）。

Variable explorer

Name	Type	Size	Value
ls	SurfaceGraphics		
cols	PyList	21	
alpha	PyFloat	1	0.7
z	NDArray	(100, 100)	
y	NDArray	(100, 100)	
x	NDArray	(100, 100)	
phi_ext	PyFloat	1	3.14159265359
cp	GLFigure		
a	PyInteger	1	5
ax	Axes3DGL		

Variable explorer　File explorer

图 4.13 变量浏览

4.2.6 颜色设置

在一些绘图函数中可以设置颜色图（cmap 参数），点击“Options→Color Map”菜单，所有可用的 Color map 显示在对话框中（图 4.14），这些颜色图来自“MeteoInfo→colormaps”目录中的颜色图文件。用鼠标点击某一个颜色图可以显示该颜色图的名称，该名称可以赋值给 cmap 参数来完成绘图函数的颜色图设置，例如：cmap='BlAqGrYeOrRe'。

图 4.14 Color Map 对话框

在 MeteoInfoLab 中对于某个颜色的设置可以用其 RGB 值，可以点击“Options→Color Dialog”菜单打开颜色对话框（图 4.15），选中合适的颜色，然后点击 RGB(G)选项卡查看其 RGB 值放入相应参数中。

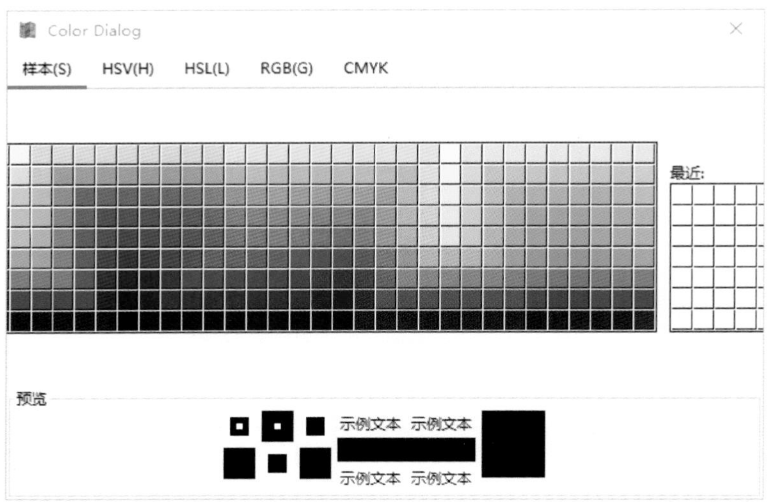

图 4.15 颜色对话框

4.2.7 工具箱应用

和 MatLab 类似，MeteoInfoLab 可以通过编写 toolbox 进行功能扩展。MeteoInfoLab 主界面中有一个 Apps 菜单，软件启动时会查找“MeteoInfo→toolbox”目录中的子目录，每个子目录是一个 toolbox，如果该 toolbox 有启动界面且有 loadApp.py 模块，该模块中的 LoadApp 类继承了 org.meteoinfo.ui.plugin 包中的 PluginBase 类，则该 toolbox 可以作为一个工具箱应用程序在 MeteoInfoLab 中加载。点击“Apps→Application Manager”菜单打开工具箱应用程序管理对话框（图 4.16），点击“Update List”按钮扫描 toolbox 目录中可用的工具箱应用程序，勾选上之后该应用程序会出现在 Apps 菜单中。

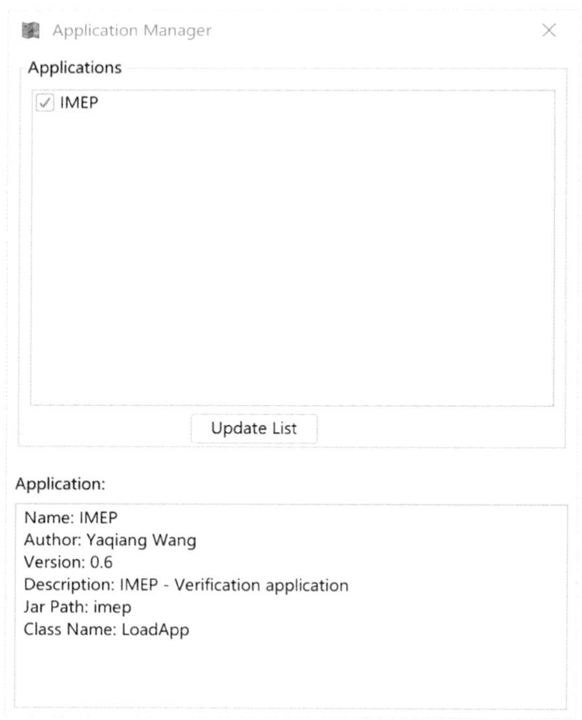

图 4.16 工具箱应用程序管理对话框

4.3 MeteoInfoLab Jython 包概览

4.3.1 MeteoInfoLab 的主要 Jython 包

MeteoInfoLab 主要在底层 Java 代码的基础上开发了一系列科学计算和可视化的 Jython 包(图 4.17),包含在 mipylib 包中。其中最核心的包是 numeric,包含了多维数组的切片、索引和计算功能;plotlib 包含了二维和三维绘图功能;dataset 包含了科学数据读写的功能;geolib 包含了一些 GIS 功能;meteolib 包含了一些气象领域的分析算法;imagelib 包含了一些图像处理功能;dataframe 包含了一些分析结构化数据的功能。通过这些 Jython 包可以完成气象科学数据的读写、分析计算、可视化的多种任务。

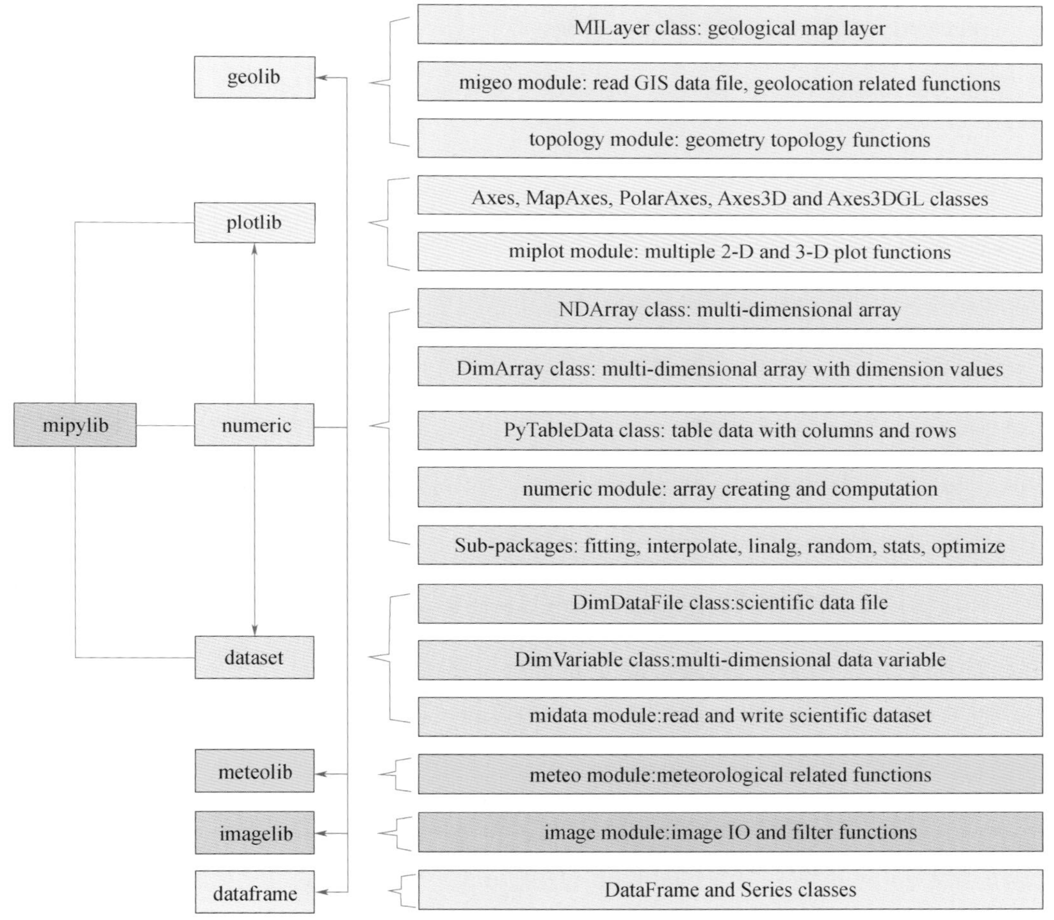

图 4.17　MeteoInfoLab 的主要 Jython 包

4.3.2 获取函数帮助信息

MeteoInfoLab Jython 包中的函数使用可以在 Console 里输入 help(函数名)来获取帮助信息(图 4.18)。mipylib 包位于"MeteoInfo→pylib"目录中,包含了所有 Jython 源代码,在帮助文档信息不够的时候可以查看相关源代码帮助理解。

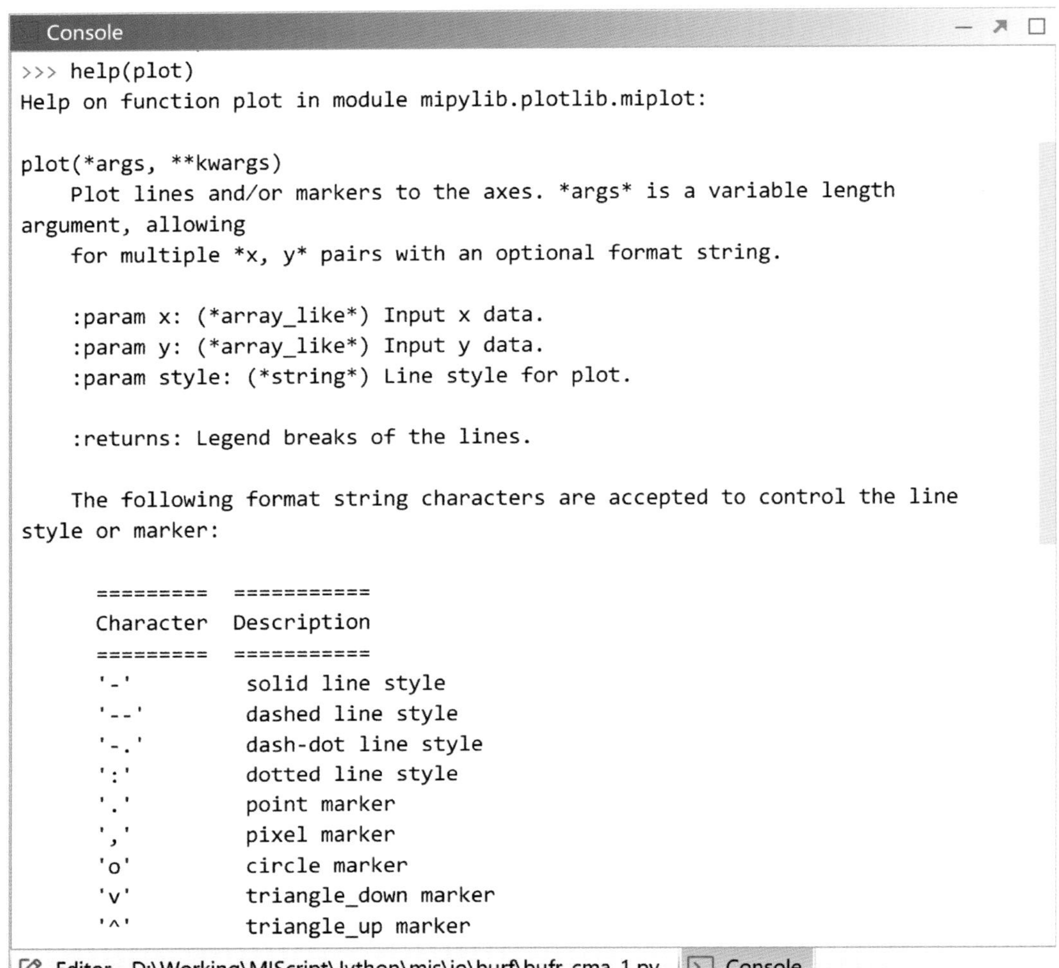

图 4.18　获取函数的帮助信息

MeteoInfo 网站上也有一些函数的帮助文档和示例程序，还在不断地完善中。网站上有搜索功能，在 Quick search 栏中输入要搜索的内容也可能找到相关的帮助信息。

4.3.3　MeteoInfoLab 启动预加载

在“MeteoInfo→pylib”目录中的文件 milab.py 会在 MeteoInfoLab 启动时自动运行，里面的代码是导入 mipylib 包，并运行 mipylib 包中__init__.py 文件中的所有语句，起到预加载常用包和函数的目的，以方便后期使用。例如，绘图函数 plot 会在软件启动时预加载，Console 里>>>help(plot)才能正常运行。mipylib 包的__init__.py 文件中包含了所有预加载信息：

```
from . numeric import *
import numeric as np
import numeric. random as random
import numeric. linalg as linalg
```

```
from . geolib. migeo import *
import geolib. topology as topo
from . dataset import *
from . plotlib import *
import plotlib as plt
import meteolib as meteo
import imagelib
from dataframe import *

import os
mi_dir = os. path. dirname(os. path. dirname(os. path. dirname(os. path. abspath(__file__))))
migl. mifolder = mi_dir

lookup_cma = os. path. join(mi_dir, 'tables','bufr', 'tablelookup_cma. csv')
if os. path. isfile(lookup_cma):
    try:
    is_ok = dataset. add_bufr_lookup(lookup_cma)
    except:
    is_ok = False
    if is_ok:
    print('CMA Bufr lookup file added. ')
```

MeteoInfoLab Jython 包的开发在函数命名和参数设置上尽量和 Python 的 Numpy、Matplotlib、Pandas 等包一致，方便学习和应用。可以看到 numeric 包也给出了别名 np，plotlib 的别名是 plt。在主界面的 Editor 和 Console 里有代码提示功能，因此可以输入 np. 和 plt. 来查看两个包所包含的常用函数，能够帮助用户更准确地输入代码（图 4. 19）。

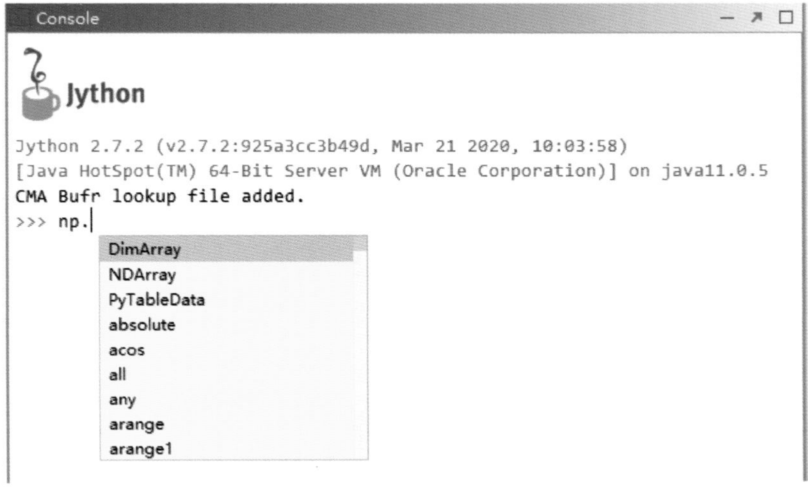

图 4. 19　在 Console 中查看 numeric 包中的常用函数

"MeteoInfo→pylib→mipylib"目录中的 migl.py 文件中包含了几个全局变量：

- milapp 是 MeteoInfoLab 主界面对象；
- currentfolder 是 MeteoInfoLab 的当前目录；
- mifolder 是 MeteoInfo 软件所在的目录。

还有三个函数来获取地图数据、示例文件、颜色图文件的目录，方便在脚本中使用：

- get_map_folder()函数：获取地图数据所在目录；
- get_sample_folder()函数：获取示例文件所在目录；
- get_cmap_folder()函数：获取颜色图文件所在目录。

中国气象局的 Bufr 文件的解码需要用到自定义的表格文件，也在程序启动时进行了加载。

Jython 包预加载会影响 MeteoInfoLab 的启动时间，如果对启动时间有要求，尤其是在命令行直接运行 MeteoInfoLab Jython 文件，可以把 milab.py 文件中的加载语句注释掉，但是 Jython 程序代码中必须增加针对性的加载语句。

4.3.4 MeteoInfoLab 命令行交互式环境

在操作系统的命令行环境中输入 milab -i（Linux 中用 milab.sh -i），如图 4.20 所示，可以进入 MeteoInfoLab 命令行交互式环境（不启动 MeteoInfoLab 主界面）。MeteoInfo 软件目录最好放入系统的 PATH 变量中。在命令行交互式环境中可以编写和运行 Jython 代码，在此环境中 MeteoInfoLab 的 Jython 包也进行了预加载，可以直接使用相关函数。

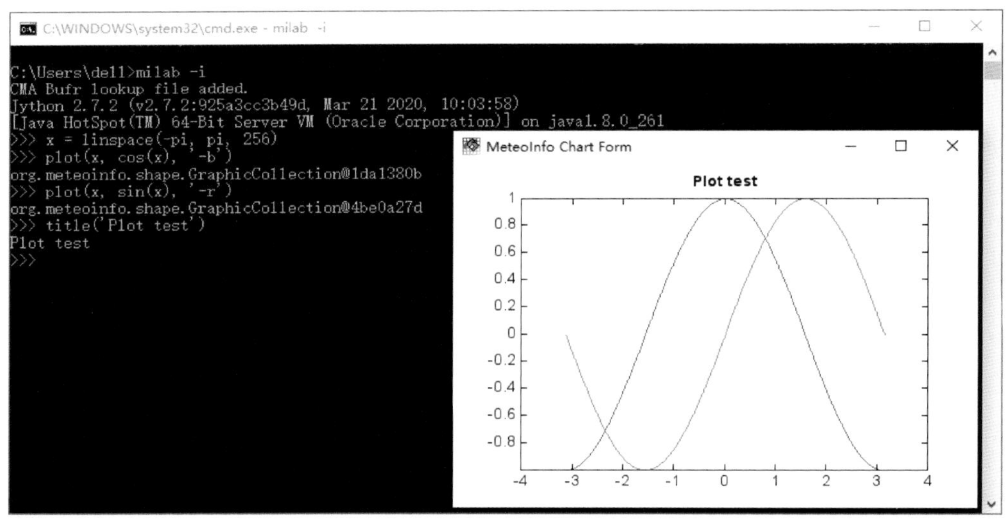

图 4.20　MeteoInfoLab 命令行交互式环境

4.4 numeric 包

Python 或者 Jython 作为动态语言运行速度很慢，并不适合完成高强度的数值运算任务，Python 的 numpy 包中数值运行是由 C、C++、Fortran 等语言写的代码完成的，Python 再对这些由低级语言编写的外部库进行封装和调用。MeteoInfoLab 中数值运算是由高效的 Java 代码完成的，Jython 再进行封装和调用，达到能够简单编写数值运算程序并高效率运行的目的。

numeric 包的核心是多维数组 NDArray，封装了 MeteoInfoLib Java 库中 org. meteoinfo. ndarray. Array 多维数组对象，对 MeteoInfoLab 中 Jython 多维数组的操作实际上就是对封装的 Java 多维数组的操作，主要使用 org. meteoinfo. ndarray. math. ArrayMath 和 org. meteoinfo. ndarray. math. ArrayUtil 类中的相关静态方法实现。有一个原则是在 MeteoInfoLab 的 Jython 代码中不要用循环来对数组进行运算，而是利用数组整体的运算函数进行数值运算，这样就能利用底层 Java 代码极大提高运算效率。

4.4.1 创建数组

可以用 array 函数将 Jython 列表(list)转换为一个 NDArray 数组对象，需要注意的是，多维数组中的元素的数据类型必须是一致的。多层嵌套的列表可以创建多维数组。数组有几个重要的属性：ndim 属性是数组维(或轴)的个数；shape 属性是数组的维度，即每个维的大小；size 属性是数组元素的总数，等于 shape 元素的乘积；dtype 属性表示数组中元素的数据类型。

```
>>> a =array([1,2,3,4])
>>> b =array([5,6,7,8])
>>> c =array([[1,2,3,4],[4,5,6,7],[7,8,9,10]])
>>> b
array([5, 6, 7, 8])
>>> c
array([[1, 2, 3, 4]
       [4, 5, 6, 7]
       [7, 8, 9, 10]])
>>> c.ndim
2
>>> c.shape
(3,4)
>>> c.size
12
>>> c.dtype
int
```

a 是一维数组，其 shape 只有一个元素。而 c 是二维数组，其 shape 有两个元素，其中第 0 维(或轴，axis)的长度为 3，第 1 维的长度为 4。在保持数组元素个数不变的情况下，可以改变 shape 中每个维的大小。下面的例子将数组 C 的 shape 从(3,4)改为(4,3)，只是改变了每个维的大小，数组元素在内存中的位置并没有改变。

```
>>> c.shape  =4, 3
>>> c
array([[1, 2, 3]
       [4, 4, 5]
       [6, 7, 7]
       [8, 9, 10]])
>>> c.shape
(4, 3)
```

使用数组的 reshape 方法，可以创建一个改变了 shape 的新数组，原数组的 shape 保持不变，注意新数组和原数据的元素个数保持不变。

```
>>> d  = a.reshape(2,2)
>>> d
array([[1, 2]
       [3, 4]])
>>> a
array([1, 2, 3, 4])
```

也可以用 numeric 包中包含的一些数组创建函数来创建数组。创建一维数组的函数包括 arange、arange1、linespace、logspace。arange 函数通过指定起始值、终值和步长来创建一维函数，arange1 函数通过指定起始值、元素个数和步长来创建一维函数。

```
>>> arange(10, 30, 5)
array([10, 15, 20, 25])
>>> arange(0, 2, 0.3)
array([0.0, 0.3, 0.6, 0.9, 1.2, 1.5, 1.8])
>>> arange1(2, 5)
array([2, 3, 4, 5, 6])
>>> arange1(2, 5, 0.1)
array([2.0, 2.1, 2.2, 2.3, 2.4])
```

linespace 函数通过指定起始值、终值和元素个数来创建一维数组，logspace 和 linespace 参数类似，但创建的是等比数列。

```
>>> linspace(2, 3, 5)
array([2.0, 2.25, 2.5, 2.75, 3.0])
>>> logspace(2, 3, 5)
array([100.0, 177.82794100389228, 316.22776601683796, 562.341325190349, 1000.0])
```

创建固定填充值数组的函数包括：zeros、ones、full。zeros 和 ones 函数分别用 0 和 1 来填充数组，参数是数组的 shape。full 函数可以指定填充值。

```
>>> zeros(5)
array([0.0, 0.0, 0.0, 0.0, 0.0])
>>> zeros((2,2), dtype =dtype.int)
array([[0, 0]
       [0, 0]])
>>> ones((2,3))
array([[1.0, 1.0, 1.0]
       [1.0, 1.0, 1.0]])
>>> full((2,3), 0.5)
array([[0.5, 0.5, 0.5]
       [0.5, 0.5, 0.5]])
```

此外，还可以用一些特殊的库函数（如 random）生成随机或特定的数组。

4.4.2　数组的基本操作

数组可以用常见的运算符进行运算，这些运算都是应用到元素级别的，即对数组每个元素进行对应的计算。

```
>>> a =array([20,30,40,50])
>>> b =arange(4)
>>> b
array([0, 1, 2, 3])
>>> c = a - b
>>> c
array([20, 29, 38, 47])
>>> b**2
array([0, 1, 4, 9])
>>> 10*sin(a)
array([9.129453, -9.880316, 7.4511313, -2.6237485])
>>> a< 35
array([True, True, False, False])
```

许多一元操作，例如计算数组中所有元素的总和、最大值、最小值等，都是通过NDArray类的方法实现的。

```
>>> a =random.rand((2,3))
>>> a
array([[0.07276357501084052, 0.9651795396371409, 0.6320670002828066]
      [0.2397294321569584, 0.7055379677147693, 0.8425088862948195]])
>>> a.sum()
   3.457786401097335
>>> a.min()
0.07276357501084052
>>> a.max()
0.9651795396371409
```

对于多维数组，通过指定axis参数可以沿数组指定轴进行相关操作。

```
>>> b =arange(12).reshape(3,4)
>>> b
array([[0, 1, 2, 3]
      [4, 5, 6, 7]
      [8, 9, 10, 11]])
>>> b.sum(axis =0)
array([12, 15, 18, 21])
>>> b.min(axis =1)
array([0, 4, 8])
>>> b.cumsum(axis =1)
array([[0, 1, 3, 6]
      [4, 9, 15, 22]
      [8, 17, 27, 38]])
```

数组可以用常用的数据函数如 sin、cos、sqrt、exp 等进行按元素的运算，并生成一个新的数组。

```
>>> a = arange(3)
>>> a
array([0, 1, 2])
>>> exp(a)
array([1.0, 2.718281828459045, 7.38905609893065])
>>> sqrt(a)
array([0.0, 1.0, 1.4142135623730951])
>>> sin(a)
array([0.0, 0.84147096, 0.9092974])
```

和 MatLab 不同，2 个二维数组（也就是矩阵）相乘并非是矩阵相乘，而是两个数组对应元素相乘。实现矩阵相乘的功能需要用 dot 函数。

```
>>> A = array([[1,1],[0,1]])
>>> B = array([[2,0],[3,4]])
>>> A * B
array([[2, 0]
       [0, 4]])
>>> A.dot(B)
array([[5, 4]
       [3, 4]])
>>> dot(A, B)
array([[5, 4]
       [3, 4]])
```

4.4.3 数组索引、切片和迭代

和 Jython 的 list 类似，NDArray 一维数组也有索引、切片和迭代功能。索引是从 0 开始的，a[2]指数组的从一开始数的第三个元素。切片需要冒号，第一个冒号左边是起始索引，右边是结束索引，如果有两个冒号则第二个冒号后是步长。起始索引缺省为 0，结束索引缺省为维的长度，步长缺省为 1。需要注意的是数组切片时起始索引的元素会被包含，而结束索引的元素不会被包含，a[2:5]指取出数组索引为 2 到索引为 4 的切片，生成一个新的包含三个元素的一维数组。索引为负数时相当于维长度加上该负数，步长为负数时表示数组沿该维从后往前切片，a[::-1]就是一维数组的反序。

```
>>> a = arange(10)**3
>>> a
array([0, 1, 8, 27, 64, 125, 216, 343, 512, 729])
>>> a[2]
8
>>> a[2:5]
array([8, 27, 64])
>>> a[:6:2] = 1000
```

```
>>> a
array([1000, 1, 1000, 27, 1000, 125, 216, 343, 512, 729])
>>> a[::- 1]
array([729, 512, 343, 216, 125, 1000, 27, 1000, 1, 1000])
>>> for i in a:
...   print(i**(1/3.))
...
10.0
1.0
10.0
3.0
10.0
5.0
6.0
7.0
8.0
9.0
```

多维数组可以沿每个维进行索引和切片，中间以逗号为分割。当提供的索引少于维的数量时，缺失的索引被认为是完整的切片。

```
>>> b =
array([[0,1,2,3],[10,11,12,13],[20,21,22,23],[30,31,32,33],[40,41,42,43]])
>>> b[2,3]
23
>>> b[0:5,1]
array([1, 11, 21, 31, 41])
>>> b[:,1]
array([1, 11, 21, 31, 41])
>>> b[1:3,:]
array([[10, 11, 12, 13]
      [20, 21, 22, 23]])
>>> b[1:3]
array([[10, 11, 12, 13]
      [20, 21, 22, 23]])
```

4.4.4 带标签和维度值的多维数组(DimArray)

NDArray 多维数组只有维的数量和每个维大小的信息，大气科学领域的多维数组多是空间三维加时间维的数组，给数组每个维加上标识和该维的具体数值才能充分表达数组的真实信息。DimArray 类继承了 NDArray 类，并增加了一个维列表(dims)，包含了每个维的标识和值。从气象数据文件中读取的数组多为 DimArray 数组，通过其 dimvalue 函数可以将某个维具体的数值读出来。

4.4.5 线性代数(numeric.linalg)

numeric.linalg 包中包含了一些基本的线性代数运算功能，主要基于 Apache Common

Math 和 EJML 库实现，这两个库都是用纯 Java 语言编写的，有很好的可移植性。dot 和 vdot 函数分别用来计算两个矩阵(即二维数组)和两个向量的乘积。

```
>>> a = [[1, 0], [0, 1]]
>>> b = [[4, 1], [2, 2]]
>>> dot(a, b)
array([[4, 1]
      [2, 2]])
>>> a =array([1,4,5,6])
>>> b =array([4,1,2,2])
>>> vdot(a, b)
30.0
```

inv 函数计算矩阵的乘法逆矩阵。

```
>>> a =array([[1., 2.], [3., 4.]])
>>> ainv = linalg.inv(a)
>>> ainv
array([[-2.0000000000000004, 1.0000000000000004]
      [1.5, -0.5000000000000003]])
>>> dot(ainv, a)
array([[1.0000000000000009, 8.881784197001252E-16]
      [-8.881784197001252E-16, 0.9999999999999987]])
```

det 函数计算输入矩阵的行列式。

```
>>> a = array([[1,0,2,-1],[3,0,0,5],[2,1,4,-3],[1,0,5,0]])
>>> linalg.det(a)
30.0
```

矩阵分解的函数包括 choleskey、qr、lu 和 svd，分别计算矩阵的 Coleskey、QR、LU 和奇异值分解。

```
>>> a =array([[25,15,-5],[15,18,0],[-5,0,11]])
>>> L =linalg.cholesky(a)
>>> L
array([[5.0, 0.0, 0.0]
      [3.0, 3.0, 0.0]
      [-1.0, 1.0, 3.0]])
>>> dot(L, L.T)
array([[25.0, 15.0, -5.0]
      [15.0, 18.0, 0.0]
      [-5.0, 0.0, 11.0]])

>>> a =array([[12, -51,4],[6, 167, -68],[-4,24, -41]])
>>> linalg.qr(a)
(array([[-0.857142857142857, 0.3942857142857143, -0.3314285714285714]
      [-0.42857142857142855, -0.9028571428571428, 0.03428571428571431]
      [0.2857142857142857, -0.17142857142857143, -0.9428571428571428]]),
array([[-14.0, -21.000000000000004, 14.0]
```

```
       [0.0, -175.0, 69.99999999999999]
       [0.0, 0.0, 35.0]]))

>>> a =array([[1,2,3],[4,5,6],[3,-3,5]])
>>> linalg.lu(a)
(array([[0.0, 1.0, 0.0]
       [0.0, 0.0, 1.0]
       [1.0, 0.0, 0.0]]),
array([[1.0, 0.0, 0.0]
       [0.75, 1.0, 0.0]
       [0.25, -0.1111111111111111, 1.0]]),
array([[4.0, 5.0, 6.0]
       [0.0, -6.75, 0.5]
       [0.0, 0.0, 1.5555555555555556]]))

>>> a =array([[1,2],[3,4],[5,6],[7,8]])
>>> linalg.svd(a)
(array([[0.1524832333102007 8, -0.8226474722256594, -0.3945010222838296, -0.3799591338775966]
       [0.3499183718079639, -0.4213752876845814, 0.24279654570435638, 0.800655879510063]
       [0.5473535103057269, -0.020103103143502922, 0.6979099754427761, -0.46143435738733596]
       [0.74478864880349, 0.38116908139757527, -0.5462054988633029, 0.040737611754869674]]),
array([14.269095499261484, 0.6268282324175406]),
array([[0.6414230279950724, 0.767187395072177]
       [0.767187395072177, -0.6414230279950724]]))
```

eig 函数计算矩阵的特征值和特征向量。

```
>>> a =diag((1,2,3))
>>> a
array([[1, 0, 0]
       [0, 2, 0]
       [0, 0, 3]])
>>> linalg.eig(a)
(array([1.0, 2.0, 3.0]), array([[1.0, 0.0, 0.0]
       [0.0, 1.0, 0.0]
       [0.0, 0.0, 1.0]]))
```

solve 函数给出了矩阵形式的线性方程的解。

```
>>> a =array([[3,1],[1,2]])
>>> b =array([9,8])
>>> linalg.solve(a, b)
array([2.0, 3.0])
```

lstsq 函数用来计算线性方程组的最小二乘解。下面的脚本程序计算出线性方程组的最小二乘解并绘图，如图 4.21 所示。

```
x = array([1, 2.5, 3.5, 4, 5, 7, 8.5])
y = array([0.3, 1.1, 1.5, 2.0, 3.2, 6.6, 8.6])
M = ones((len(x),2))
M[:,1] = x**2
p, res = linalg.lstsq(M, y)
print(p)

# Plot
plot(x, y, 'bo', label = 'data')
xx = linspace(0, 9, 101)
yy = p[0] + p[1]*xx**2
plot(xx, yy, color = 'r', label = 'least squares fit, $y = a + bx^2$')
xlabel('x')
ylabel('y')
legend(loc = 'upper left', facecolor = 'w')
grid(alpha = 0.25)
```

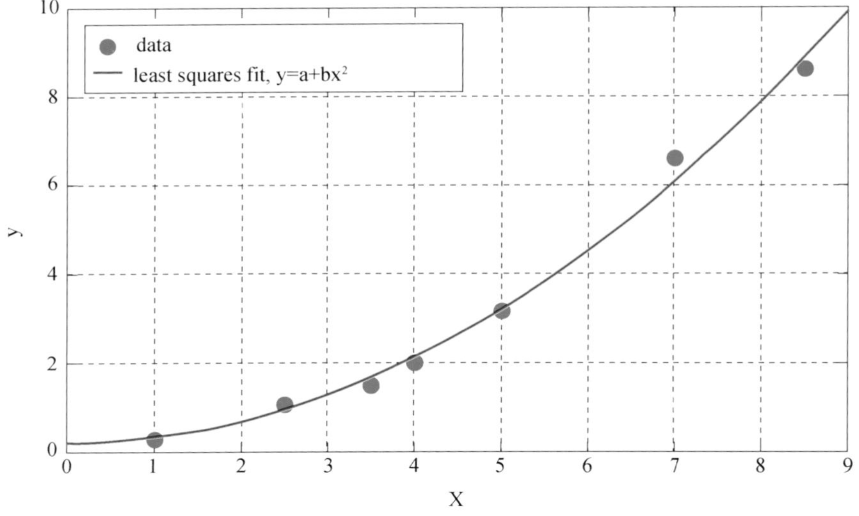

图 4.21 最小二乘法求解线性方程组

4.4.6 随机数生成(numeric.random)

numeric.random 包中包含一些生成随机数的函数:random(size)函数生成指定 size 的[0, 1)范围的随机数或数组;rand(d0, d1, …, dn)函数生成 n 维随机数组,randn 函数生成正态分布的随机数组;randint(low, [high, size])函数生成[low, high)范围的整数。

```
>>> random.random(5)
array([0.712072250278094, 0.7285606928111786, 0.9501585619503155,
0.9665260911436336, 0.23553147325993318])
```

```
>>> random.rand(2,3)
array([[0.4658542538619157, 0.2759412614799148, 0.5274271669862279]
      [0.8195906996167274, 0.9739781724332607, 0.44585042150460574]])
>>> random.randint(1, 10, size =10)
array([1, 5, 5, 5, 8, 7, 2, 5, 1, 5])
```

seed函数用于指定随机数生成时所用算法开始的整数值，如果使用相同的seed值，则每次生成的随即数都相同，如果不设置这个值，则系统根据时间来自己选择这个值，此时每次生成的随机数因时间差异而不同。seed(None)相当于取消seed值设置。

```
>>> random.rand()
0.28557379561026175
>>> random.rand()
0.2235382498062879
>>> random.seed(10)
>>> random.rand()
0.7304302967434272
>>> random.rand()
0.7304302967434272
>>> random.seed(None)
>>> random.rand()
0.26737134272585183
```

shuffle和permutation函数对数组进行随机洗牌，shuffle是在数组内部洗牌，permutation是生成一个新的洗牌后的数组，不改变原数组的元素顺序。

```
>>> a =arange(10)
>>> a
array([0, 1, 2, 3, 4, 5, 6, 7, 8, 9])
>>> random.shuffle(a)
>>> a
array([7, 2, 9, 5, 1, 4, 3, 8, 6, 0])
>>> a =arange(10)
>>> a
array([0, 1, 2, 3, 4, 5, 6, 7, 8, 9])
>>> b =random.permutation(a)
>>> b
array([6, 3, 5, 0, 1, 8, 9, 4, 7, 2])
>>> a
array([0, 1, 2, 3, 4, 5, 6, 7, 8, 9])
```

random包中还有一些函数来生成特定分布的随机数，如f，exponential，gamma，gumbel，laplace，logistic，lognormal，normal，pareto，poisson，standard_t，triangular，uniform，weibull等。

4.4.7 统计分析（numeric.stats）

numeric.stats 包中包含了一些统计分析函数：percentile 函数用来计算多维数组沿某一特定轴的任意百分比分位数；covariance 函数用来计算两个数组的协方差；cov 函数用来计算数组的协方差矩阵。

```
>>> a =array([[10,7,4],[3,2,1]])
>>> stats.percentile(a,25)
1.75
>>> stats.percentile(a,50,axis =0)
array([6.5, 4.5, 2.5])
>>> x1 =[12,2,1,12,2]
>>> x2 =[1,4,7,1,0]
>>> stats.covariance(x1,x2)
-7.28
>>> stats.cov(x1,x2)
array([[32.2, -9.1]
       [-9.1, 8.3]])
```

pearsonr 函数用来计算两个数组的皮尔逊相关系数；spearmanr 函数用来计算斯皮尔曼相关系数；kendalltau 函数用来计算肯德尔相关系数。

```
>>> y =
[29.81,30.04,41.7,43.71,28.75,37.73,52.25,32.41,25.67,28.17,25.71,36.05,37.62,34.28,38.82,
40.15,35.69,28.36,39.56,52.56,54.14,50.76,39.35,43.16,nan]
>>> x =
[51.6,46,64.3,83.4,65.9,49.5,88.6,101.4,55.9,41.8,33.4,57.3,66.5,40.5,72.3,70,83.3,65.8,
63.1,83.4,102,94,77,77,nan]
>>> stats.pearsonr(x, y)
(0.700798023949337, 0.00013671344970870593)
>>> y = [1,2,3,4,5]
>>> x = [5,6,7,8,7]
>>> stats.spearmanr(x, y)
array([[1.0, 0.8207826816681233]
       [0.8207826816681233, 1.0]])
>>> x1 = [12, 2, 1, 12, 2]
>>> x2 = [1, 4, 7, 1, 0]
>>> stats.kendalltau(x1, x2)
-0.47140452079103173
```

linregress 函数用来进行线性回归分析，可以计算出两个数组线性回归的斜率、截距、相关系数、p 值、标准差。“MeteoInfo→sample→ASCII”目录中的 skincancer.txt 文件中包含了纬度和皮肤癌死亡率的数据，下面的例子即对该数据进行线性回归分析（图 4.22）。

```
fn =os.path.join(migl.get_sample_folder(), 'ASCII', 'skincancer.txt')
df =DataFrame.read_table(fn, format ='%s%f%2i%f')
```

```
lat = df['Lat'].values
mort = df['Mort'].values

slope, intercept, r, p, std_err = stats.linregress(lat, mort)
scatter(lat, mort, label = 'original data', edge = False)
plot(lat, intercept+ slope* lat, 'r', label = 'fitted line')
text(29, 100, r'$\hat{y} = ' + '%.2f' % slope + 'x + ' + \
     '%.1f' % intercept + '$', fontsize = 16)
text(29, 88, r'$R^2 = '+ '%.4f' % (r**2) + '$', fontsize = 16)
legend()
xlim(27, 50)
ylim(75, 250)
xticks(arange(30, 51, 5))
yticks(arange(100, 226, 25))
title('Skin Cancer Mortality versus State Latitude')
xlabel('Latitude (at center of state)')
ylabel('Mortality (Deaths per 10 million)')
```

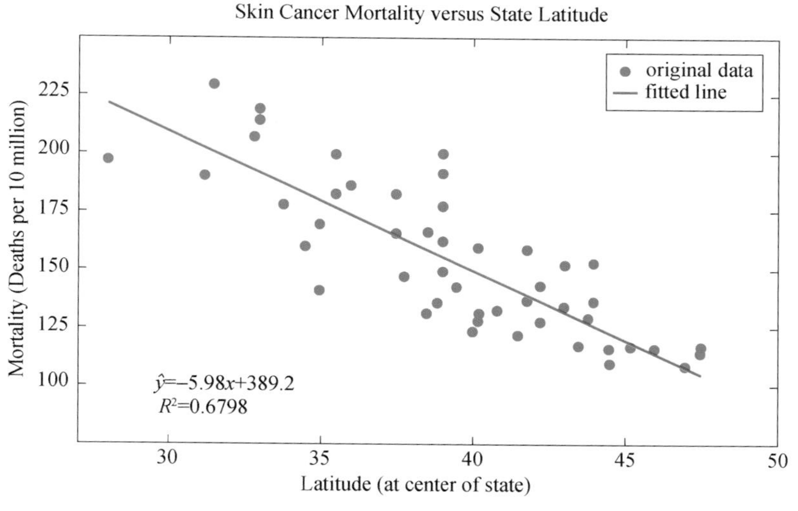

图 4.22 线性回归分析

多元线性回归的函数是 mlinregress，分析图见图 4.23。

```
y = array([251.3, 251.3, 248.3, 267.5, 273.0, 276.5, 270.3, 274.9, 285.0 \
    , 290.0, 297.0, 302.5, 304.5, 309.3, 321.7, 330.7, 349.0])
x1 = array([41.9, 43.4, 43.9, 44.5, 47.3, 47.5, 47.9, 50.2, 52.8 \
    , 53.2, 56.7, 57.0, 63.5, 65.3, 71.1, 77.0, 77.8])
x2 = array([29.1, 29.3, 29.5, 29.7, 29.9, 30.3, 30.5, 30.7, 30.8 \
    , 30.9, 31.5, 31.7, 31.9, 32.0, 32.1, 32.5, 32.9])
x = zeros((len(y), 2))
```

```
x[:,0] = x1
x[:,1] = x2
byta, residuals = np.stats.mlinregress(y, x)
print(byta.astype('float'))
print(residuals.astype('float'))
print('y = %.2f + %.2fx1 + %.2fx2' % \
    (byta[0], byta[1], byta[2]))

# plot
scatter3(x1, x2, y, c = y)
xx, yy = meshgrid(arange(40, 80.1, 2), arange(28, 33.1, 0.5))
z = byta[0] + byta[1] * xx + byta[2] * yy
mesh(xx, yy, z, facecolor = None)
colorbar(shrink = 0.8, aspect = 30)
xlabel('X1')
ylabel('X2')
zlabel('Y')
```

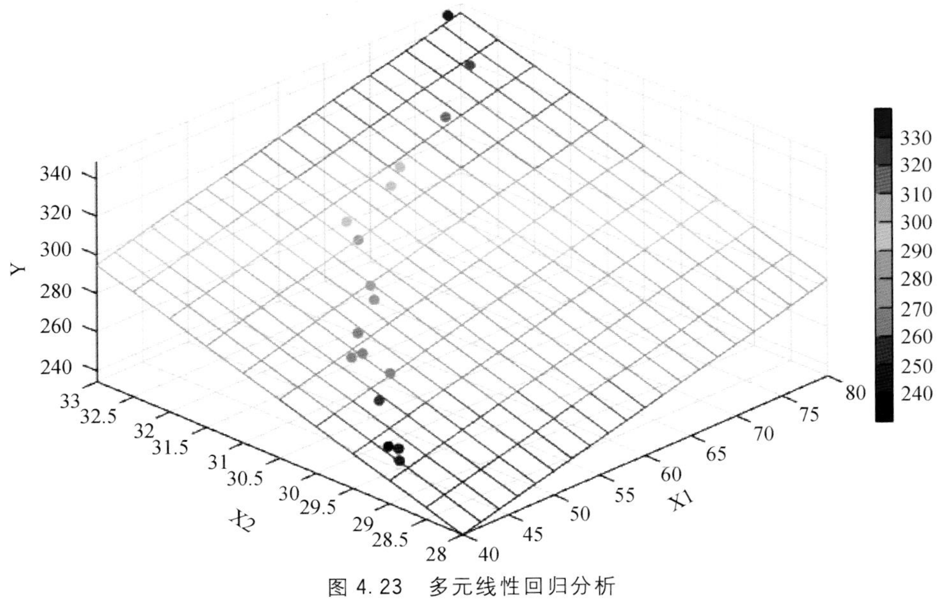

图 4.23 多元线性回归分析

卡方检验的适合度和独立性分析函数分别是 chisquare 和 chi2_contingency。

```
>>> stats.chisquare([16, 18, 16, 14, 12, 12], [16, 16, 16, 16, 16, 8])
(3.5, 0.623387627749582)
>>> obs = array([[10, 10, 20], [20, 20, 20]])
>>> stats.chi2_contingency(obs)
(2.7777777777777777, 0.24935220877729614)
```

T 检验包括三个函数：ttest_1samp 用来进行单样本 T 检验；ttest_ind 用来进行两个独立样本 T 检验；ttest_rel 用来进行配对样本 T 检验。

```
>>> a = array([1,2,-1,2,1,-4])
>>> mu = 0
>>> stats.ttest_1samp(a, mu)
(0.17622684421256019, 0.8670310908282268)
>>> x = array([0.01082045,0.00225922,0.00022592,0.00011891,0.00525565,0.00156956])
>>> y = array([0.0096333,0.0019453,0.0038384,0.0058286,0.00078786])
>>> stats.ttest_ind(x, y)
(-0.45068935600352156, 0.6628942089591048)
>>> a = [3,5,4,6,5,5,4,5,3,6,7,8,7,6,7,8,8,9,9,8,7,7,6,7,8]
>>> b = [7,8,6,7,8,9,6,6,7,8,8,7,9,10,9,9,8,8,4,4,5,6,9,8,12]
>>> stats.ttest_rel(a, b)
(-2.449489742783178, 0.021982997044102233)
```

numeric.stats 包中还有多种概率分布函数，包括：norm，beta，cauchy，chi2，expon，f，gamma，gumbel，laplace，levy，logistic，lognorm，nakagami，pareto，t，triang，uniform，weibull。下面给出一个 Beta 分布的示例(分析图见图 4.24)，其他的都类似。

```
x = arange(0.01, 1, 0.01)
aa = [0.5, 5, 1, 2,2]
bb = [0.5, 1, 3, 2 ,5]
ss = ['-b', '-r', '-c', '-g', '-m']

# PDF
subplot(1,2,1)
for a,b,s in zip(aa,bb,ss):
    y = stats.beta.pdf(x, a, b)
    plot(x, y, s, label = r'$\alpha = %.1f, \beta = %.1f$' % (a, b))
legend(loc = 'upper left', facecolor = 'w')
ylim(0, 5)
xlim(0, 1)
title('PDF')

# CDF
subplot(1,2,2)
for a,b,s in zip(aa,bb,ss):
    y = stats.beta.cdf(x, a, b)
    plot(x, y, s, label = r'$\alpha = %.1f, \beta = %.1f$' % (a, b))
legend(loc = 'lower right', facecolor = 'w')
ylim(0, 1)
xlim(0, 1)
```

```
title('CDF')

suptitle('Beta distribution')
```

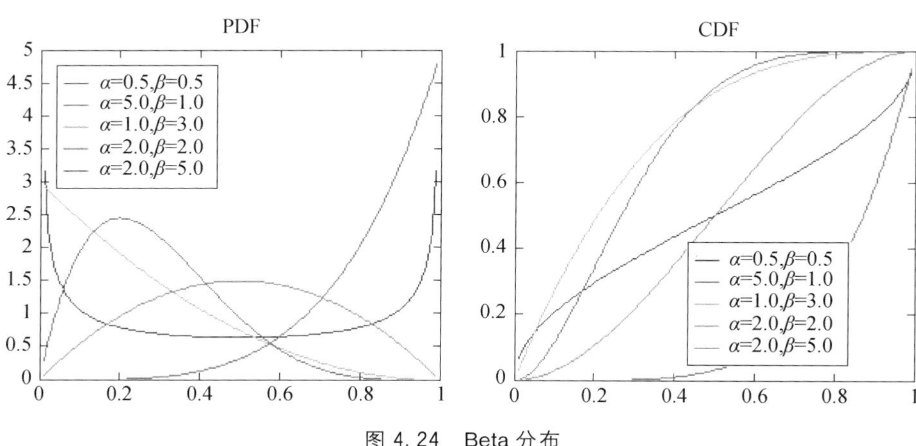

图 4.24 Beta 分布

4.4.8 曲线拟合(numeric. fitting)

numeric. fitting 包中包含了一些曲线拟合函数：expfit 为指数函数拟合；polyfit 为多项式拟合；powerfit 为幂函数拟合。下面给出一个多项式拟合的例子(图 4.25)。

```
x = linspace(0, 4*pi, 10)
y = sin(x)

# Plot data points
plot(x, y, 'ro', fill = False, size = 1)

# Use polyfit to fit a 7th-degree polynomial to the points
r = fitting.polyfit(x, y, 7)

# Plot fitting line
xx = linspace(0, 4*pi, 100)
p = r[0]
yy = fitting.polyval(p, xx)
plot(xx, yy, '-b')
title('Polynomial fitting example')
```

“MeteoInfo→sample→ASCII”目录中的 pm_vis_rh.txt 文件中包含了 $PM_{2.5}$ 浓度、能见度和相对湿度数据，通常 $PM_{2.5}$ 浓度和能见度有较好的幂函数关系，可以用 powfit 函数进行拟合(图 4.26)。

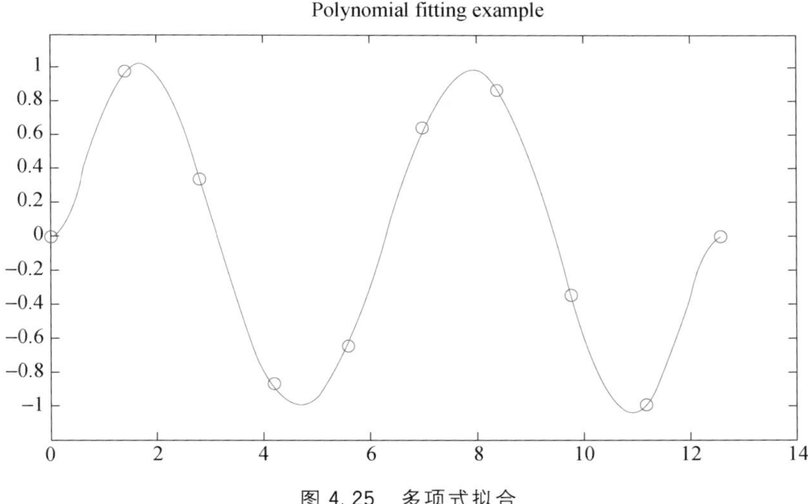

图 4.25 多项式拟合

```
fn = os.path.join(migl.get_sample_folder(), 'ASCII', 'pm_vis_rh.txt')
df = DataFrame.read_table(fn, format = '%3f')
pm = df['PM2.5'].values
vis = df['VIS'].values
rh = df['RH'].values

# Plot data scatter points
ls = scatter(pm, vis, s = 8, c = rh, cmap = 'NCV_jet', edgecolor = None, cnum = 20)
xlim(0, 450)
ylim(0, 30)
xlabel(r'$\rm{PM_{2.5}} \ (\mu g \ m^{-3})$')
ylabel('Visibility (km)')
colorbar(ls, label = 'RH(%)')

# Pow law fitting
a, b, r, f = fitting.powerfit(pm, vis, func = True)

# Plot fitting line
xx = linspace(pm.min(), pm.max(), 100)
yy = fitting.predict(f, xx)
plot(xx, yy, '-b', linewidth = 2)
text(250, 20, r'$y = ' + '%.4f' % a + 'x^{%.4f' % b + '}$', fontsize = 16)
text(250, 18, r'$r^2 = %.4f' % r + '$', fontsize = 16)
```

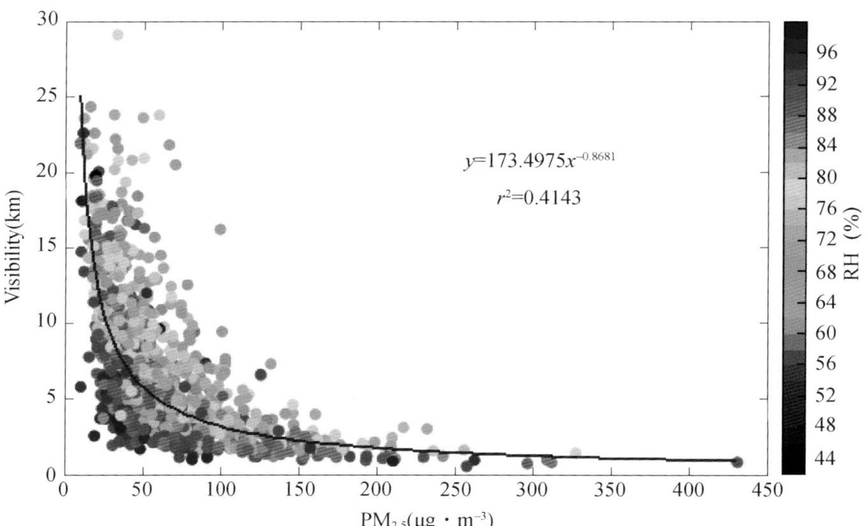

图 4.26　$PM_{2.5}$ 浓度和能见度的幂函数拟合

4.4.9　插值分析(numeric.interpolate)

numeric.interpolate 包中包含了一维插值、二维插值和三维插值函数。一维插值可以通过 interp1d 类来实现(图 4.27),初始化需要一维数组 x 和 y,还可以用 kind 参数指定插值方法。

```
x = linspace(0, 10, num = 11, endpoint = True)
y = cos(-x**2/9.0)
f = interpolate.interp1d(x, y)
f2 = interpolate.interp1d(x, y, kind = 'cubic')

xnew = linspace(0, 10, num = 100, endpoint = True)
plot(x, y, 'bo', xnew, f(xnew), 'g-', xnew, f2(xnew), 'r--')
ylim(-1.5, 1.2)
legend(['data','linear','cubic'], loc = 'lower left')
title('Interpolation example')
```

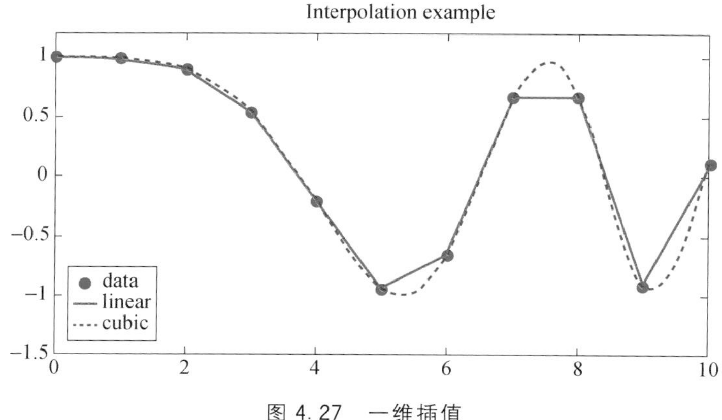

图 4.27　一维插值

二维插值(图 4.28)可以用 interp2d 类,该类初始化时需要规则网格的 x 和 y 一维数组和对应的 z 值二维数组,kind 参数可以设为“linear”或“spline”。

```
x = np.arange(-5.01, 5.25, 0.25)
y = np.arange(-5.01, 5.25, 0.25)
xx, yy = np.meshgrid(x, y)
z = np.sin(xx**2+ yy**2)
f = interpolate.interp2d(x, y, z, kind = 'spline')

xnew = np.arange(-5.01, 5.01, 1e-2)
ynew = np.arange(-5.01, 5.01, 1e-2)
znew = f(xnew, ynew)

scatter3(xnew, ynew, znew, 4, c = 'b')
surf(xx, yy, z, edge = False, cmap = 'MPL_PiYG', alpha = 0.4)
```

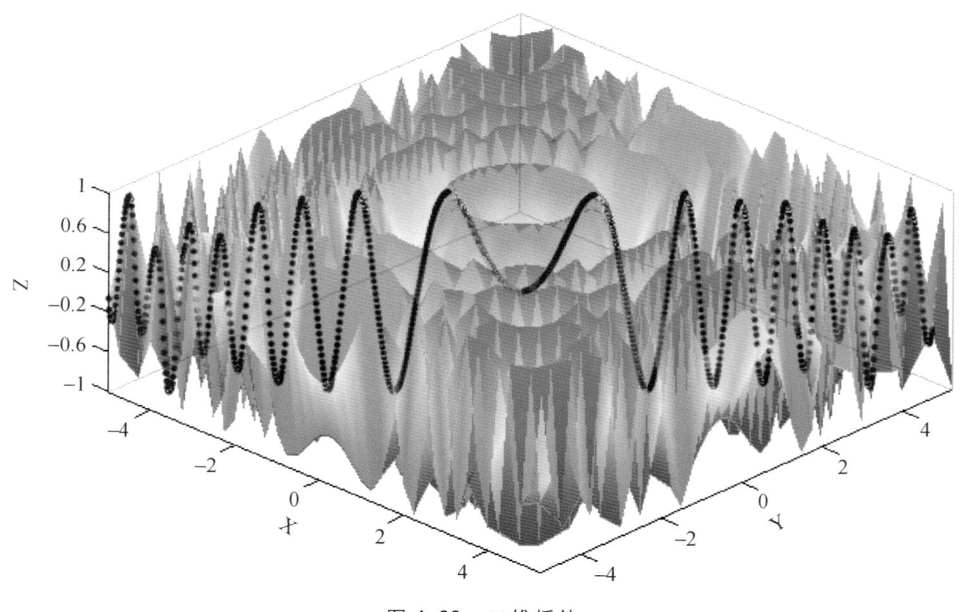

图 4.28 二维插值

二维双线性插值(图 4.29)可以用 linint2 函数,常用于改变气象格点数据的分辨率。

```
fn = os.path.join(migl.get_sample_folder(), 'GrADS', 'model.ctl')
f = addfile(fn)
ps = f['PS'][:]
ps = ps[:,'10:60','60:140']
lon = arange(50, 142, 2.5)
lat = arange(5, 66, 2.5)

```

```
# Interpolate
nps = interpolate.linint2(ps.dimvalue(2), ps.dimvalue(1), ps, lon, lat)

# Plot
levs = arange(500, 1021, 20)
subplot(2,1,1,axestype = 'map')
geoshow('cotinent', edgecolor = (0,0,255))
imshow(ps[1,:,:], levs)
title('Pressure - origin')
colorbar()

subplot(2,1,2,axestype = 'map')
geoshow('cotinent', edgecolor = (0,0,255))
imshow(lon, lat, nps[1,:,:], levs)
title('Pressure - linint2')
colorbar()
```

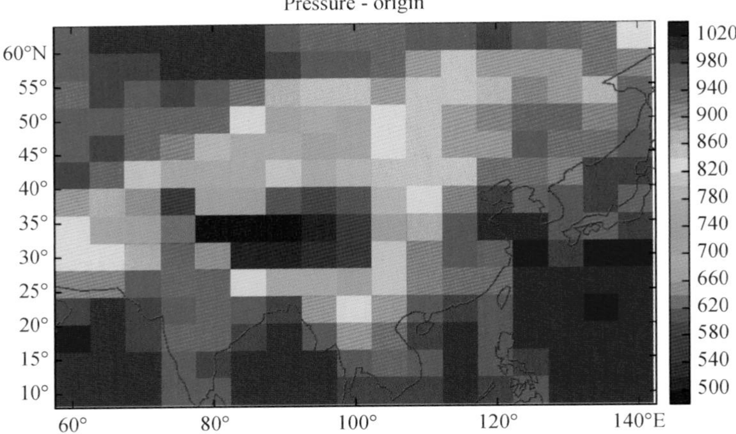

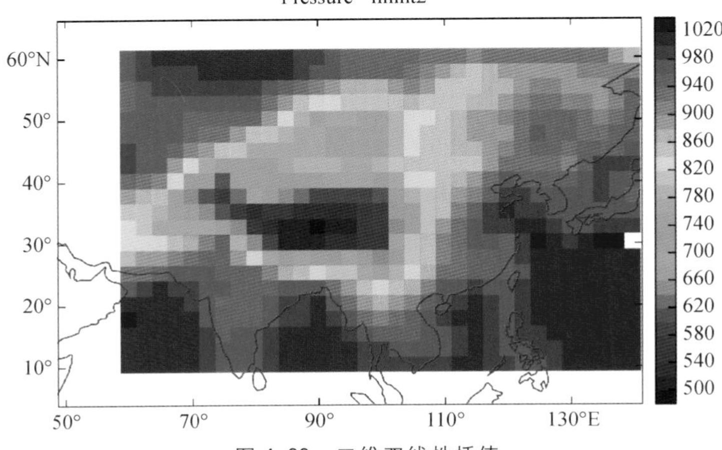

图 4.29　二维双线性插值

三维插值可以用 NearestNDInterpolator 和 IDWNDInterpolator 类，分别使用最邻近值法（图 4.30）和反距离加权方法进行插值。

```
def func(x,y,z):
    return 0.5*(3)**(1./2)-((x-0.5)**2+(y-0.5)**2+(z-0.5)**2)**(1./2)
x = random.rand(1000)
y = random.rand(1000)
z = random.rand(1000)
v = func(x,y,z)

f = interpolate.NearestNDInterpolator([x,y,z], v)

gx = linspace(x.min(), x.max(), 50)
gy = linspace(y.min(), y.max(), 50)
gz = linspace(z.min(), z.max(), 50)
xx,yy,zz = meshgrid(gx, gy, gz)
gv = f([xx,yy,zz])

levs = arange(0.1, 1.1, 0.1)
scatter3(x, y, z, c=v, levels=levs)
scatter3(xx, yy, zz, c=gv, s=2, levels=levs, alpha=0.5)
colorbar()
```

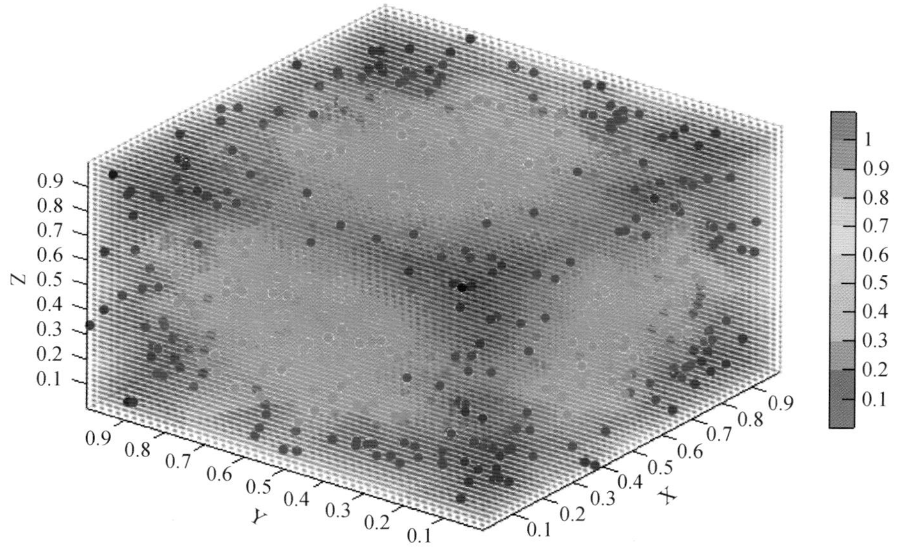

图 4.30 最邻近值法进行三维插值

4.5 plotlib 包

MeteInfoLab 数据可视化功能是由 plotlib 包实现的，包含了二维和三维的数据可视化绘图模块。

4.5.1 Figure 和 Axes

图形的绘制需要一块画布，也就是 Figure 对象。figure 函数可以生成一个 Figure 对象，缺省其绘图区域是大小可变的，即随着用户拖动 MeteoInfLab 中 Figures 窗体大小，Figure 绘图区域大小也随之变化。可以通过设置 figure 函数中的 figsize 参数对 Figure 的绘图区域进行固定，如 figure(figsize=[600, 400])即生成一个固定绘图区域为宽 600 像素、高 400 像素的 Figure 对象。还可以通过 bgcolor 参数设置 Figure 对象的背景色，缺省是白色，bgcolor=None 则 Figure 对象背景是透明的。

每个 Figure 对象可以包含一个或多个坐标系(Axes)，每个 Axes 对象都是一个拥有自己坐标系统的绘图区域。Axes 对象包含两个或三个坐标轴，分别对应二维或三维坐标系，坐标轴内部是真正的数据绘制区域，由点、线、面、文字等组成数据图形，坐标轴外部还可能有坐标轴标注、图题、图例等图形和文字信息。Axes 的位置和大小是由其 position 参数确定的，缺省值是 position=[0.13, 0.11, 0.775, 0.815]，四个数字分别代表左下角的 x、y 坐标以及宽度和高度，都是归一化的数字，也就是 Figure 的绘图区域是[0, 0, 1, 1]。plotlib 包中有以下几种坐标系类：

- Axes：普通二维坐标系，也是其他坐标系类的基类，可以用 axes()函数生成 Axes 对象；
- PolarAxes：极坐标系，可以用 axes(polar=True)函数生成 PolarAxes 对象；
- MapAxes：地图坐标系，此坐标系可以有不同的地图投影设置，可以用 axesm()函数生成 MapAxes 对象；
- Axes3D：三维坐标系，此坐标系中绘制三维图形时将三维坐标投影到二维平面，然后再用 Java2D 的绘图函数来绘制，没有硬件加速。可以用 axes3d(opengl=False)函数生成 Axes3D 对象；
- Axes3DGL：带 OpenGL 硬件加速的三维坐标系，底层采用了 JOGL(OpenGL 的 Java 绑定)来绘制三维图形，由于有 GPU 加速，绘图速度快且有光照、图形深度探测等功能，能够绘制复杂的三维图形。可以用 axes3d()函数生成 Axes3DGL。目前该坐标系只能绘制在 FigureGL 对象中，不能和其他坐标系混合使用。

4.5.2 常用绘图函数

使用 plotlib 包绘图有两种模式：一种是面向对象的模式，先创建 Figure 和 Axes 对象，然后用 Axes 对象中的绘图方法来绘图；另一种是利用 plotlib. miplot 模块中的绘图函数，如果没有 Figure 和 Axes 对象会自动生成，绘图函数会自动调用生成的 Figure 和 Axes 对象。极坐标系(PolarAxes)和地图坐标系(MapAxes)需要用相关函数创建坐标系对象，然后再使用 plotlib. miplot 模块中的绘图函数。

对于二维坐标系，常用的绘图函数包括：

- plot(x, y, …)——绘制线条图

- scatter(x，y，…)——绘制散点图
- step(x，y，…)——绘制阶梯线图
- bar(x，y，…)——绘制条形图
- hist(x，…)——绘制直方图
- stem(x，y，…)——绘制针状图
- fill_between(x，y1，y2，…)——绘制曲线填充图
- semilogx(x，y，…)，semilogy()，loglog()——绘制对数坐标线条图
- boxplot(x，…)——绘制箱形图
- violinplot(x，…)——绘制小提琴图
- imshow(x，y，…)——绘制二维图像
- contour(x，y，z，…)——绘制等值线图
- contourf(x，y，z，…)——绘制等值线填色图
- quiver(x，y，u，v，z，…)——绘制风场箭头图
- babs(x，y，u，v，z，…)——绘制风向杆图
- streamplot(x，y，u，v，z，…)——绘制流场图

对于三维坐标系，常用的绘图函数包括：

- plot3(x，y，z，…)——绘制三维线条图
- scatter3(x，y，z，…)——绘制三维散点图
- bar3(x，y，z，…)——绘制三维条形图
- quiver3(x，y，z，u，v，w，…)——绘制三维风场箭头图
- mesh(x，y，z，…)——绘制三维曲面网格图
- surf(x，y，z，…)——绘制三维曲面图
- slice(x，y，z，…)——绘制三维体切片平面图
- isosurface(x，y，z，…)——绘制三维等值面图
- particles(x，y，z，…)——绘制三维颗粒图

此外还有 geoshow 函数可以在地图坐标系和三维坐标系中绘制地理图形。

4.5.3 线图

线图是最基本的图形之一，可以表达数据沿某个维的变化情况。plot 函数可以方便地绘制 x、y 向量对应的线图，可以在一个 plot 函数中绘制多组 x、y 向量的线图(图 4.31)。

```
x = linspace(-2*pi, 2*pi)
y1 = sin(x)
y2 = cos(x)

plot(x, y1, x, y2)
```

一对 x、y 之后可以用一个字符串指定线条的线型、颜色和标记。下面的例子绘制三条正弦曲线，每条曲线之间存在较小的相移。第一条正弦曲线使用绿色线条，不带标记；第二条正弦曲线使用蓝色虚线，带圆形标记；第三条正弦曲线只使用青蓝色星号标记(图 4.32)。

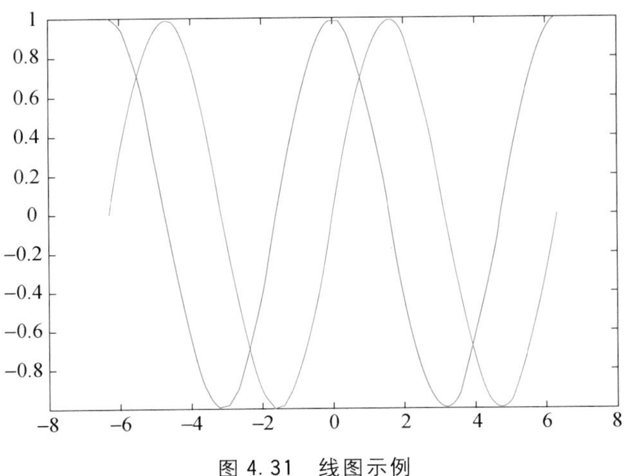

图 4.31　线图示例

```
x = arange(0, 2*pi, pi/10)
y1 = sin(x)
y2 = sin(x - 0.25)
y3 = sin(x - 0.5)

plot(x, y1, 'g', x, y2, 'b--o', x, y3, 'c*')
```

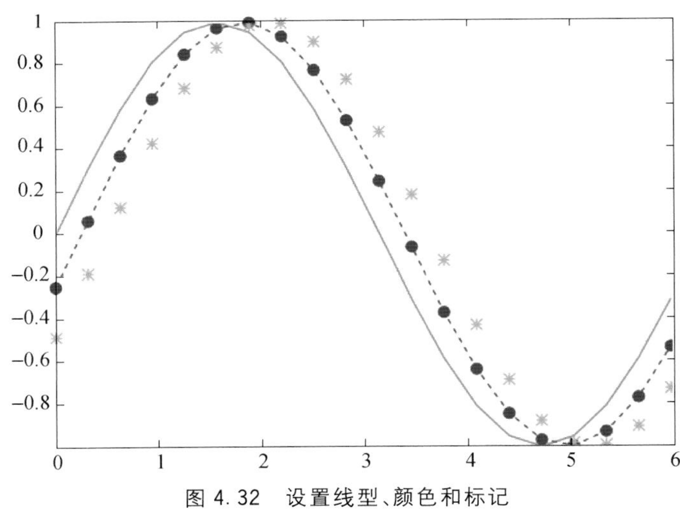

图 4.32　设置线型、颜色和标记

创建线图并指定带圆形标记的蓝虚线。使用 linewidth、markersize、makeredgecolor 和 makerfacecolor 指定线宽、标记大小、标记外框线颜色和标记填充颜色(图 4.33)。

```
x = arange(-pi, pi, pi/10)
y = tan(sin(x)) - sin(tan(x))

plot(x,y,'--bo', linewidth = 2, markersize = 10, markeredgecolor = 'r',
    markerfacecolor = 'g')
```

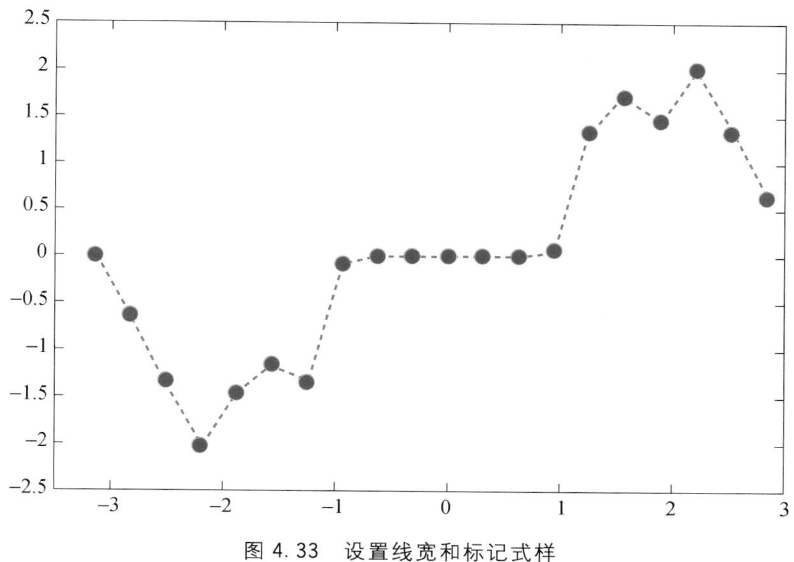

图 4. 33　设置线宽和标记式样

xlim 和 ylim 函数可以控制 x 坐标轴和 y 坐标轴的数值范围，xlabel 和 ylabel 函数用来设置 x 和 y 坐标轴的标注，title 函数设置图形的标题，legend 函数设置图形的图例(图 4. 34)。

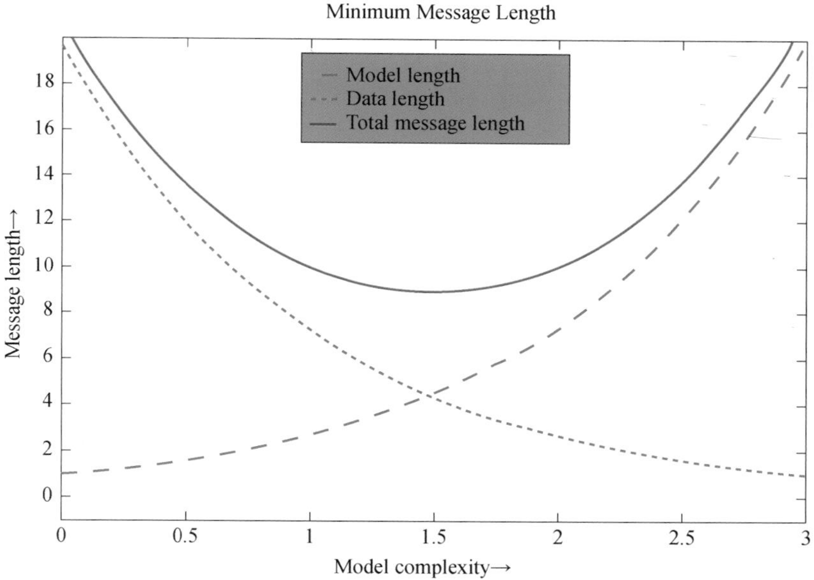

图 4. 34　设置坐标轴范围和标注、图形标题和图例

```
a = arange(0, 3, .02)
b = arange(0, 3, .02)
c = exp(a)
d = c[::-1]

plot(a, c, 'b--', a, d, 'b:', a, c + d, 'r')
```

```
legend(('Model length', 'Data length', 'Total message length'),
    loc = 'upper center', shadow = True, facecolor = (204,255,204))
xlim(0, 3)
ylim(-1, 20)
xlabel('Model complexity --->')
ylabel('Message length --->')
title('Minimum Message Length')
```

step 函数可用绘制 x、y 向量数据对的阶梯图(图 4.35),其中 where 参数指定阶梯线的起始点。

```
x = arange(1, 7, 0.4)
y0 = sin(x)
y = y0 + 2.5
step(x, y, label = 'pre (default)', color = 'b', linewidth = 2)
y -= 0.5
step(x, y, where = 'mid', label = 'mid', color = 'r', linewidth = 2)
y -= 0.5
step(x, y, where = 'post', label = 'post', color = 'g', linewidth = 2)
legend(loc = 'lower left')
xlim(0, 7)
ylim(-0.5, 4)
title('Step example')
```

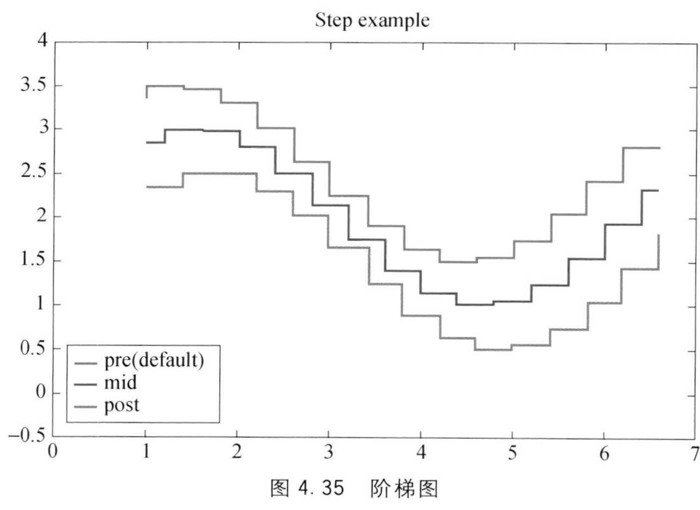

图 4.35　阶梯图

errorbar 函数用来绘制含误差棒的线图(图 4.36),误差棒可以是 y 方向的,也可以是 x 方向的。

```
x = arange(0.1, 4, 0.5)
y = exp(-x)
```

```
# example error bar values that vary with x-position
yerr = 0.1 + 0.2 * sqrt(x)
xerr = 0.1 + yerr
errorbar(x, y, yerr =[yerr, yerr* 2], xerr =[xerr, xerr* 2], fmt = 'b-o', ecolor = (0,153,51))
title('Variable error bar values example')
```

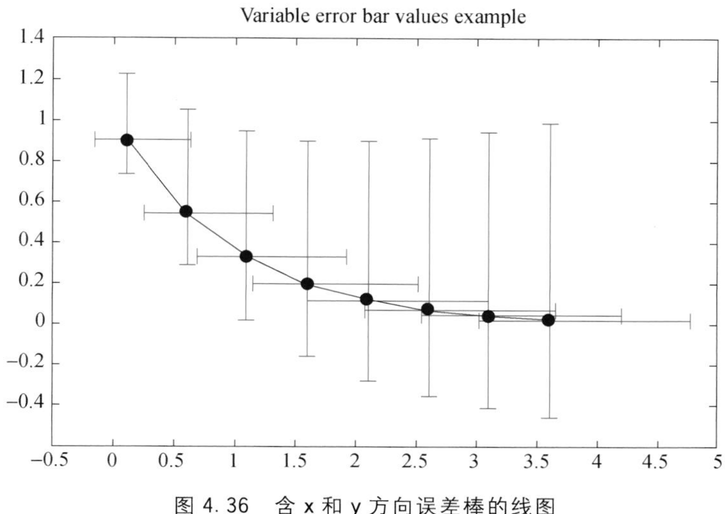

图 4.36　含 x 和 y 方向误差棒的线图

两条线之间填充颜色可以用 fill_between 函数，需要 x 坐标向量和两个 y 向量代表两条线，还可以添加条件判断参数只对符合条件的区域进行填色。fill_betweenx 函数对两个 x 方向向量代表的两条线填充颜色(图 4.37)。

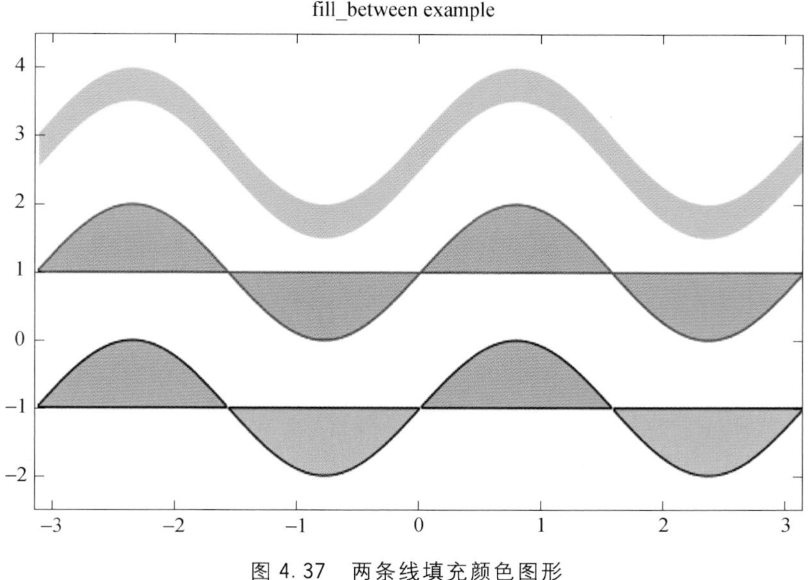

图 4.37　两条线填充颜色图形

```
n = 256
X = linspace(-pi, pi, n, endpoint = True)
```

```
Y = sin(2*X)

fill_between(X, Y+ 3, Y+ 2.5, color = 'g', edgecolor = None, alpha = .25)

fill_between(X, 1, Y+ 1, color = 'blue', edgecolor = 'r', alpha = .25)

fill_between(X, -1, Y-1, (Y-1) > -1, color = 'blue', alpha = .25)
fill_between(X, -1, Y-1, (Y-1) < -1, color = 'red', alpha = .25)
xlim(-pi, pi)
ylim(-2.5, 4.5)
title('fill_between example')
```

对数坐标的图形绘制可以用 loglog、semilogx 和 semilogy 函数。loglog 函数绘制的是双对数坐标图(图 4.38)。

```
x = [1,3,10]
y = [1,9,100]
loglog(x, y, 'r-o', label = 'loglog line')
ylabel('Y Axis')
xlabel('X Axis')
xlim(1e-1, 1e2)
ylim(1e-1, 1e3)
legend()
xaxis(minortick = True)
yaxis(minortick = True)
title('loglog example')
```

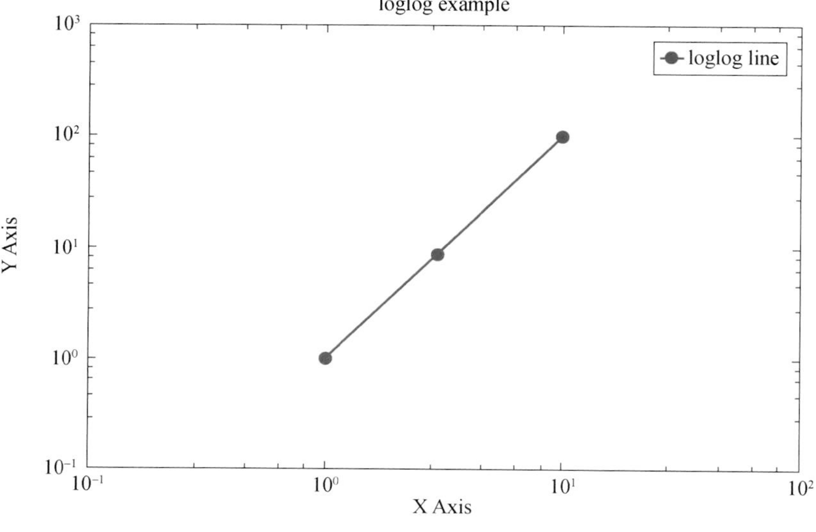

图 4.38 双对数坐标图

semilogx 和 semilogy 分别绘制 x 轴和 y 轴为对数坐标的半对数坐标图(图 4.39)。

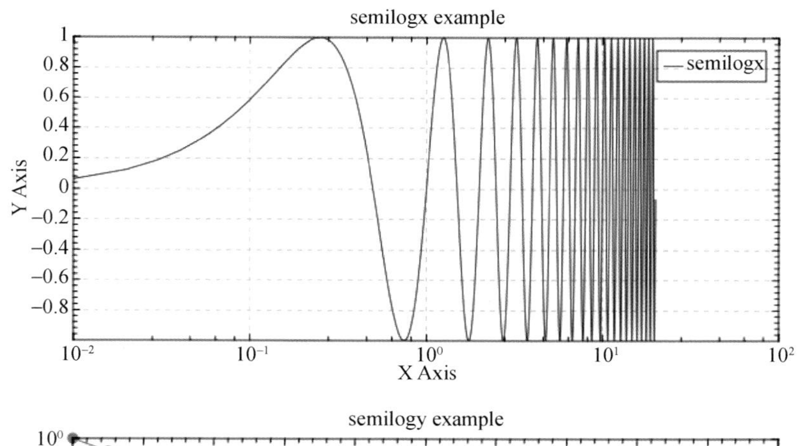

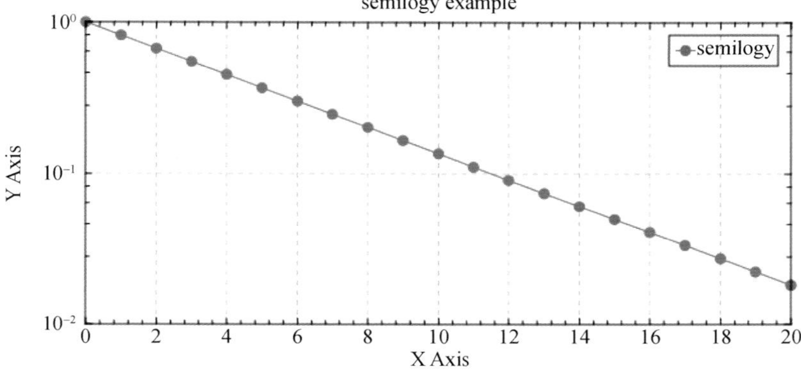

图 4.39 半对数坐标图

```
t = arange(0.01, 20.0, 0.01)
subplot(2,1,1)
semilogx(t, sin(2*pi*t), label = 'semilogx')
grid(True)
ylabel('Y Axis')
xlabel('X Axis')
legend()
xaxis(minortick = True)
yaxis(minortick = True)
title('semilogx example')

x = arange(0, 20.1, 1.0)
y = exp(-x/5.0)
subplot(2,1,2)
semilogy(x, y, 'r-o', label = 'semilogy')
grid(True)
ylabel('Y Axis')
```

```
xlabel('X Axis')
legend()
xlim(0,20)
xaxis(minortick = True)
yaxis(minortick = True)
title('semilogy example')
```

4.5.4 离散数据图

scatter 函数在向量 x 和 y 指定的位置创建一个散点图(图 4.40),该类型的图形也称为气泡图。可以通过 s、marker、facecolor、edgecolor 等参数设置散点的大小、符号、填充颜色和边线颜色等。

```
axes(aspect = 'equal')
N = 500
theta = linspace(0, 1, N)
x = exp(theta)* sin(100* theta)
y = exp(theta)* cos(100* theta)
s = scatter(x, y, s = 6, marker = '^', facecolor = None, edgecolor = 'b')
```

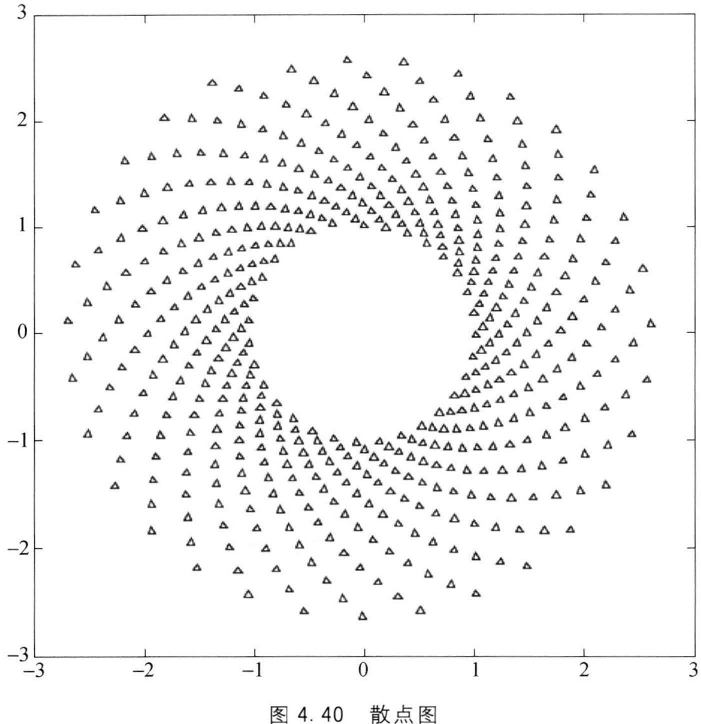

图 4.40 散点图

bar(x, height, width, …)函数创建一个条形图(图 4.41),x 向量指定条形图在 x 轴上的位置,height 向量指定条形图 y 轴方向的高度,width 指定条形图的宽度。条形图上可以用 yerr 参数添加误差线。可以用多个 bar 函数绘制多组数据。通过 bottom 参数可以指定条形图底部的位置，多个 bar 函数绘制的条形图 x 轴位置相同，通过条形图底部位置控制可以绘制堆叠条形图。barh 函数用法和 bar 类似，绘制的是水平条形图。

```
menMeans = [20, 35, 30, 35, 27]
std_men = (2, 3, 4, 1, 2)
n = len(menMeans)
ind = arange(n)
width = 0.35
gap = 0.06
bar(ind, menMeans, width, yerr = std_men, color = 'r', ecolor = 'b', label = 'Men')
for j in range(n):
    text(ind[j] + width / 4, menMeans[j] + 2, str(menMeans[j]))

womenMeans = [25, 32, 34, 20, 25]
std_women = (3, 5, 2, 3, 3)
bar(ind + width + gap, womenMeans, width, yerr = std_women, color = 'y', ecolor = 'g', label = 'Women')
for j in range(n):
    text(ind[j] + + width + gap + width / 4, womenMeans[j] + 2, str(womenMeans[j]))

xlim(-0.2, 5)
ylim(0, 40)
ylabel('Scores')
xticks(ind + width / 2 + gap / 2, ['G1','G2','G3','G4','G5'])
legend()
title('Scores by group and gender')
```

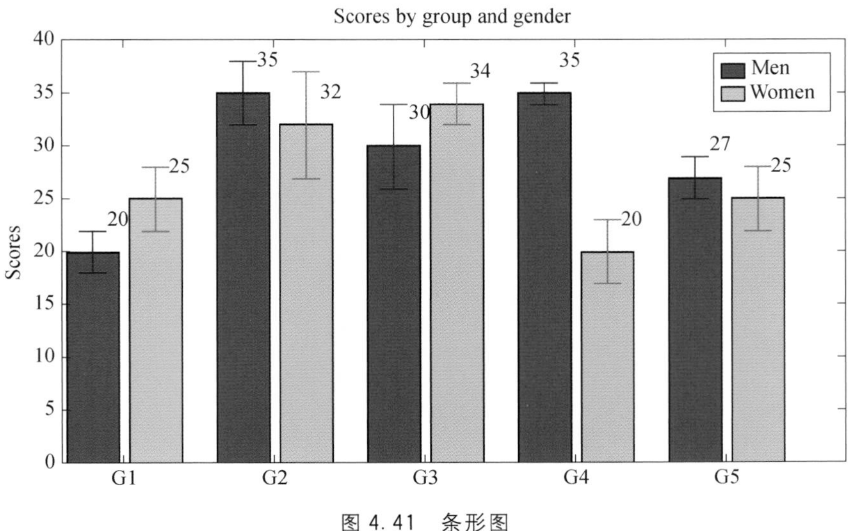

图 4.41　条形图

stem 函数可以用来绘制 x、y 向量指定的针状图(图 4.42),可以用 bottom 参数指定针状图的基准线,y 值小于 bottom 的向下绘制。

```
x = arange(20)
y = x**2
stem(x, y, color = 'b', bottom = 120, basefmt = {'color':'r','size':2})
title('Stem plot example')
```

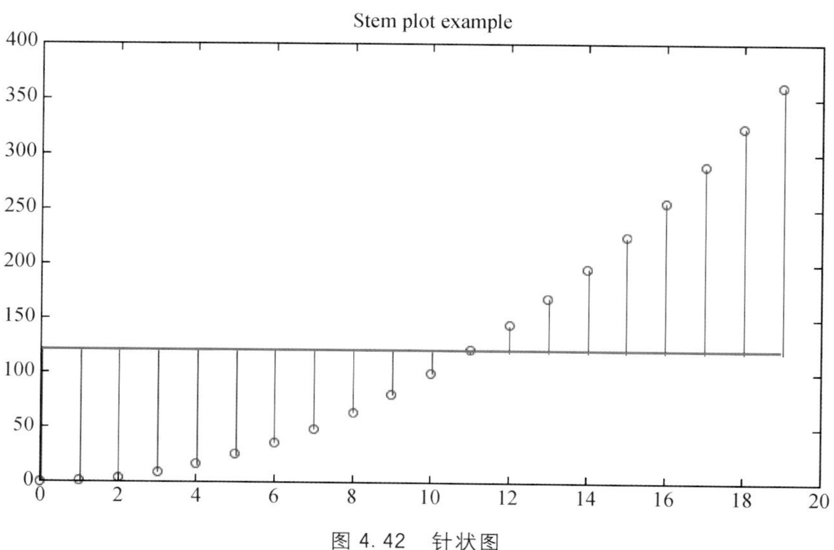

图 4.42 针状图

4.5.5 数据分布图

表示数据分布情况的直方图(图 4.43)可以用 hist 函数绘制,bins 参数指定数据的分组数。

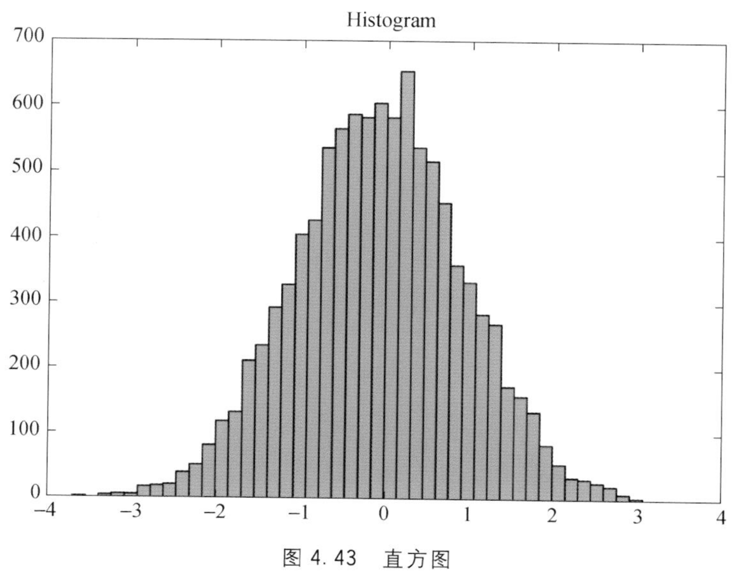

图 4.43 直方图

```
x = random.randn(10000)
hist(x, bins = 50, color = 'c')
title('Histogram')
```

箱线图是一种用来显示一组数据分散情况的统计图,能显示出一组数据的最大值、最小值、中位数及上下四分位数。可以用 boxplot 函数绘制箱线图(图 4.44),widths 参数指定箱线图的宽度,showmeans 参数指定是否绘制平均值点符号。

```
data = []
ave = []
ss = 1000
for i in range(6):
    random.seed(ss * (i + 1))
    a = random.randn(500)
    data.append(a)
    ave.append(a.mean())
plot(arange(1, 7, 1), ave, '- g')
boxplot(data, widths = 0.3, showmeans = True)
title('Box plot demo')
```

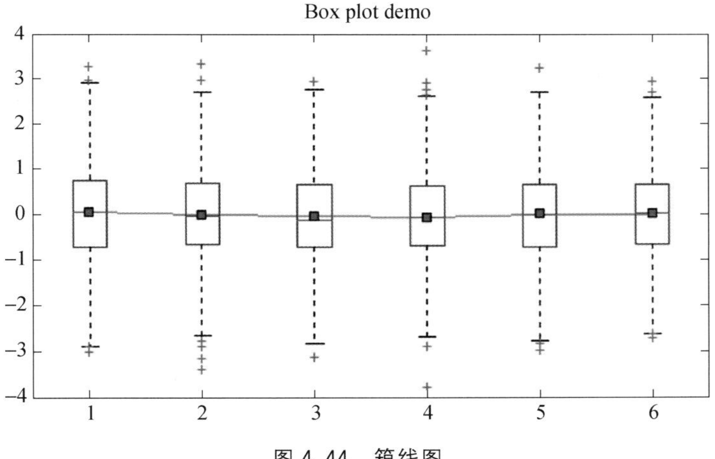

图 4.44 箱线图

boxplot 函数还有一系列参数来指定箱线图各组成部分的细节特征(图 4.45),如参数 boxprops、medianprops、meanprops、whiskerprops、capprops、flierprops。

```
data1 = []
for i in range(6):
    data1.append(random.randn(500))
data2 = []
for i in range(6):
    data2.append(random.randn(500))
pos1 = linspace(0.8, 5.8, len(data1))
```

```
boxplot(data1, positions = pos1, widths = 0.3, boxprops = dict(facecolor = None, edgecolor = 'b'),
    medianprops = dict(color = 'b'), meanprops = dict(color = 'b', marker = 's'),
    whiskerprops = dict(color = 'b', linestyle = '--'), capprops = dict(color = 'b'),
    flierprops = dict(color = 'b', marker = 'o'))
pos2 = pos1 + 0.4
boxplot(data1, positions = pos2, widths = 0.3, boxprops = dict(facecolor = None, edgecolor = 'r'),
    medianprops = dict(color = 'r'), meanprops = dict(color = 'r', marker = 's'),
    whiskerprops = dict(color = 'r', linestyle = '--'), capprops = dict(color = 'r'),
    flierprops = dict(color = 'r', marker = 'o'))

# draw temporary red and blue lines and use them to create a legend
line1 = plot([-1], [-1], 'b-')
line2 = plot([-1], [-1], 'r-')
legend([line1, line2], ['A', 'B'])

title('Box plot demo')
xlim(0, 7)
```

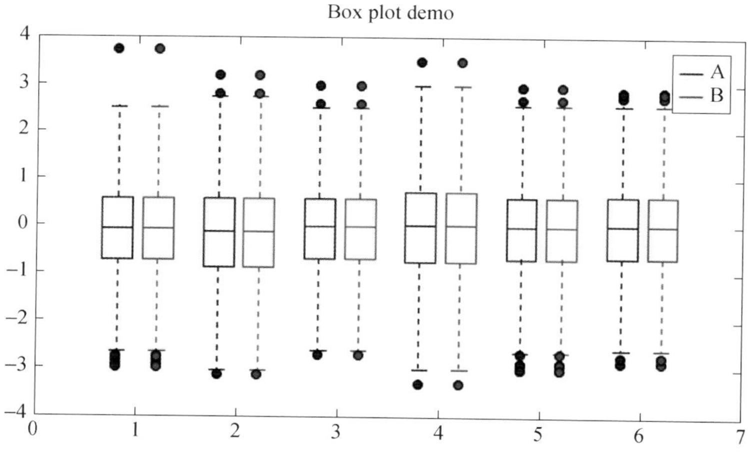

图 4.45 箱线图组成部分细节设置

小提琴图(Violin Plot)用于显示数据分布及其概率密度，这种图表结合了箱线图和密度图的特征。violinplot 函数用来绘制小提琴图，widths 参数指定小提琴图形的宽度，boxwidth 指定小提琴区域最窄处的宽度。小提琴图和箱线图对比见图 4.46。

```
all_data = [np.random.normal(0, std, 100) for std in range(6, 10)]
all_data[0][3] = nan

fig,(ax1,ax2) = subplots(nrows = 1,ncols = 2)
```

```
ax1.violinplot(all_data, widths=0.4, boxwidth=0.02)
ax1.set_title('Violin plot')
ax2.boxplot(all_data)
ax2.set_title('Box plot')
```

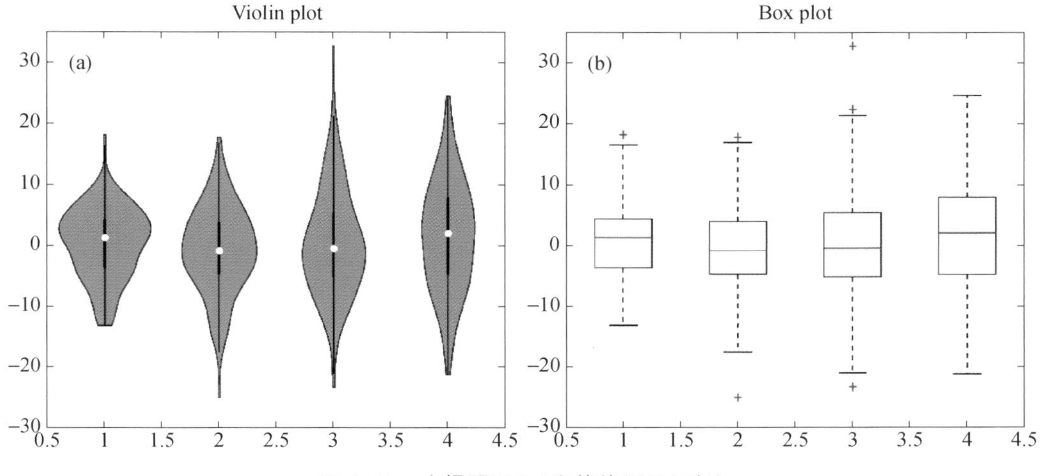

图 4.46 小提琴图(a)和箱线图(b)对比

饼图主要用于展现不同类别数值相对于总数的占比情况(图 4.47),可以用 pie 函数绘制,explode 参数可以指定某些扇区向外偏移,startangle 参数指定饼图起始扇区的角度,autopct 参数指定每个扇区百分比标注的格式。

```
x=[1, 3, 0.5, 2.5, 2]
patchs, texts=pie(x, explode=[0,0.1,0,0.1,0], startangle=90, autopct='%.1f%%')
title('Pie chart')
legend(patchs, ['a','b','c','d','e'], loc='custom', x=0.75, y=0.5)
```

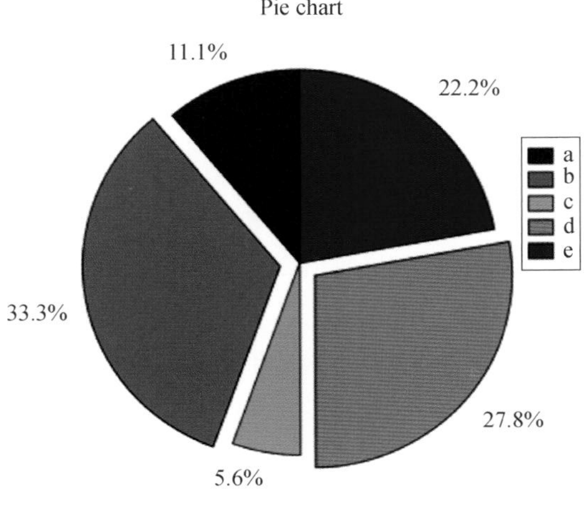

图 4.47 饼图

可以用 wedgeprops 参数来绘制环状饼图(图 4.48),通过 radius 参数的控制能够绘制多个环状饼图的嵌套。

```
x = [1, 3, 0.5, 2.5, 2]
size = 0.3
patchs, texts = pie(x, startangle = 90, autopct = '%.1f%%',
    wedgeprops = dict(edgecolor = 'w', linewidth = 2, width = size))
pie(x, startangle = 90, radius = 1-size, cmap = 'GMT_seis',
    wedgeprops = dict(edgecolor = 'w', linewidth = 2, width = size))
title('Pie chart')
legend(patchs, ['a','b','c','d','e'], loc = 'custom', x = 0.75, y = 0.5)
```

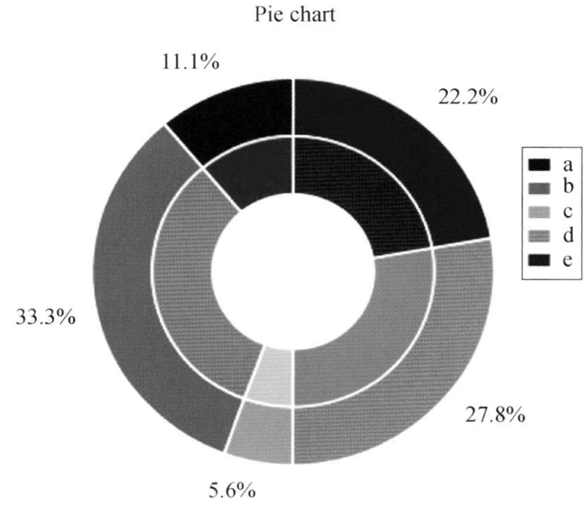

图 4.48 嵌套的环状饼图

4.5.6 等值线图

等值线图是以相等数值点的连线表示连续分布且逐渐变化的数量特征的一种图形,在气象领域的应用十分普遍,比如等温线图、等压线图、降水等值线分布图等。contour 函数用来绘制等值线,contourf 函数用来绘制有颜色填充的等值线图(图 4.49)。在等值线上标注其值的函数是 clabel,第一个参数是 contour 函数返回的等值线图形对象。缺省情况下软件会根据数据值的范围自动确定等值线层级的值,颜色会用缺省的颜色图(cmap)matlab_jet 和等值线层级数自动确定。colorbar 函数用来绘制色阶的颜色栏。

```
fn = os.path.join(migl.get_sample_folder(), 'NetCDF', 'cone.nc')
f = addfile(fn)
u = f['u'][4]
subplot(2,1,1)
cobj = contour(u)
clabel(cobj, decimals = 1)
title('Cone amplitude - contour')
```

```
colorbar()
subplot(2,1,2)
u = f['u'][5]
contourf(u, cmapreverse = True)
title('Cone amplitude - contourf')
colorbar()
```

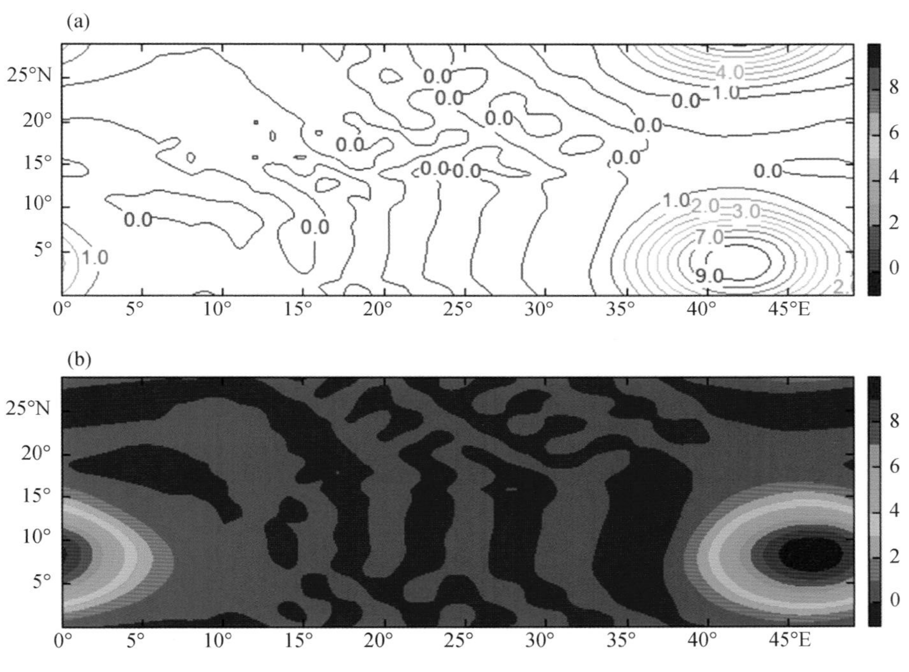

图 4.49　等值线图(a)和等值线填色图(b)

等值线的层级和颜色也可以自定义(图 4.50)，数据变量后面紧跟的参数如果是整数则被当作等值线层级数，软件会根据数据情况自动设置每个层级的值，cmap 参数可以指定使用的颜色图。数据变量后面紧跟的参数如果是列表或者数组则被认为是等值线各层级的值，colors 参数可以指定每个等值线层级的颜色，如果是 contourf 绘制等值线填色图，则 colors 列表的长度要比等值线层级数多 1。

```
fn = os.path.join(migl.get_sample_folder(), 'NetCDF', 'cone.nc')
f = addfile(fn)
u = f['u'][5]

subplot(2,1,1)
contourf(u, 20, cmap = 'NCV_bright')
title('Level number and cmap')
colorbar()
```

```
subplot(2,1,2)
levs = [0,0.5,1,1.5,2,3,4,5,7,9]
cols = makecolors(len(levs)+ 1, cmap = 'BlAqGrYeOrRe')
contourf(u, levs, colors = cols)
title('Levels and colors')
colorbar()
```

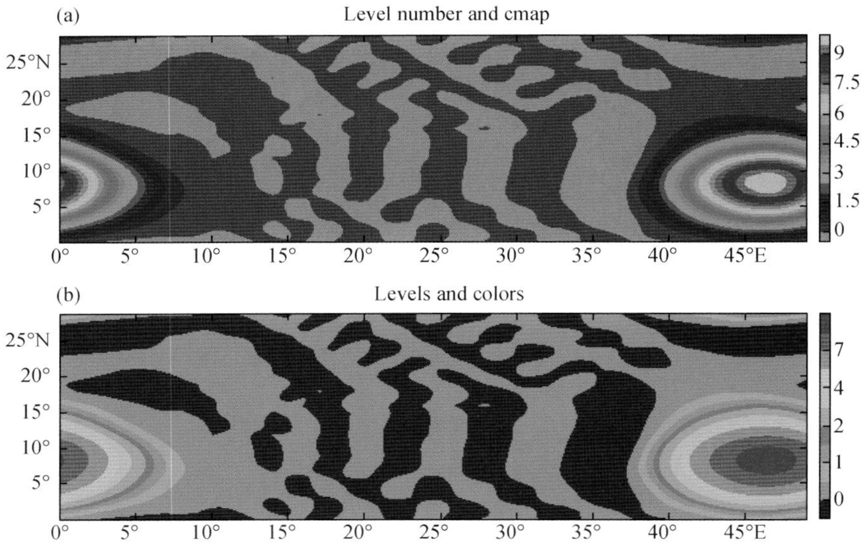

图 4.50　自定义等值线层级(a)和颜色(b)

4.5.7　格点数据显示为图像和伪彩色图

如果二维的格点数据在 x、y 维都是等间距的，可以用 imshow 函数将格点数据显示为图像(图 4.51)，尤其对于格点数很多且分布很离散的数据用 imshow 会比追踪等值线快很多，比如卫星遥感格点数据通常更适合用 imshow 函数显示为图像。色标层级的值和颜色的设置和 contourf 函数类似，可以用 interpolation 函数来设置图像显示的插值方法。

```
fn = os.path.join(migl.get_sample_folder(), 'NetCDF', 'cone.nc')
f = addfile(fn)
u = f['u'][4,:,:]

subplot(2,1,1)
imshow(u, 20)
title('imshow')
colorbar()

subplot(2,1,2)
imshow(u, 20, interpolation = 'bicubic')
```

```
title('imshow - interpolation')
colorbar()
```

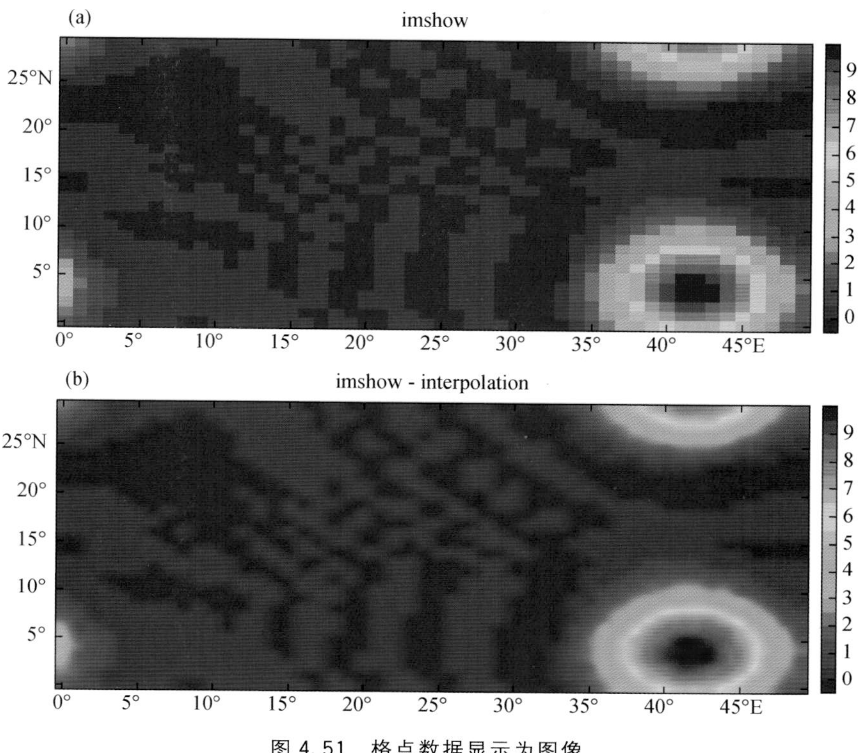

图 4.51　格点数据显示为图像

对于规则和不规则网格，可以用 pcolor 函数绘制伪彩色图（图 4.52），会将每个网格当作一个多边形来绘制，对于复杂网格绘图速度会比较慢。

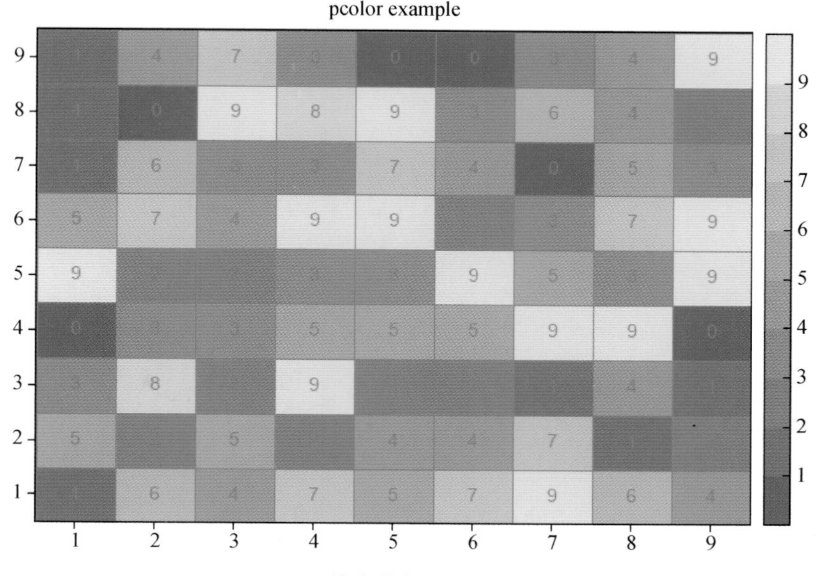

图 4.52　格点数据显示为伪彩色图

```
x = arange(10) + 0.5
y = arange(10) + 0.5
x,y = meshgrid(x, y)
z = random.randint(0, 10, (10,10))
pcolor(x, y, z, edgecolor = 'gray', cmap = 'MPL_summer')
colorbar()
xaxis(tickin = False)
xaxis(tickline = False, location = 'top')
yaxis(tickin = False)
yaxis(tickline = False, location = 'right')
for xx, yy, zz in zip(x, y, z):
    text(xx+ 0.5, yy+ 0.5, str(zz), color = 'gray', xalign = 'center', yalign = 'center')
title('pcolor example')
```

4.5.8 向量场图

气象领域里的风场是典型的向量场，通常用 U、V 分量或风向、风速来表示。quiver 函数可以将向量绘制成箭头(图 4.53)，箭头方向指示向量的方向，箭头长度指示向量的大小。size 参数用来调整箭头的大小，color 参数指定箭头颜色。

```
X, Y = meshgrid(arange(-pi, pi, pi/8),arange(-pi ,pi, pi/8))
U = sin(Y) *10
V = cos(X) *10
q = quiver(X, Y, U, V, size = 15, color = 'b')
```

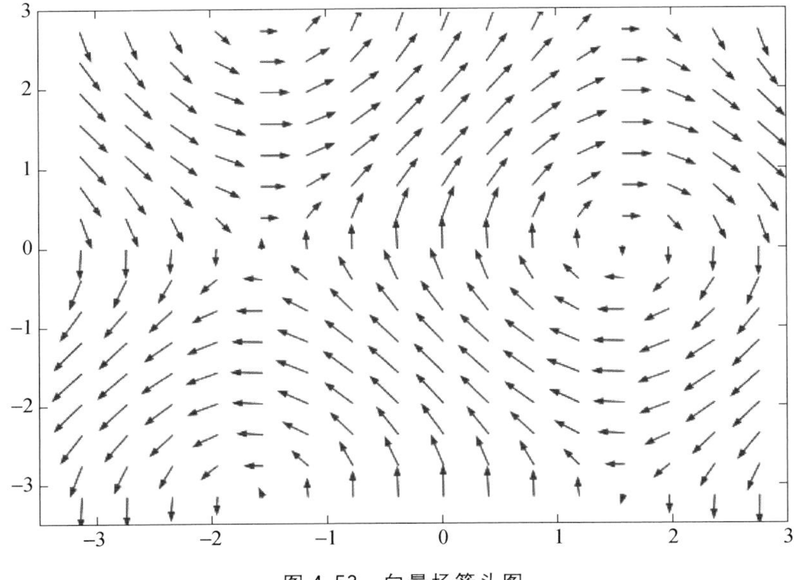

图 4.53 向量场箭头图

barbs 函数可以将向量绘制为风向杆(图 4.54),U、V 变量参数后如果还有非关键字参数会被当作用于颜色分级显示的变量,比如从 U、V 分量计算出风速,将其作为颜色分级变量绘制彩色风向杆图。quiver 函数也可以类似处理绘制彩色箭头图。

```
X, Y = meshgrid(arange(-pi, pi, pi/8),arange(-pi ,pi, pi/8))
U = sin(Y) * 10
V = cos(X) * 10
speed = sqrt(U * U + V * V)
q = barbs(X, Y, U, V, speed, size = 10)
colorbar(shrink = 0.8)
```

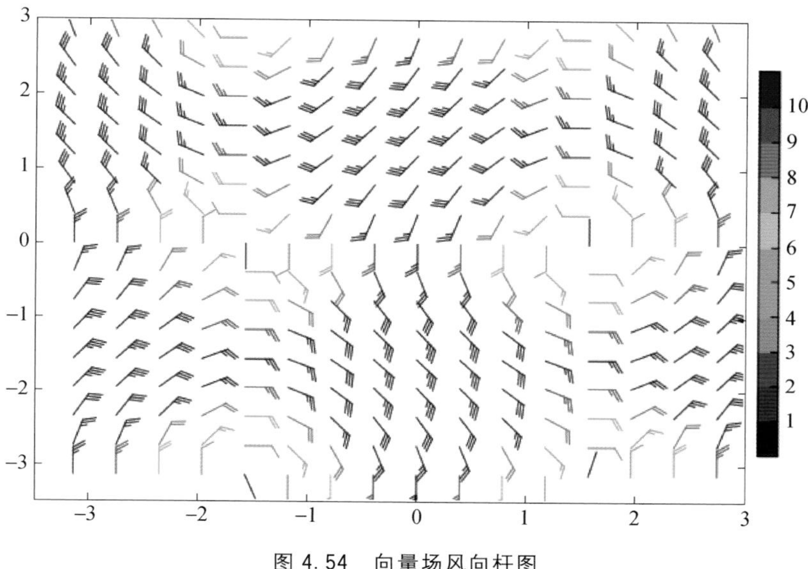

图 4.54　向量场风向杆图

向量场还可以用 streamplot 绘制流线图(图 4.55),density 参数指定流线的密度。

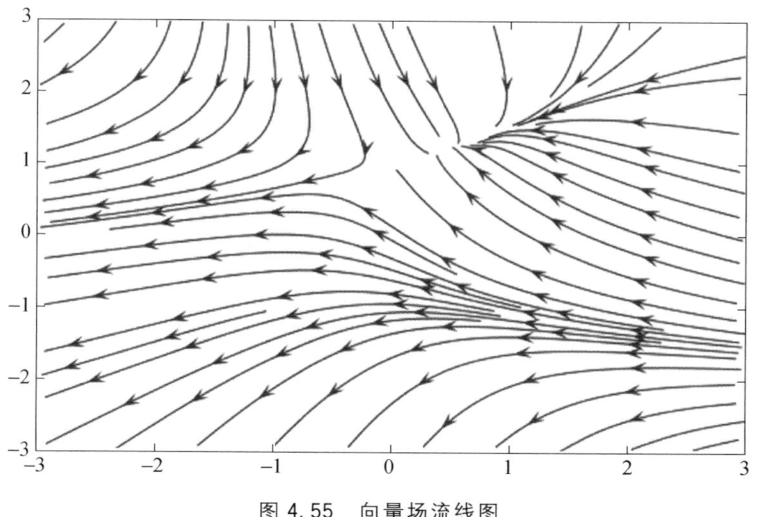

图 4.55　向量场流线图

```
x = y = linspace(-3, 3, 20)
X, Y = meshgrid(y, x)
U = -1 - X**2 + Y
V = 1 + X - Y**2
streamplot(x, y, U, V, color = 'b', density = 3)
```

4.5.9 极坐标图

极坐标系是一种二维坐标系，该坐标系统中任意位置可由夹角相对原点（极点）的距离来表示。向东的方向是极坐标系角度的起始位置，逆时针增加角度。绘制极坐标图需要先创建极坐标系，axes 函数中设置参数 polar = True，然后就可以用绘图函数来绘制极坐标图（图4.56）。

```
r = arange(0, 2, 0.01)
theta = 2 * pi * r

ax = axes(polar = True)
plot(theta, r, color = 'b', linewidth = 2, label = 'Line 1')
plot(theta, r*1.5, color = 'r', linewidth = 2, label = 'Line 2')
title('Polar chart example')
legend(xshift = 80)
antialias(True)
```

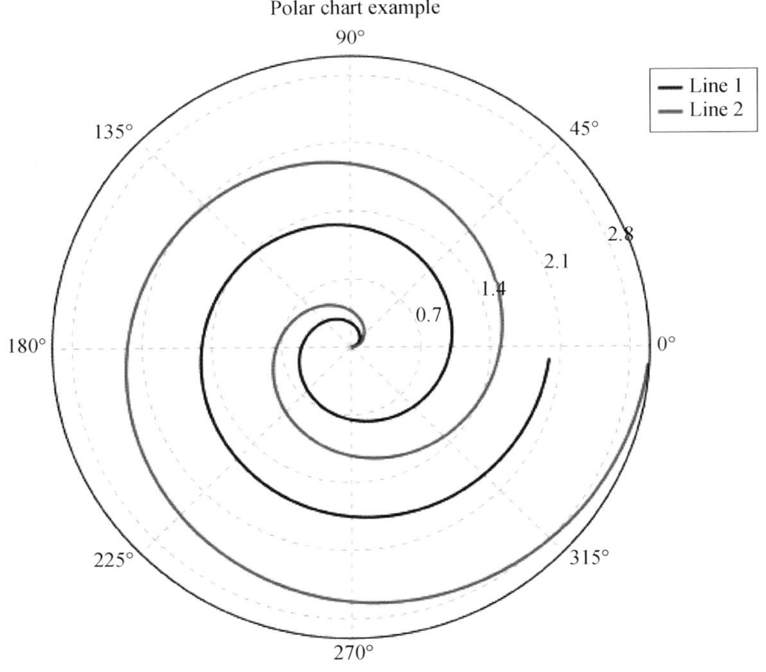

图 4.56 极坐标图

上述例子中，antialias 函数可以设置图形是否反锯齿绘制，反锯齿会使图形显示得更平滑。

如图 4.57 所示，气象领域风玫瑰图是典型的极坐标图，可以用 windrose 函数绘制，参数主要有风向、风速、方位数、风速分级等，能够表示不同风向区间和风速区间的占比情况。和极坐标不同，风玫瑰图中 0°在正北方向，并且顺时针增加。

```
fn = os.path.join(migl.get_sample_folder(), 'ASCII', 'windrose.txt')
ncol = numasciicol(fn)
nrow = numasciirow(fn)
a = asciiread(fn,shape = (nrow,ncol))
ws = a[:,0]
wd = a[:,1]

n = 16
wsbins = arange(0. , 21.1, 4)
cols = makecolors(['k','y','r','b','g'], alpha = 0.7)
rtickloc = [0.05,0.1,0.15,0.18]
ax, bars = windrose(wd, ws, n, wsbins, rmax = 0.18, colors = cols,
    rtickloc = rtickloc, width = 0.5)
colorbar(bars, shrink = 0.6, vmintick = True, vmaxtick = True, xshift = 10,
    label = 'm/s', labelloc = 'bottom')
ax.set_xtick_font(name = 'Times New Roman')
title('Windrose example')
antialias(True)
```

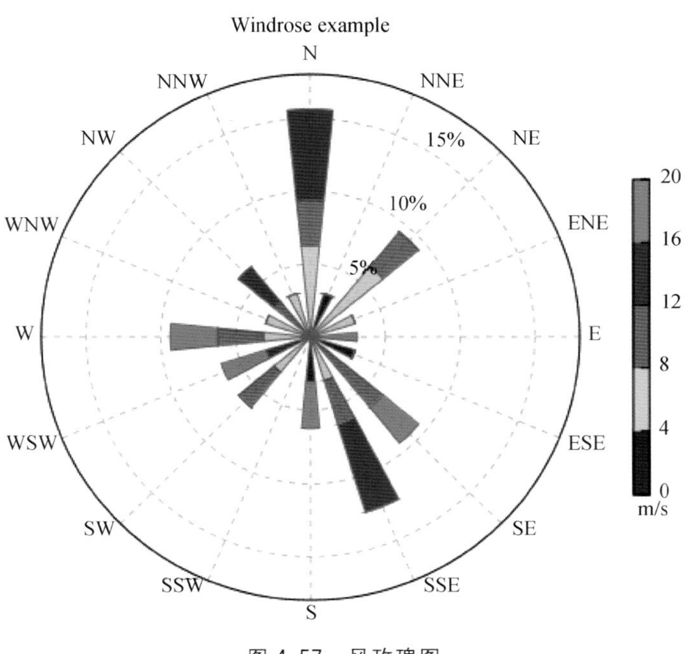

图 4.57 风玫瑰图

气象领域多模式评估还有一种常用的泰勒(Taylor)图,如图 4.58 所示,图上只包含了极坐标的第一象限,可以同时体现相关系数、标准差以及均方根误差。通常用 taylor_diagram 函数来绘制泰勒图,参数主要有模式和观测的标准差、相关系数等。图中辐射线代表相关系数,横纵轴代表标准差,下方的弧线代表均方根误差。

```
case = ['Case A', 'Case B']
ncase = len(case)

var = ["SLP","Tsfc" ,"Prc","Prc 30S- 30N","LW","SW", "U300", "Guess",
    "RH" ,"LHFLX","TWP","CLDTOT","O3","Q" , "PBLH", "Omega"]
nvar = len(var)

source = ["ERA40", "ERA40","GPCP" , "GPCP", "ERS", "ERS", "ERA40", "BOGUS",
    "NCEP",  "ERA40","ERA40", "NCEP", "NASA", "JMA", "JMA" , "CAS"]

# Case A
CA_ratio = np.array([1.230, 0.988, 1.092, 1.172, 1.064, 0.966, 1.079, 0.781,
      1.122, 1.000, 0.998, 1.321, 0.842, 0.978, 0.998, 0.811])
CA_cc = np.array([0.958, 0.973, 0.740, 0.743, 0.922, 0.982, 0.952, 0.433,
        0.971, 0.831, 0.892, 0.659, 0.900, 0.933, 0.912, 0.633])

# Case B
CB_ratio = np.array([1.129, 0.996, 1.016, 1.134, 1.023, 0.962, 1.048, 0.852,
        0.911, 0.835, 0.712, 1.122, 0.956, 0.832, 0.900, 1.311])
CB_cc = np.array([0.963, 0.975, 0.801, 0.814, 0.946, 0.984, 0.968, 0.647,
        0.832, 0.905, 0.751, 0.822, 0.932, 0.901, 0.868, 0.697])

# arrays to be passed to taylor_diagram
ratio = zeros((ncase, nvar))
cc = zeros((ncase, nvar))
ratio[0,:] = CA_ratio
ratio[1,:] = CB_ratio
cc[0,:] = CA_cc
cc[1,:] = CB_cc

# Plot
ax, gg = taylor_diagram(ratio, cc, colors = ['r','b'], title = 'Taylor diagram')
ax.legend(gg, case, frameon = False, xshift = 50)
models = None
i = 1
```

```
for v,s in zip(var, source):
    model = '% i - % s_% s' % (i, v, s)
    if models is None:
      models = model
    else:
      models = models + '\n' + model
    i + = 1
ax.text(0.05, 0.5, models, fontsize = 12)
```

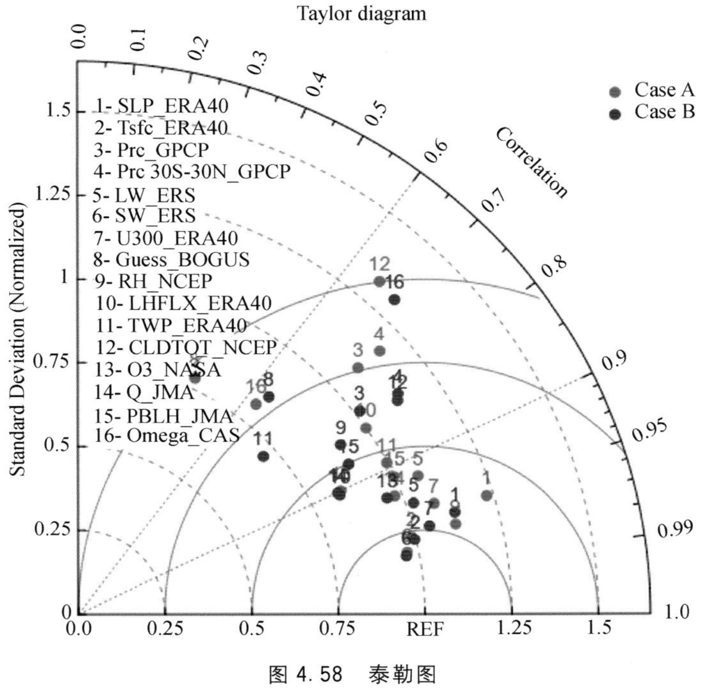

图 4.58　泰勒图

4.5.10　地图坐标系

地图坐标系(MapAxes)是描述地理位置的二维坐标系,缺省二维坐标系分别为经度和纬度,经过地图投影后坐标系的单位通常为米(或者千米),可以和经纬度进行相互换算。在地图坐标系中绘图需要先用 axesm 函数创建地图坐标系,然后用二维绘图函数在地图上绘制图形。地图坐标系中通常要绘制地理底图作为专业图形信息的地理位置参考,geoshow 函数可以用来绘制以 Shapefile 文件为代表的地理底图,如果之前没有 axesm 创建地图坐标系,geoshow 函数会自动创建一个地图坐标系。“MeteoInfo→Map”目录中包含了一些 Shapefile 文件,geoshow 函数中第一个参数可以是其中某个 Shapefile 文件的文件名(无须 .shp 后缀),软件会自动在该目录中找到相应 Shapefile 文件并加载绘制其中的地图数据图形。下面的例子用 geoshow 函数分别绘制了世界行政区域、主要河流和主要城市(图 4.59),geoshow 函数返回地图图层对象,其 addlabels 方法可以给图层中的地理要素添加标注。axis 函数用来设置地图坐标系的经纬度范围,参数是一个列表,其中的要素分别是最小经度、最大经度、最小纬度和最大纬度。

```
geoshow('continent', facecolor =[204,204,255], edgecolor = 'gray')
geoshow('rivers', color = 'b')
cities =geoshow('cities', facecolor = 'm', edgecolor =None, size =4)
cities.addlabels('NAME', fontsize =12, yoffset =- 5)
axis([-180, 180, -90, 90])
title('geoshow')
```

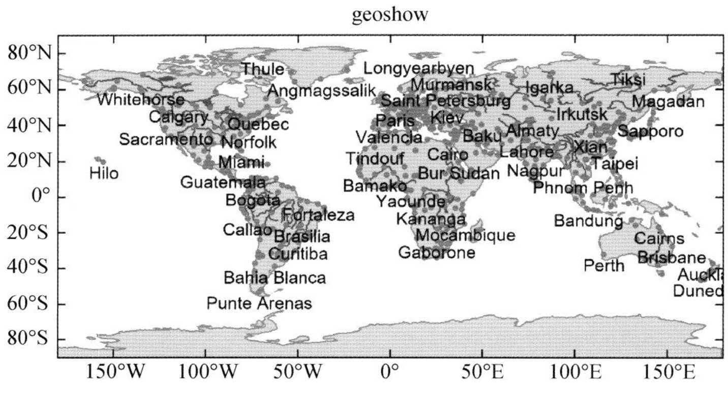

图 4.59 地图坐标系中加载地图数据

创建了地图坐标系后可以用相关绘图语句绘制图形，如图 4.60 所示，即在地图坐标系中绘制等值线填色图。

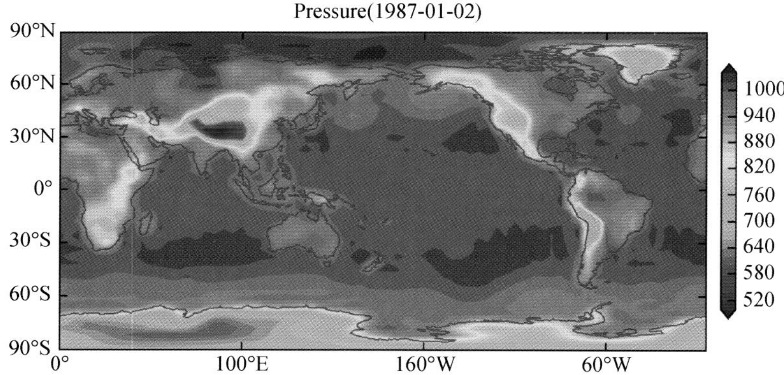

图 4.60 在地图坐标系中绘制等值线填色图

```
fn =os.path.join(migl.get_sample_folder(), 'GrADS', 'model.ctl')
f =addfile(fn)
ps =f['PS'][0]

geoshow('coastline', color =(0,0,255))
contourf(ps, 20, smooth =False)
t =f.gettime(0)
```

```
title('Pressure ({})'.format(t.strftime('% Y- % m- % d')))
yticks(arange(-90, 91, 30))
colorbar(extendrect =False, shrink =0.8, aspect =18)
```

站点观测中如果有天气现象数据(比如 MICAPS 第一类地面全要素观测数据),可以用 weatherspec 函数创建一个天气现象图例,然后在 scatter 函数中将该图例赋给 symbolspec 参数,可以用天气现象数据绘制天气现象符号图(图 4.61)。

```
# Add file and read data array
fn =os.path.join(migl.get_sample_folder(), 'MICAPS', '10101414.000')
f =addfile_micaps(fn)
data =f['WeatherNow'][:]
lon =f['Longitude'][:]
lat =f['Latitude'][:]
# Plot
axesm(bgcolor =(204,255,255))
geoshow('continent', edgecolor ='k', facecolor =(255,251,195))
ls =weatherspec()
layer =scatter(lon, lat, data, symbolspec =ls)
yticks([20,30,40,50])
title('Weather symbol plot example')
xlim(72, 136)
ylim(16, 55)
```

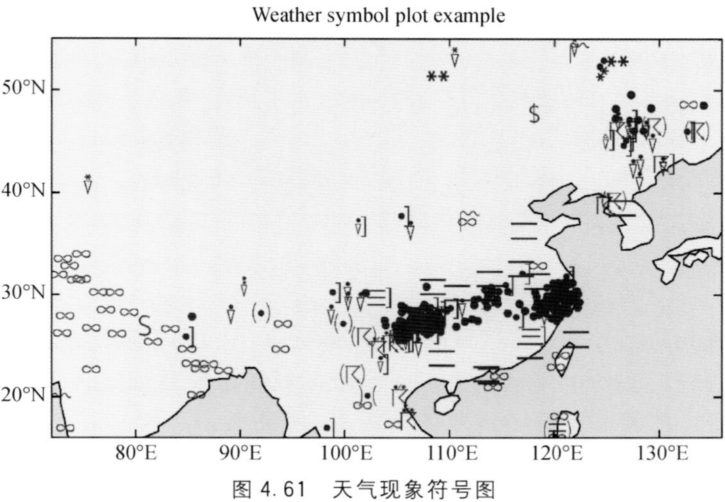

图 4.61　天气现象符号图

对于全要素地面气象观测数据还可以用 stationmodel 函数绘制站点填图(图 4.62)。

```
fn =os.path.join(migl.get_sample_folder(), 'MICAPS', '10101414.000')
f =addfile_micaps(fn)
data =f.smodeldata()
```

```
 
# Plot
axesm(bgcolor = (204,255,255))
geoshow('country', facecolor = (255,251,195))
geoshow('cn_province', edgecolor = 'k')
layer = stationmodel(data, size = 14)
yticks([20,30,40,50])
title('Station model plot example')
xlim(72, 136)
ylim(16, 55)

# Add south China Sea
axesm(position = [0.11,0.12,0.18,0.24], bgcolor = 'w', axison = False)
geoshow('cn_border', facecolor = (0,0,255))
xlim(106, 123)
ylim(2, 23)
```

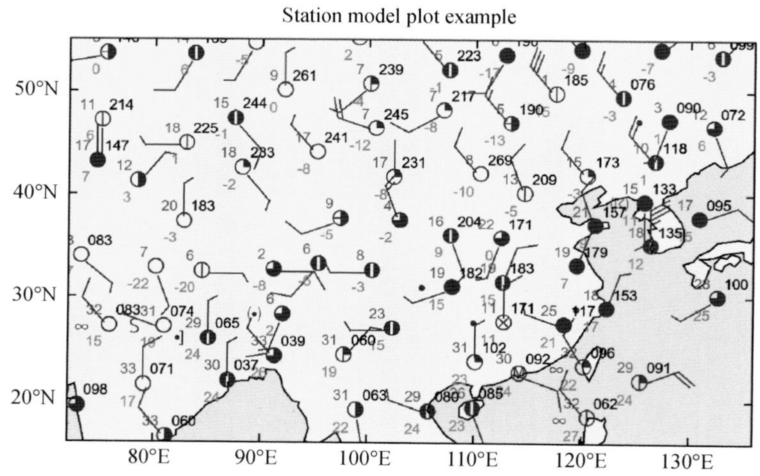

图 4.62　气象站点填图

气象数据可视化时经常会进行区域屏蔽(maskout),图 4.63 所示则是只绘制每个区域内部的数据图形。可以用 geoshow 函数将包含屏蔽区域的地图数据文件加载到地图坐标系中(visible = False 参数表示添加图层到地图坐标系,但不显示图层),在绘制专业图层后利用 makslayer 函数来对专业图层内容进行屏蔽。

```
fn = os.path.join(migl.get_sample_folder(), 'GrADS', 'model.ctl')
f = addfile(fn)
ps = f['PS'][0,'20:55','230:300']

axesm()
```

```
m_us = geoshow('us', visible = False)
geoshow('us_states', edgecolor = 'gray')
geoshow('country')
layer = contourf(ps, 12)
masklayer(m_us, [layer])
title('Pressure')
ylabel('Latitude')
xlabel('Longitude')
yticks([10,20,30,40,50])
colorbar(layer)
xlim(230, 298)
ylim(22, 55)
```

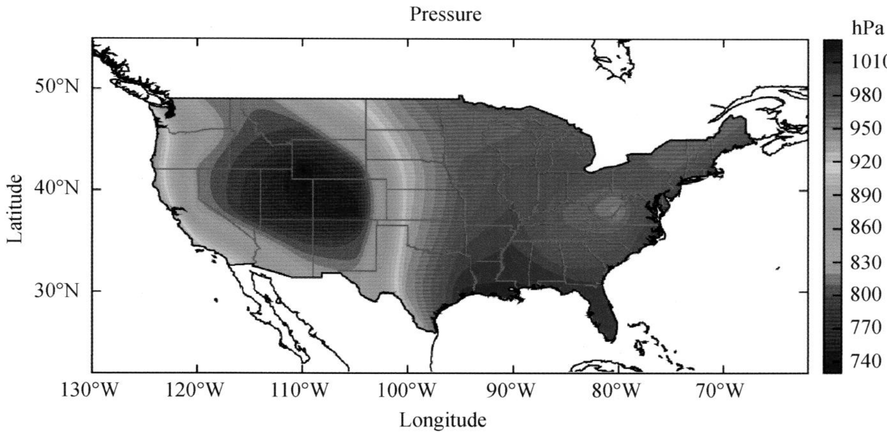

图 4.63　屏蔽区域外部图形

地图坐标系会用到 geolib 包中的很多功能，比如读取地图数据文件的 shaperead 函数。geolib 包中的地图投影功能可以对地图坐标系中的图形进行投影变换。projinfo 函数可以生成一个投影设置对象，参数包括投影名称、中央经度、中央纬度等，MeteoInfo 的投影功能使用了 Proj4j 库来实现，投影可以用投影字符串来定义，具体可以查阅 PROJ 项目的文档（https://proj.org）。下面的例子生成一个北极为中心点的极射赤平面投影（图 4.64），并定义在地图坐标系中，在 geoshow 函数添加地图数据时会自动进行投影变换，形成北极极射赤平面投影地图图形。

```
proj = projinfo(proj = 'stere', lat_0 = 90, lon_0 = 105)
axesm(projinfo = proj, gridline = True, gridlabelloc = 'all', griddx = 30,
    griddy = 30, frameon = False, cutoff = 10,
    boundaryprop = {'facecolor':(102,255,255),'edgesize':1.5})
geoshow('continent', facecolor = 'lightgray', edgecolor = 'gray')
axism()
```

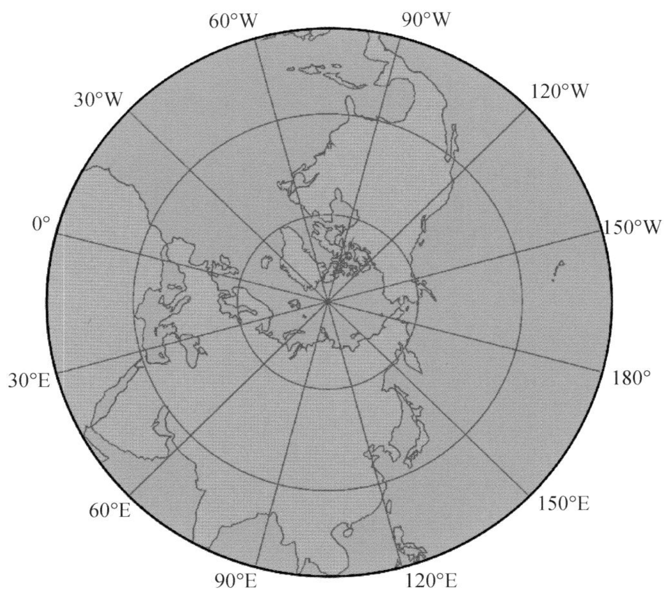

图 4.64 北极极射赤平投影地图坐标系

利用 geolib 包中的拓扑模块可以进行一些地理空间分析，例如，利用 buffer 函数分析空间要素的缓冲区，利用 intersection 函数分析两个多边形空间要素的交集（图 4.65）。

```
import mipylib.geolib.topology as tp

axesm()
geoshow('country', edgecolor = 'k', facecolor = 'g')
# Add line
lat = [15, 0, - 45, - 25]
lon = [- 100, 0, 70, 110]
line1 = geoshow(lat, lon, size = 2, color = 'r')
buf1 = tp.buffer(line1,5)
geoshow(buf1, color = 'y')
geoshow(lat, lon, size = 2, color = 'r')
# Add polygon
lat = array([30, 0, 18, 48, 30])
lon = array([60, 70, 130, 120, 60])
g1 = geoshow(lat, lon, displaytype = 'polygon', color = [150,230,230,230], edgecolor = 'b', size = 2)
lat = lat + 10
lon = lon + 10
g2 = geoshow(lat, lon, displaytype = 'polygon', color = [150,230,230,230], edgecolor = 'b', size = 2)
g3 = tp.intersection(g1, g2)
```

```
geoshow(g3, color = 'r')
# Set extent
xlim(-180, 180)
ylim(-90, 90)
xticks(arange(-180, 181, 30))
yticks(arange(-90, 91, 30))
title('Buffer and intersection')
```

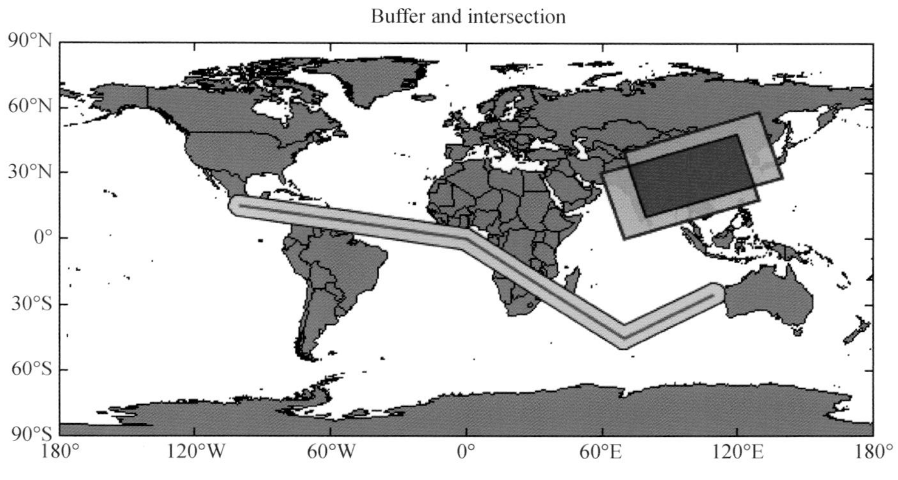

图 4.65 缓冲区和交集分析

4.5.11 图形标注和多 Y 轴

绘图函数中有一些图形文字标记类的函数，例如，title 函数设置图形标题，xlabel 和 ylabel 函数设置 X 和 Y 轴的标签，text 函数可以在图形任意位置添加文字标注。中文标注需要用 fontname 设置一个中文字体，中文字符串前的 u 表示该字符串为 unicode 字符串。MeteoInfo 支持 LaTeX 语法输入和显示特殊字符和公式，LaTeX 字符串起始和结束字符都是“$”。图形标注和 LaTeX 示意见图 4.66。

```
mu = 60.0
sigma = 2.0
x = mu + sigma*np.random.randn(500)
bins = 50
n, bins, patches = hist(x, bins, density = True, histtype = "bar",
    facecolor = "#99FF33", edgecolor = "#00FF99", alpha = 0.75)
y = ((1/(np.power(2*np.pi, 0.5)*sigma))*np.exp(-0.5*
    np.power((bins- mu)/sigma, 2)))

plot(bins, y, color = "#7744FF", linestyle = "--", linewidth = 2)
grid(linestyle = ":", linewidth = 1, color = "gray", alpha = 0.2)
```

```
text(54, 0.2, r"$y =\frac{1}{\sqrt{2\pi}\sigma}e^{- \frac{(x- \mu)^2}{2\sigma^2}}$",
    fontsize =20)
xlabel(u"体重", fontname =u'楷体')
ylabel(u"概率密度", fontname =u'楷体')
title(u"体重的直方图" + r"：
$\mu =60.0$, $\sigma =2.0$", fontsize =16, fontname =u'黑体')
```

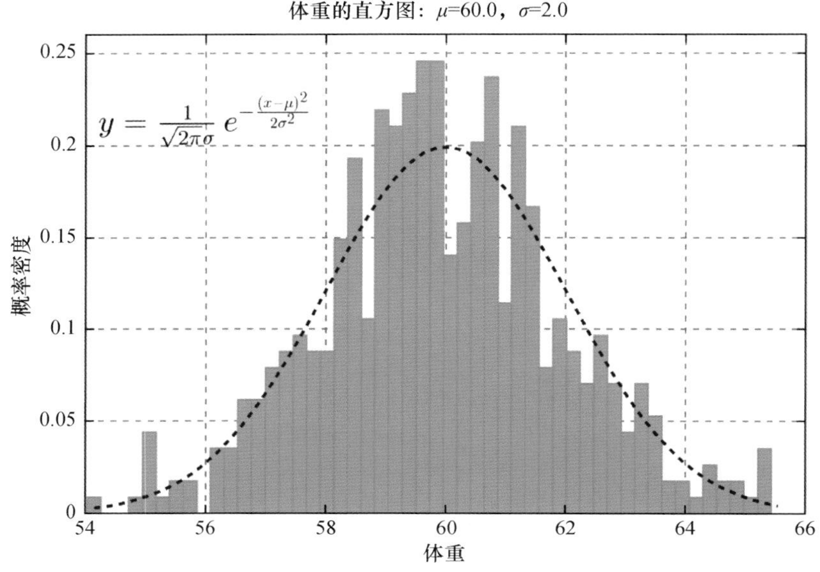

图 4.66　图形标注和 LaTeX

带箭头的指向标注(图 4.67)可以用 annotate 函数添加,参数主要有标注文本、标注位置、标注文本的位置、对齐方式、箭头属性等。

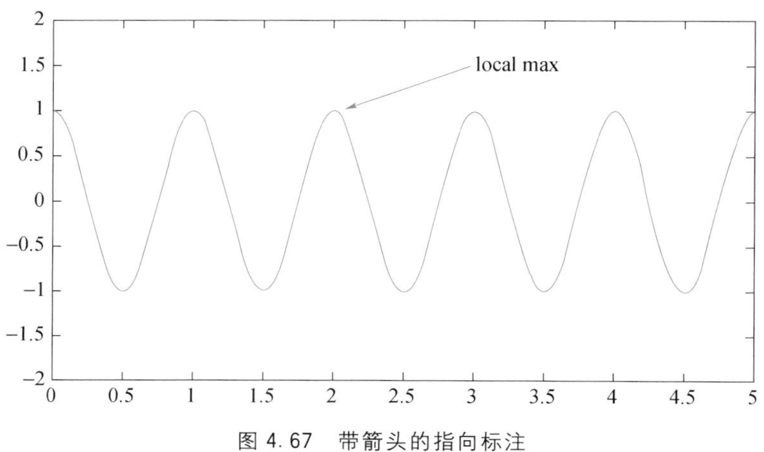

图 4.67　带箭头的指向标注

```
x =arange(0.0, 5.0, 0.01)
y =cos(2 *pi *x)
plot(x, y, lw =2)
```

```
annotate('local max', (2,1), (3,1.5), yalign = 'center',
    arrowprops = dict(linewidth = 4, headwidth = 15, color = 'b', shrink = 0.05))
ylim(-2, 2)
```

专门绘制箭头的函数是 arrow，可以通过 headwidth、headlength 参数控制箭头头部的大小，overhang 参数设置箭头悬垂程度。图 4.68 所示是绘制的不同悬垂程度的箭头。

```
v = [-0.2, 0, .2, .4, .6, .8, 1]
for overhang in v:
    arrow(.1, overhang, .6, 0, headwidth = 0.05, overhang = overhang, length_includes_head = True)

xlim(0, 1)
ylim(-0.3, 1.1)
yticks(v)
xticks([])
ylabel('overhang')
```

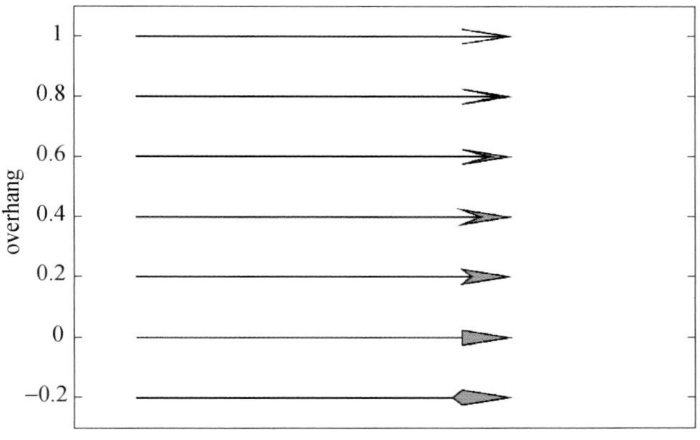

图 4.68　不同悬垂程度的箭头

在进行同时段不同要素气象数据对比时常用多 Y 轴来避免不同要素数据值范围相差过大带来的绘图问题，实现的过程实际上是每个要素用一个坐标系，多个坐标系位置(position)相同，X 轴设置相同，Y 轴分别设置。相关函数是 twinx，如果是 Y 轴相同，而 X 轴不同则用 twiny 函数。下面的例子用三个不同的 Y 轴将多个要素一起绘制(图 4.69)。

```
ax1 = axes(position = [0.113, 0.15, 0.7, 0.7])
yaxis(ax1, color = 'b')
line1 = plot([0, 1, 2], [0, 1, 2], 'b-', label = "Density")
xlabel('Distance')
ylabel('Density', color = 'b')
title('Mutiple Y Axis Sample')

ax2 = twinx(ax1)
```

```
yaxis(ax2, color = 'r')
line2 = plot([0, 1, 2], [0, 3, 2], 'r- ', label = "Temperature")
ylabel('Temperature', color = 'r')

ax3 = twinx(ax1)
yaxis(ax3, location = 'right', position = ['axes', 1.15], color = 'g')
line3 = plot([0, 1, 2], [50, 30, 15], 'g- ', label = "Velocity")
ylabel('Velocity', color = 'g')
lines = [line1, line2, line3]
legend(lines, facecolor = [230,230,230,200])
```

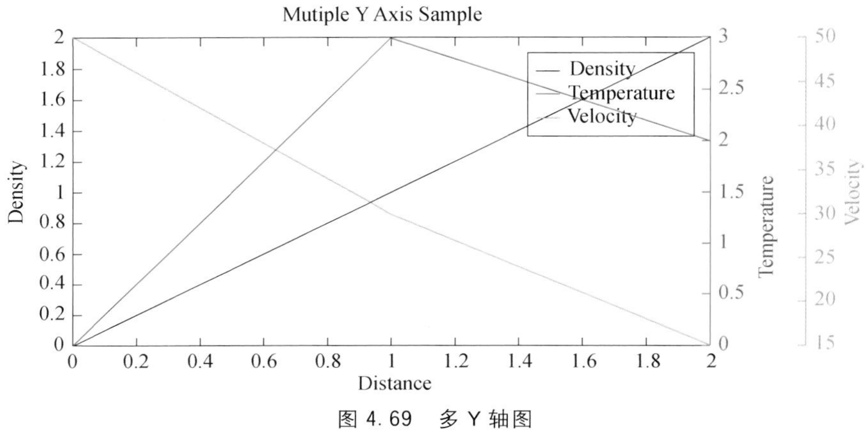

图 4.69　多 Y 轴图

4.5.12　多坐标系

图形(Figure)中可以有多个坐标系(Axes),每个坐标系可以用 position 参数来控制其位置和大小。图 4.70 为一个多坐标系图示例。

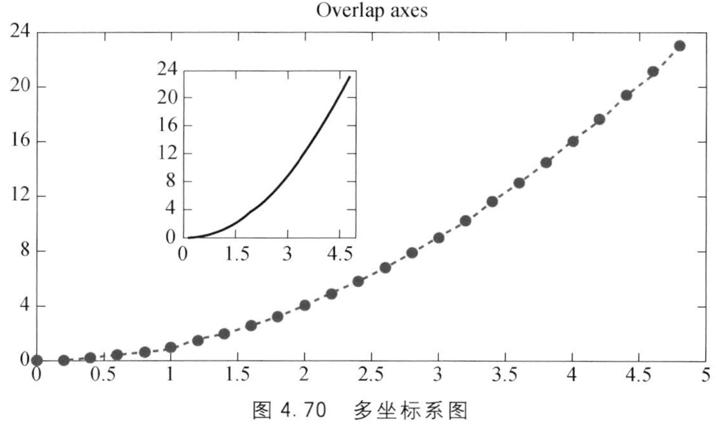

图 4.70　多坐标系图

```
x = arange(0. , 5. , 0.2)
y = x**2
plot(x, y, 'r-o')
```

```
title('Overlap axes')
axes([0.3,0.4,0.2,0.4])
plot(x, y, '- b', linewidth = 2)
```

如果多个坐标系对齐排列，可以用 subplot 或者 subplots 函数生成坐标系。subplot 函数中前两个参数是 Y 轴方向和 X 轴方向坐标系的个数，第三个函数表示目前是第几个坐标系（从 1 开始）。下面的例子是生成 4 个（2 ×2）整齐排列的坐标系（图 4.71）。

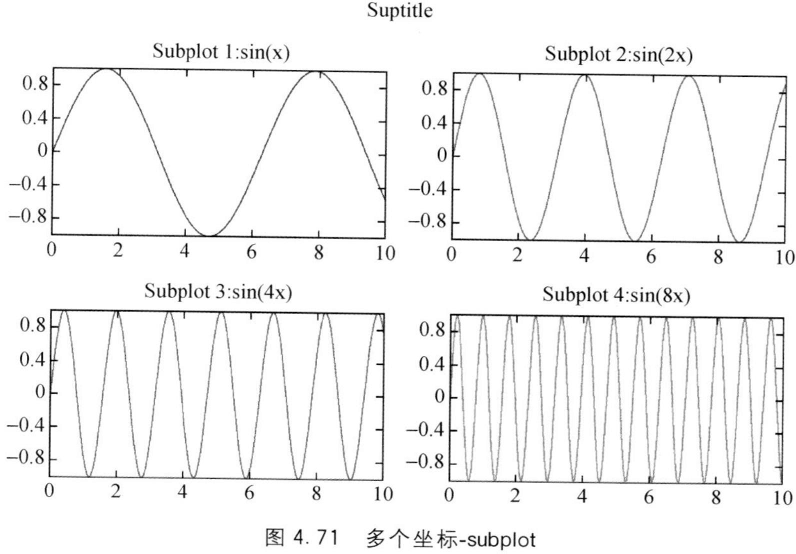

图 4.71 多个坐标-subplot

```
x = linspace(0, 10, 200)
y1 = sin(x)
y2 = sin(2 * x)
y3 = sin(4 * x)
y4 = sin(8 * x)

subplot(2, 2, 1)
plot(x, y1, color = 'b')
title('Subplot 1: sin(x)')

subplot(2, 2, 2)
plot(x, y2, color = 'r')
title('Subplot 2: sin(2x)')

subplot(2, 2, 3)
plot(x, y3, color = 'm')
title('Subplot 3: sin(4x)')

```

```
subplot(2, 2, 4)
plot(x, y4, color = 'g')
title('Subplot 4: sin(8x)')

suptitle('Suptitle')
```

4.5.13 三维图形

MeteoInfoLab 三维图绘制在三维坐标系中，axes3d 函数可以生成一个三维坐标系（OpenGL 绘图引擎），通过三维绘图函数绘制相应的三维图形。绘制三维线图的函数是 plot3，前三个参数是数据的 x、y、z 坐标数组，如果有 mvalues 参数可以绘制随该参数数据变化的多颜色线。图 4.72 为绘制的一个三维线图。

```
z = linspace(0, 1, 100)
x = z * np.sin(20 * z)
y = z * np.cos(20 * z)

plot3(x, y, z, mvalues = z, linewidth = 5)
colorbar()
title('3D plot example')
```

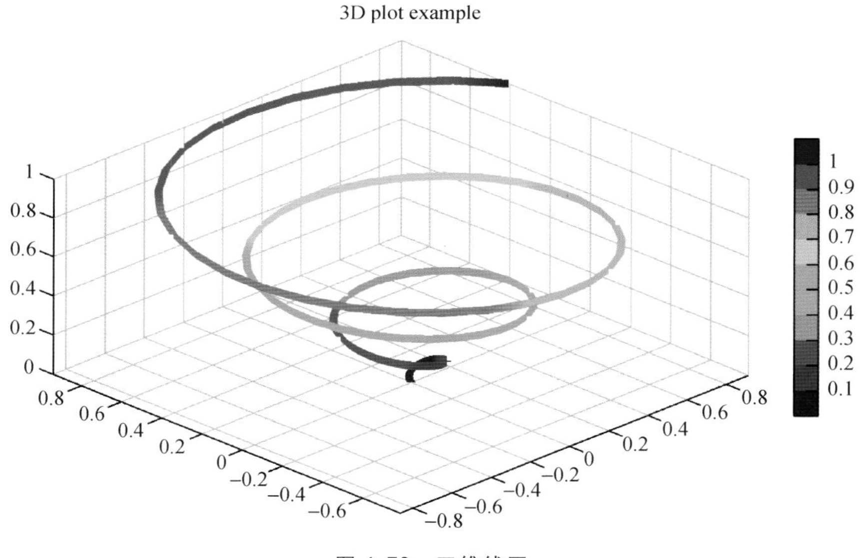

图 4.72 三维线图

绘制三维点图的函数是 scatter3，前三个参数是数据的 x、y、z 坐标数组，c 参数可以设置用于绘制颜色的数组。图 4.73 为绘制的一个三维点图。

```
z = linspace(0, 1, 100)
x = z * np.sin(20 * z)
y = z * np.cos(20 * z)
```

```
c = x + y

# Plot
points = scatter3(x, y, z, c = c)
scatter3(x, y, 0.5, fill = False)
colorbar(points, shrink = 0.8)
title('Point 3D plot example')
```

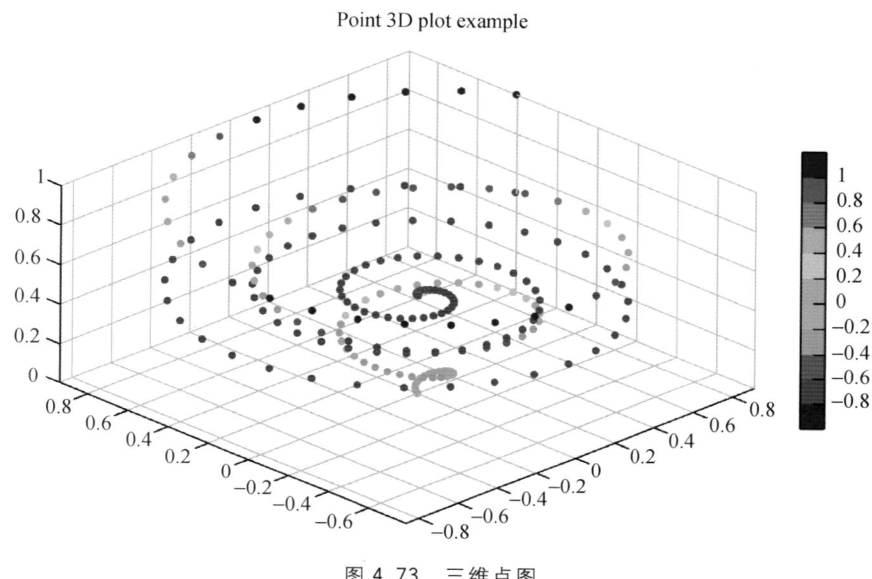

图 4.73　三维点图

三维针状图用 stem3 函数绘制，edgecolor 函数设置针状图上点轮廓线颜色，samestemcolor 参数设置针状图线段是否和点颜色一致。图 4.74 为绘制的一个三维针状图。

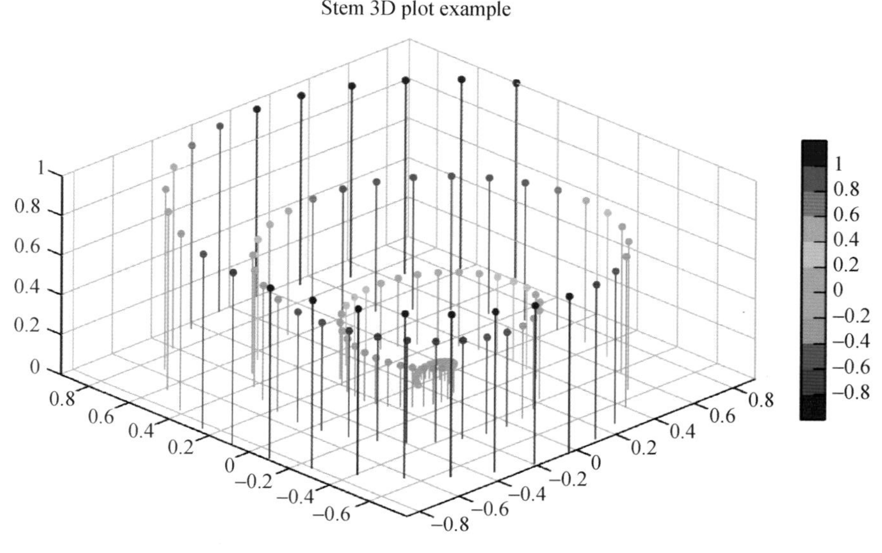

图 4.74　三维针状图

三维条形图用 bar3 函数绘制，width 参数指定条形图的宽度，color 参数指定条形图颜色，linewidth 参数指定条形图边框线宽。图 4.75 为绘制的一个三维条形图。

```
z = linspace(0, 1, 100)
x = z * np.sin(20 * z)
y = z * np.cos(20 * z)
c = x + y

cols = makecolors(len(x))
bar3(x, y, z, width = 0.05, color = cols, linewidth = 1)
title('Bar 3D plot example')
```

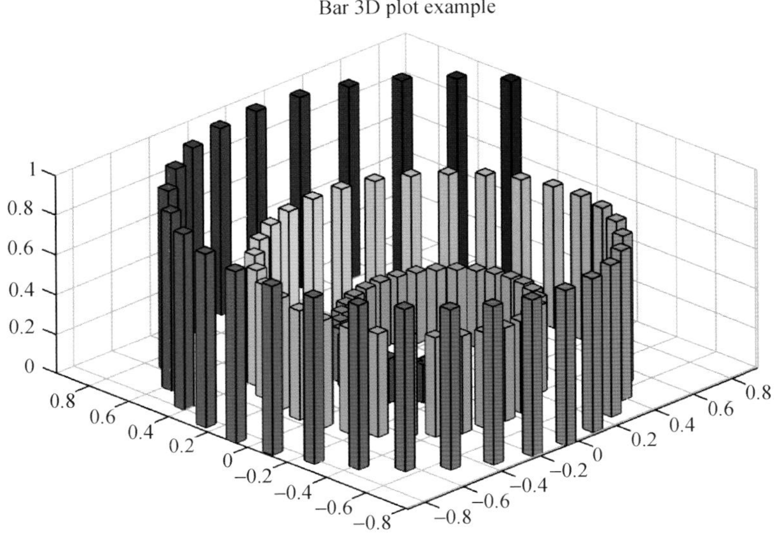

图 4.75 三维条形图

在三维坐标系中可以用 contour 或 contourf 函数绘制二维等值线(图 4.76)，需要 zdir 参数确定等值线平面的垂直方向(zdir 缺省为"z")，offset 参数设置等值线平面在 zdir 轴的位置(offset 缺省为 0)。mesh 函数用来绘制网格曲面图。

```
alpha = 0.7
phi_ext = 2 * pi * 0.5
N = 25
x1 = linspace(0, 2* pi, N)
y1 = linspace(0, 2* pi, N)
x,y = meshgrid(x1, y1)
z = 2 + alpha -  2 * cos(y) * cos(x) -  alpha * cos(phi_ext -  2 * y)
z = z.T

mesh(x, y, z, edgecolor = 'b', facecolor = None)
```

```
contourf(x1, y1, z, 10, alpha =0.8, offset =- 2)
colorbar()
grid(False)
```

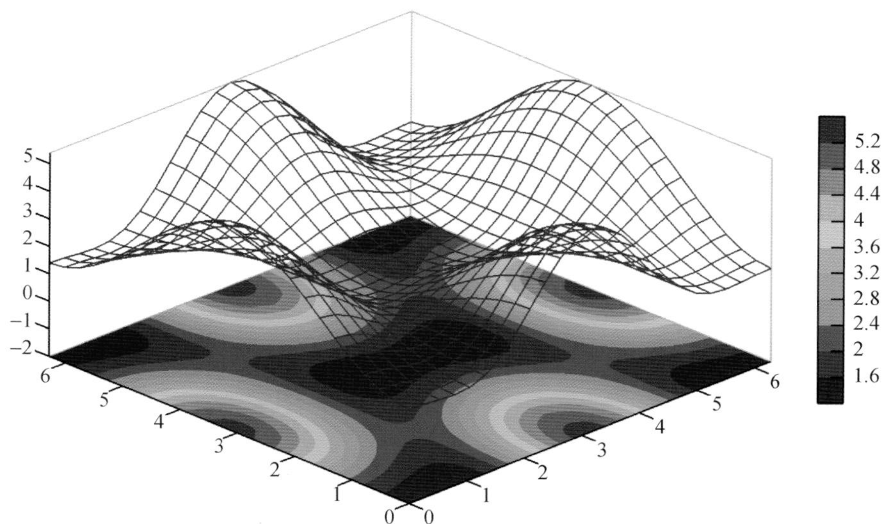

图 4.76　在三维坐标系中绘制二维等值线填色图

mesh 函数缺省的 facecolor 参数是白色，edgecolor 参数设置为“interp”则会用彩色绘制网格曲面线条(图 4.77)。

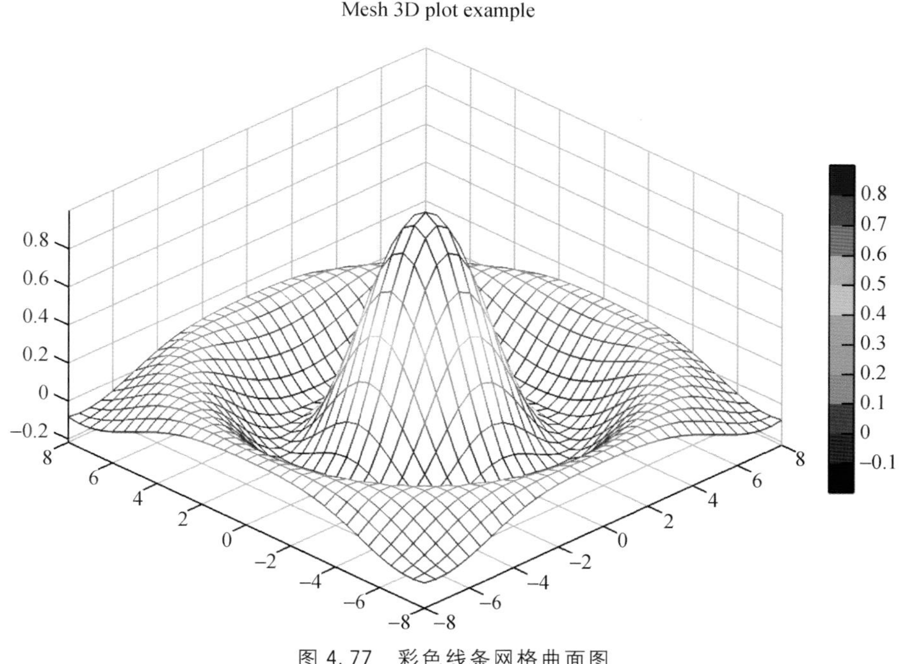

图 4.77　彩色线条网格曲面图

```
tx =ty =linspace(- 8, 8, 33)
xx, yy =meshgrid(tx, ty)
```

```
r = sqrt(xx ** 2 + yy ** 2) + 2.2204e-16
tz = sin(r) / r

mesh(xx, yy, tz, edgecolor = 'interp')
title('Mesh 3D plot example')
colorbar()
```

三维坐标系中也可以用 geoshow 函数绘制地理底图。imshow 函数可以绘制二维图像（图 4.78），和二维等值线类似，可以设置 offset 和 zdir 参数。

```
fn = os.path.join(migl.get_sample_folder(), 'GrADS', 'model.ctl')
f = addfile(fn)
ps = f['T'][0,:,'20','0:180']
yy = linspace(0, 1., ps.shape[0])
ps.setdimvalue(0, yy)

ax = axes3d()
geoshow('continent', color = 'c', edgecolor = 'b')
imshow(ps, 10, offset = 20, zdir = 'y', alpha = 0.8)
colorbar()
zlim(0, 1)
xlim(0, 180)
```

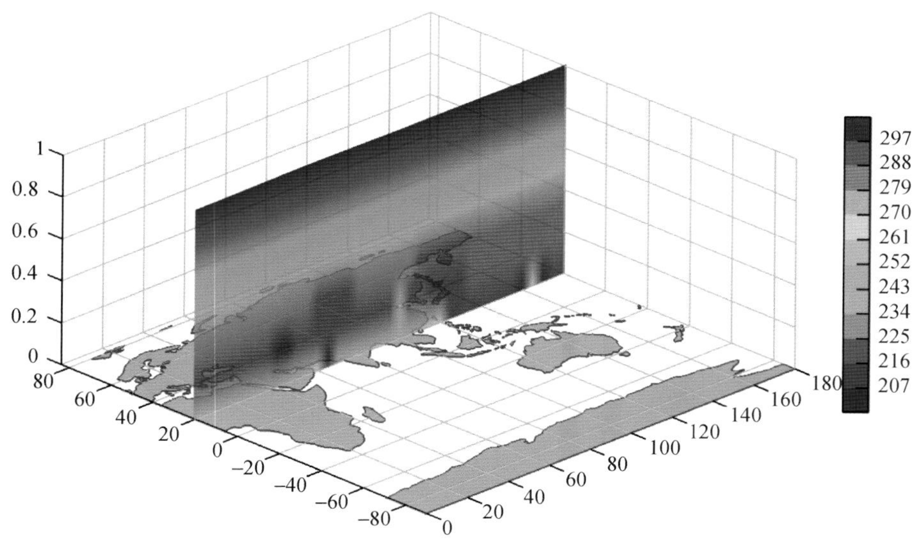

图 4.78 在三维坐标系中绘制地理底图和二维图像

绘制三维曲面图的函数是 surf，曲面颜色缺省会根据 Z 数据填充，facecolor 参数设为“interp”则颜色填充有渐变效果。图 4.79 为绘制的一个三维曲面图。

```
tx = ty = linspace(-8, 8, 41)
xx, yy = meshgrid(tx, ty)
r = sqrt(xx ** 2 + yy ** 2) + 2.2204e-16
tz = sin(r) / r

surf(xx, yy, tz, edgesize = 1)
title('3-D Sombrero plot')
```

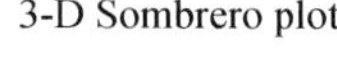

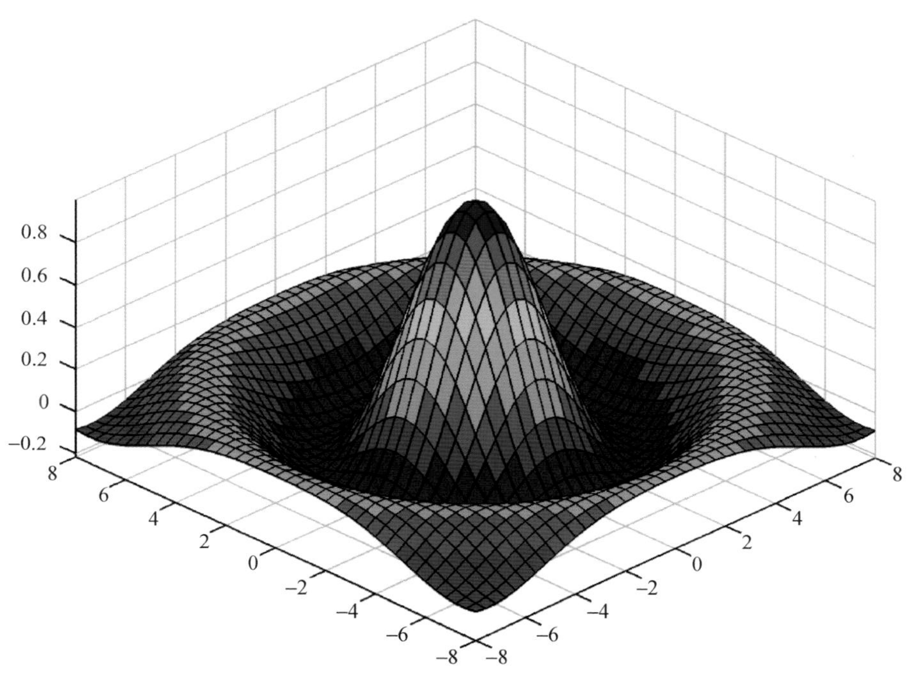

图 4.79　三维曲面图

对于三维曲面图可以通过设置光照增强立体效果，lighting 函数用来设置光照，第一个参数设置是否打开光照，还可以设置光源的位置、环境光、散射光、镜面光等光照属性。图 4.80 为绘制的一个带光照效果的三维曲面图。

```
tx = ty = linspace(-8, 8, 81)
xx, yy = meshgrid(tx, ty)
r = sqrt(xx ** 2 + yy ** 2) + 2.2204e-16
tz = sin(r) / r

lighting(True, position = [-1,-1,1,1], mat_specular = [1,1,1,1])
surf(xx, yy, tz, edgecolor = None, facecolor = 'g')
title('3-D Sombrero plot')
zlim(-0.4, 1)
```

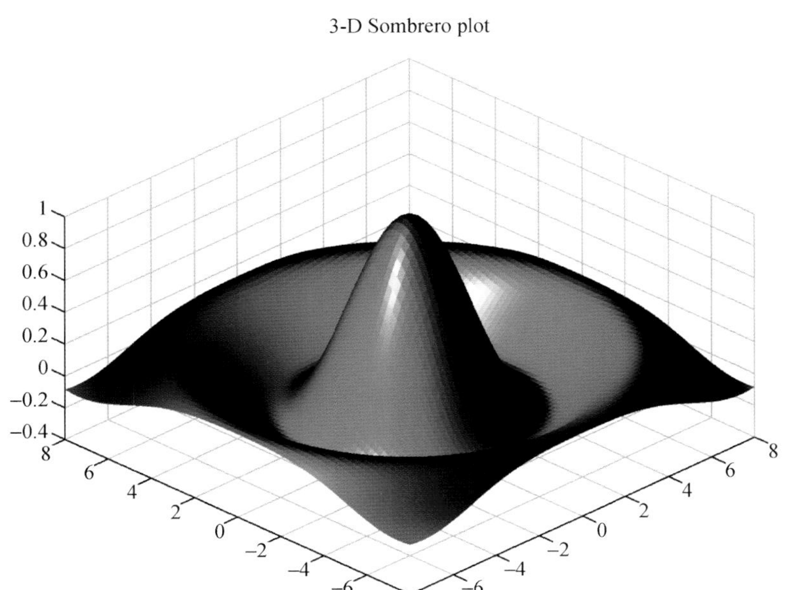

图 4.80　带光照效果的三维曲面图

三维切片图绘制的函数是 slice3，下面的例子绘制在值－1.2、0.8 和 2 处与 x 轴正交的切片平面，在值 0 处与 y 轴正交的切片平面，以及在值 0 处与 z 轴正交的切片平面。图 4.81 为绘制的一个三维切片图。

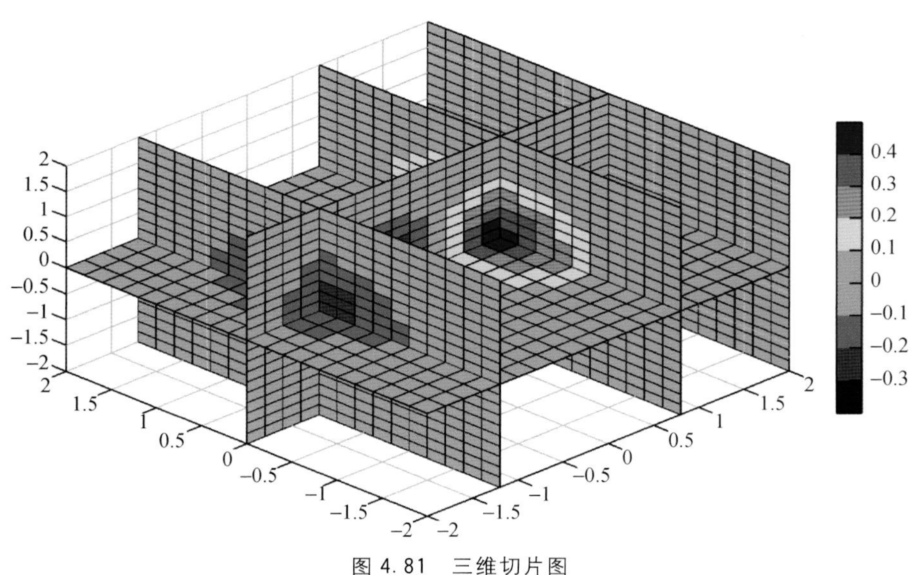

图 4.81　三维切片图

```
X = Y = Z = arange(-2, 2.1, 0.2)
X,Y,Z = meshgrid(X, Y, Z)
V = X*exp(-X**2- Y**2- Z**2)

xslice =[- 1.2,0.8,2]
```

```
yslice =[0]
zslice =0

slice3(X, Y, Z, V, xslice =xslice, yslice =yslice, zslice =zslice)
colorbar()
```

isosurface 函数用来绘制三维等值面图(图 4.82),需要设置三维坐标系和三维数组的值以及等值面的值,nthread 参数设置用几个线程并行计算等值面。三维等值面也可以设置光照效果。

```
a =linspace(-3, 3, 100)
x,y,z =meshgrid(a, a, a)
p =(x**2+ (9/4.)*y**2+ z**2- 1)**3- x**2*z**3- (9/80.)*y**2*z**3
lighting(position =[0,0,- 1,0])
isosurface(a, a, a, p, 0, facecolor ='r', edgecolor =None, nthread =4)
```

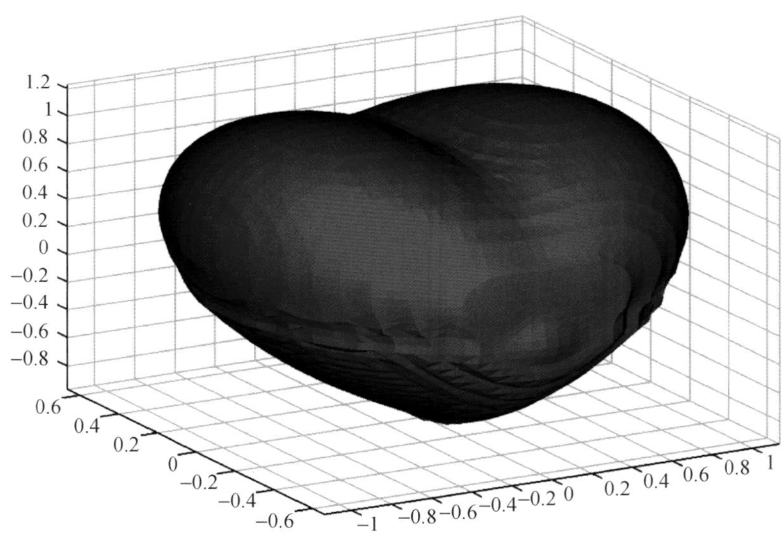

图 4.82 三维等值面图

三维风场箭头图绘制的函数是 quiver3,需要 x、y、z 坐标和风场的三维分量 u、v、w 数据。图 4.83 为绘制的一个三维风场箭头图。

```
x, y, z =meshgrid(arange(-0.8, 1, 0.2),
        arange(-0.8, 1, 0.2),
        arange(-0.8, 1, 0.8))

u =sin(pi *x) *cos(pi *y) *cos(pi *z)
v =- cos(pi *x) *sin(pi *y) *cos(pi *z)
w =(sqrt(2.0 / 3.0) *cos(pi *x) *cos(pi *y) *
    sin(pi *z))
```

```
w = w * 3

quiver3(x, y, z, u, v, w, color = 'b', length = 0.2, linewidth = 2)
xlim(-0.8, 1)
ylim(-0.8, 1)
zlim(-1, 1)
```

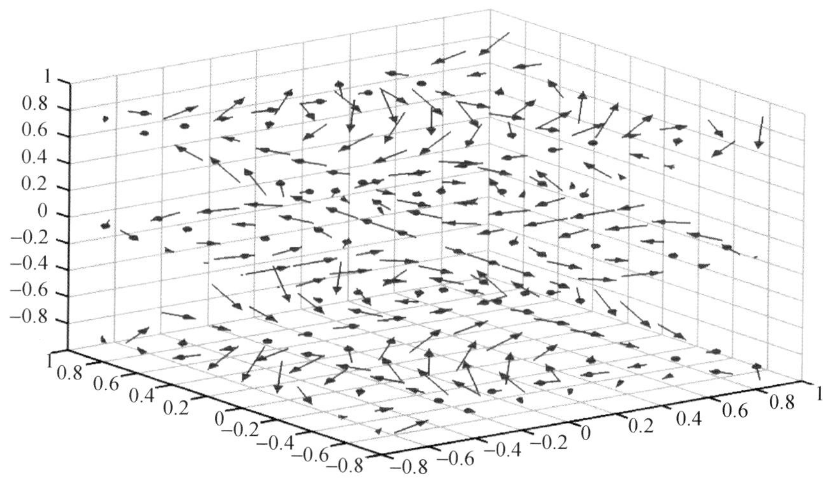

图 4.83　三维风场箭头图

对于三维格点数据也可以用点的密度和透明度结合显示出数值的变化，particles 函数需要输出 x、y、z 坐标和相应的三维格点数据，s 参数设置点的大小，vmin 和 vmax 参数设置要绘制的数据最小值和最大值区间，alpha_min 和 alpha_max 设置最小和最大透明度，density 设置点的密度。图 4.84 为绘制的一个三维点密度图。

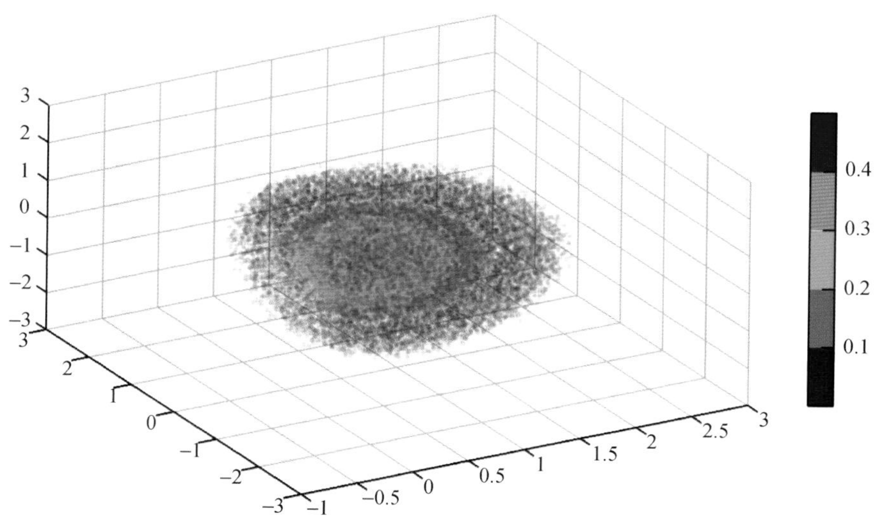

图 4.84　三维点密度图

```
x = y = z = arange(-3, 3.1, 0.1)
xx,yy,zz = meshgrid(x, y, z)
v = xx*exp(-xx**2 - yy**2 - zz**2)

ax = axes3d()
ax.set_elevation(-50)
ax.set_rotation(30)
particles(x, y, z, v, 3, vmin = 0.01, s = 3, cmap = 'matlab_jet')
colorbar()
xlim(-1, 3)
```

4.6 dataset 包

dataset 包主要包含了气象数据文件读写的功能。addfile 是最主要的读取数据文件的函数，支持 NetCDF、GRIB、HDF、GrADS 等常用气象数据格式，该函数返回值是多维数据文件（DimDataFile）的对象，文件对象里包含了数据维、全局属性、变量（包括变量类型、变量维、变量属性）的信息。下面的例子中用 addfile 函数打开 MeteoInfo 里的 GrADS 格式的示例数据文件 model.ctl，获得文件对象变量 f，在 Console 中输入变量名 f 回车显示该变量的信息：数据文件中共有 5 个维（X、Y、Z、T、Z_5）、8 个变量。例如，变量 T 的数据类型是浮点型（float），变量有 4 个维（依次是 T、Z、Y、X，分别代表时间、高度、维度、经度），变量有一个属性"T：description = Temperature"说明该变量表示的是温度。而 PS 变量是地面气压，只有三个维（T、Y、X）。

```
>>> fn = os.path.join(migl.get_sample_folder(), 'GrADS', 'model.ctl')
>>> f = addfile(fn)
>>> f
File Name: D:/MyProgram/Distribution/Java/MeteoInfo/MeteoInfo\sample\GrADS\model.ctl
Dimensions: 5
        X = 72;
        Y = 46;
        Z = 7;
        T = 5;
        Z_5 = 5;
X Dimension: Xmin = 0.0; Xmax = 355.0; Xsize = 72; Xdelta = 5.0
Y Dimension: Ymin = -90.0; Ymax = 90.0; Ysize = 46; Ydelta = 4.0
Global Attributes:
        : data_format = "GrADS binary"
        : fill_value = -2.56E33
        : title = "5 Days of Sample Model Output"
Variations: 8
        float PS(T,Y,X);
            PS: description = "Surface"
```

```
        float U(T,Z,Y,X);
                U: description = "U"
        float V(T,Z,Y,X);
                V: description = "V"
        float Z(T,Z,Y,X);
                Z: description = "Geopotential"
        float T(T,Z,Y,X);
                T: description = "Temperature"
        float Q(T,Z_5,Y,X);
                Q: description = "Specific"
        float TS(T,Y,X);
                TS: description = "Surface"
        float P(T,Y,X);
                P: description = "Precipitation"
```

还有一些读取特定格式数据文件的函数，例如：

addfile_grads-读取 GrADS 格式数据文件；

addfile_nc-读取 NetCDF 格式数据文件；

addfile_grib-读取 GRIB 格式数据文件；

addfile_arl-读取 ARL 格式数据文件；

addfile_micaps-读取 MICAPS 格式数据文件；

addfile_surfer-读取 Surfer 文本格点数据文件；

addfile_mm5-读取 MM5 模式输出数据文件；

addfile_lonlat-读取有经纬度列的表格文本数据文件；

addfile_hytraj-读取 HYSPLIT 模式输出气团轨迹数据文件；

addfile_hyconc-读取 HYSPLIT 模式输出浓度数据文件；

addfile_geotiff-读取 Geotiff 格式数据文件；

addfile_bil-读取 BIL 格式数据文件；

addfile_awx-读取 AWX 格式数据文件；

addfile_ascii_grid-读取 ESRI 格点文本数据文件。

利用读取数据文件的函数获得文件对象后，可以从文件对象中利用变量名获取多维变量对象(DimVariable)，例如，f[‘PS’]能够从文件对象 f 中获取“PS”变量对象(地面气压)。

```
>>> var = f['PS']
>>> var
float PS(T,Y,X):
      PS: description = "Surface"
```

从变量对象中根据维可以切片获取多维数组。例如，从 var 变量对象中获取第一个时次的地面气压二维(Y、X)数组，可以将第一维(T)固定为 0，第二维(Y)和第三维(X)设为“:”表示全部取值。

```
>>> ps = var[0,:,:]
>>> ps
array([[670.15857, 670.15857, 670.15857, 670.15857, 670.15857, 670.15857, 670.15857, 670.15857,
670.15857,670.15857,670.15857,670.15857,670.15857,670.15857,670.15857,670.15857,670.15857,
670.15857,670.15857,670.15857,670.15857,670.15857,670.15857,670.15857,670.15857,670.15857,
670.15857,670.15857,670.15857,670.15857,670.15857,670.15857,670.15857,670.15857,670.15857,
670.15857,670.15857,670.15857,670.15857,670.15857,670.15857,670.15857,670.15857,670.15857,
670.15857,670.15857,670.15857,670.15857,670.15857,670.15857,670.15857,670.15857,670.15857,
670.15857,670.15857,670.15857,670.15857,670.15857,670.15857,670.15857,670.15857,670.15857,
670.15857,670.15857,670.15857,670.15857,670.15857,670.15857,670.15857,670.15857,670.15857,
670.15857]
       [689.02344, 681.99927, 675.3096, 668.8875, 663.1344, 657.78265, 652.89923, 648.5509,
645.2061, 642.93164, 641.7275, 641.5937, 642.4633, 644.13574, 646.4102, 648.95233, 651.82886,
654.50476, 656.9799, 659.0537, 660.8599, 662.1979, 663.0675, 663.66956, 664.1379, 664.7399,
665.8772,667.81714,671.0282,675.77783,682.6682,691.0303,700.931,712.1028,724.88,737.5904,
749.89935, 761.53937, 772.24286, 781.6084, 788.3649, 792.91394, 795.12146, 794.6532, 791.6429,
786.6925,780.27045,772.8449,764.9511,758.1277,752.5752,748.829,747.4242,748.6283,752.10693,
757.4587, 764.2153, 771.57385, 777.9291, 782.6787, 785.2208, 785.02014, 781.8091, 776.0559,
768.1621,758.46216,747.2904,736.3862,725.6159,715.3807,705.4131,696.78345]
       [679.1896, 672.9682, 666.8137, 659.3882, 650.82544, 641.1254, 630.89026, 620.58813,
611.9585, 605.6033, 601.5226, 599.78326, 599.91705, 601.0543, 602.52606, 604.1985, 606.60675,
610.2192,615.3033,622.1268,630.6895,640.6571,650.62476,660.2579,668.9544,676.8482,683.6717,
691.0303, 701.0648, 716.31726, 739.798, 769.7008, 805.69116, 844.7588, 884.5623, 917.2079,
941.49133,958.1487,968.25,972.8659,972.1969,966.0425,953.73346,933.7983,909.0465,882.22095,
855.3285, 829.70703, 806.4939, 788.03046, 773.44696, 763.94763, 761.6063, 769.1656, 786.8263,
813.65186,…]])
```

后面全部取值的维也可以省略，ps＝var[0]和上面的结果是一样的。也可以从文件对象中直接获取每个变量的多维数组。

```
>>> ps = f['PS'][0]
>>> ps.shape
(46, 72)
```

从数据文件中以上述方式读取的多维数组均为DimArray对象，也就是包含维的标注信息，方便后续相关数据分析。在读取数组维的设置还可以根据维的值来切片，比如要从温度变量中读取第一个时次、高度从1000到100 hPa、维度从－90到90、经度为270的数组，可以用下面所列的语句，注意维的值范围是字符串(有双引号或者单引号)。

```
>>> t =f['T'][0,'1000:100','- 90:90','270']
>>> t.shape
(7, 46)
```

addfile函数也可以读取BUFR文件，但从BUFR文件中读取数组比较特殊。BUFR文件中只包含一个变量obs，是Sequence类型，包含了一些成员(member)，成员的名称可以用obs

变量对象的 get_members 方法获取，可以用 obs 的 member_array 方法读取成员数组。需要注意的是，在 addfile 函数中将 keepopen 参数设为 True，所有数据读取完毕后用数据文件对象的 close 方法关闭文件。图 4.85 所示为读取 BUFR 格式文件数据绘图。

```
fn = 'D:/Temp/bufr/aaaa.bufr'
f = addfile(fn, keepopen = True)
obs = f['obs']
print(obs.get_members())
lon = obs.member_array('Longitude_high_accuracy')
lat = obs.member_array('Latitude_high_accuracy')
lon = (lon - 1.8E7) * 1.E-5
lat = (lat - 9.E6) * 1.E-5
pres = obs.member_array('Pressure') * 1e1
ws = obs.member_array('Wind_speed') * 1e-1
f.close()

geoshow('country')
scatter(lon, lat, ws, edgecolor = None, size = 2, zorder = 0)
xlim(70, 200)
colorbar()
```

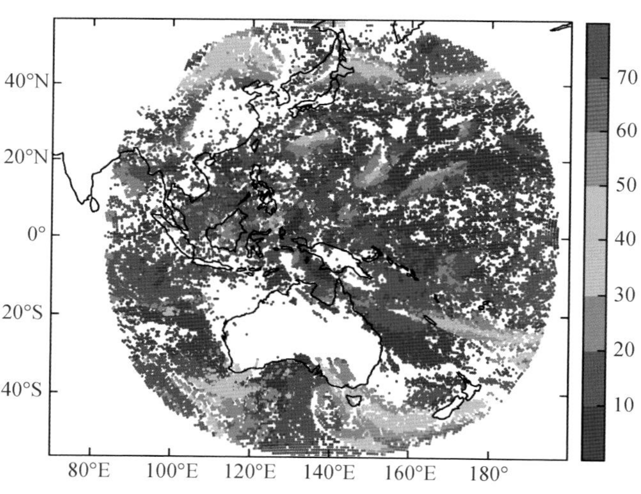

图 4.85　读取 BUFR 格式文件数据绘图

对于多个包含相同维和变量信息，且时间相邻接的数据文件，可以用 addfiles 函数一次性读取，相当于将多个文件当作一个时间序列更长的文件来处理。图 4.86 所示为一次性读取多个时间序列相连的数据文件示意。

```
datadir = 'D:/Temp/grib'
st = datetime.datetime(2017,1,1,0)
et = datetime.datetime(2017,1,1,18)
```

```
fns = []
while st < = et:
    fn = os.path.join(datadir, 'fnl_' + st.strftime('% Y% m% d_% H') + \
    '_00.grib2')
    print fn
    fns.append(fn)
    st = st + datetime.timedelta(hours = 6)

fs = addfiles(fns)
v = fs['v- component_of_wind_tropopause']
data = v[:,::- 1,:]
data = mean(data, axis = 0)

geoshow('continent')
layer = imshowm(data, interpolation = 'bilinear')
colorbar(layer)
xlim(0, 360)
ylim(- 90, 90)
title('Mutiple grid data files example\nMean V (' + st.strftime('% Y-% m-% d % H') + ' - ' + \
    et.strftime('% Y- % m- % d % H') + ')')
```

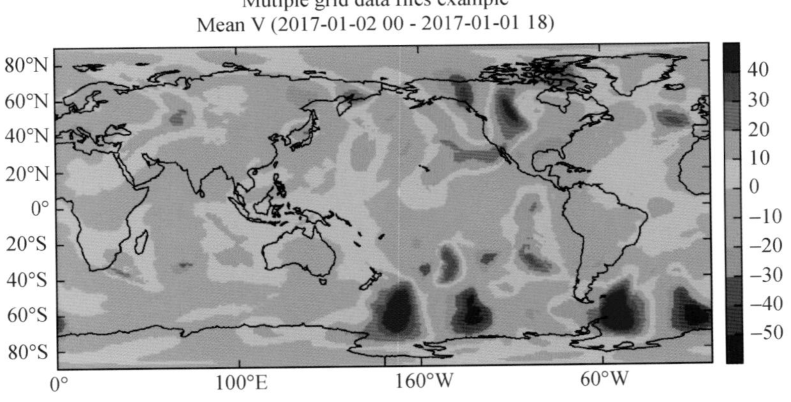

图 4.86 一次性读取多个时间序列相连的数据文件

4.7 dataframe 包

dataframe 包适合处理表格型数据，主要包括两种数据类型：Series 和 DataFrame。Series 是一维带标签（index）的数组，index 默认是从 0 开始的整型数组，可以从 list 创建 Series 对象。

```
>>> s = Series([1,3,5,nan,6,8])
>>> s
0  1.0
1  3.0
2  5.0
3  NaN
4  6.0
5  8.0
```

DataFrame是二维带标签的数据结构，不同列可以是不同的数据类型。可以从dict数据创建DataFrame对象。

```
>>> df = DataFrame({'A' : 1.,
...'C' : [1,2,3,4],
...'D' : array([3] * 4),
...'E' : ['test','train','test','train'],
...'F' :'foo'})
>>> df
     A  C  D    E      F
0  1.0  1  3  test    foo
1  1.0  2  3  train   foo
2  1.0  3  3  test    foo
3  1.0  4  3  train   foo
```

也可以从一个NDArray数组创建DataFrame对象，并定义index和columns(各列的名称)。date_range函数生成一个时间类型的index。

```
>>> dates = date_range('20130101', periods =6)
>>> dates
DateTimeIndex(['2013-01-01', '2013-01-02', '2013-01-03', '2013-01-04', '2013-01-05', '
2013-01-06'])
>>> df = DataFrame(random.randn(6,4), index =dates, columns =list('ABCD'))
>>> df
                    A          B          C          D
2013-01-01   0.235064  -0.419857  -0.888507  -3.056019
2013-01-02  -0.476107   1.831309  -0.800894   0.936860
2013-01-03   0.362006  -0.260680   0.991738  -0.156389
2013-01-04   0.628134  -0.357041  -1.476449   0.547806
2013-01-05   0.022919  -0.817809  -0.187390   0.074602
2013-01-06  -0.697131  -2.058141  -0.380428  -0.719107
```

DataFrame对象的head和tail方法可以显示数据的前5行和后5行，也可以增加一个参数指定显示多少行数据。

```
>>> df.head()
                A         B         C         D
2013-01-01  0.730520  0.088258  0.488905  0.461837
2013-01-02  0.448598  0.697712  0.277767  0.759961
2013-01-03  0.219245  0.920414  0.886056  0.222002
2013-01-04  0.883879  0.439466  0.392876  0.994732
2013-01-05  0.881501  0.283149  0.247825  0.593564
...
>>> df.tail(3)
                A         B         C         D
2013-01-04  0.883879  0.439466  0.392876  0.994732
2013-01-05  0.881501  0.283149  0.247825  0.593564
2013-01-06  0.511849  0.077208  0.040160  0.683068
```

DataFrame 对象包含 index、columns 和 values 属性，分别是行标签、列标签和数据数组。

```
>>> df.index
DateTimeIndex(['2013-01-01', '2013-01-02', '2013-01-03', '2013-01-04', '2013-01-05', '
2013-01-06'])
>>> df.columns
Index(['A', 'B', 'C', 'D'])
>>> df.values
array([[0.730519863614471, 0.08825840967622589, 0.4889045498516358, 0.461837214623537]
       [0.4485983912283127, 0.6977123432245299, 0.2777673057578094, 0.7599608278137966]
       [0.21924450192488787, 0.9204140116502296, 0.886055787176944, 0.22200160212508913]
       [0.8838785592364334, 0.43946558709097283, 0.3928764411717487, 0.9947320023919717]
       [0.8815007984632135, 0.2831489393823492, 0.24782537013522343, 0.5935642792213479]
       [0.5118487849556497, 0.07720751395148084, 0.04016027357410157, 0.6830675875686567]])
```

describe 方法可以显示数据的汇总情况，包括每列数据的个数、平均值、标准差、方差、最大值和最小值。

```
>>> df.describe()
          A         B         C         D
count  6.000000  6.000000  6.000000  6.000000
mean   0.612598  0.417701  0.388932  0.619194
std    0.265172  0.338873  0.286724  0.263857
var    0.070316  0.114835  0.082211  0.069621
max    0.883879  0.920414  0.886056  0.994732
min    0.219245  0.077208  0.040160  0.222002
```

对 DataFrame 对象进行转置：

```
>>> df.T
  2013-01-01 2013-01-02 2013-01-03 2013-01-04 2013-01-05 2013-01-06
A  0.730520   0.448598   0.219245   0.883879   0.881501   0.511849
B  0.088258   0.697712   0.920414   0.439466   0.283149   0.077208
C  0.488905   0.277767   0.886056   0.392876   0.247825   0.040160
D  0.461837   0.759961   0.222002   0.994732   0.593564   0.683068
```

利用 index 进行排序：

```
>>> df.sort_index(ascending=False)
                  A         B         C         D
2013-01-06  0.511849  0.077208  0.040160  0.683068
2013-01-05  0.881501  0.283149  0.247825  0.593564
2013-01-04  0.883879  0.439466  0.392876  0.994732
2013-01-03  0.219245  0.920414  0.886056  0.222002
2013-01-02  0.448598  0.697712  0.277767  0.759961
2013-01-01  0.730520  0.088258  0.488905  0.461837
```

利用某一列的数值进行排序：

```
>>> df.sort_values(by='B')
                  A         B         C         D
2013-01-06  0.511849  0.077208  0.040160  0.683068
2013-01-01  0.730520  0.088258  0.488905  0.461837
2013-01-05  0.881501  0.283149  0.247825  0.593564
2013-01-04  0.883879  0.439466  0.392876  0.994732
2013-01-02  0.448598  0.697712  0.277767  0.759961
2013-01-03  0.219245  0.920414  0.886056  0.222002
```

从 DataFrame 对象中取出某一列的数据返回一个 Series 对象，包含 DataFrame 对象的 index 和该列的数据。

```
>>> df['A']
2013-01-01  0.730519863614471
2013-01-02  0.4485983912283127
2013-01-03  0.21924450192488787
2013-01-04  0.8838785592364334
2013-01-05  0.8815007984632135
2013-01-06  0.5118487849556497
```

DataFrame 对象后方括号内可以是行的序号范围或 index 值的范围，可以从 DataFrame 对象中切片取出某些行返回一个新的 DataFrame 对象。

```
>>> df[0:3]
                  A         B         C         D
2013-01-01  0.730520  0.088258  0.488905  0.461837
2013-01-02  0.448598  0.697712  0.277767  0.759961
2013-01-03  0.219245  0.920414  0.886056  0.222002
>>> df['20130102':'20130104']
                  A         B         C         D
2013-01-02  0.448598  0.697712  0.277767  0.759961
2013-01-03  0.219245  0.920414  0.886056  0.222002
2013-01-04  0.883879  0.439466  0.392876  0.994732
```

也可以用 loc 接方括号从 DataFrame 对象中提取数据。

```
>>> df.loc[dates[0]]
                   A          B          C          D
2013-01-01  0.235064 -0.419857 -0.888507 -3.056019
>>> df.loc[:,['A','B']]
                   A          B
2013-01-01  0.730520  0.088258
2013-01-02  0.448598  0.697712
2013-01-03  0.219245  0.920414
2013-01-04  0.883879  0.439466
2013-01-05  0.881501  0.283149
2013-01-06  0.511849  0.077208
>>> df.loc['20130102':'20130104',['A','B']]
                   A          B
2013-01-02  0.448598  0.697712
2013-01-03  0.219245  0.920414
2013-01-04  0.883879  0.439466
```

用 iloc 或 iat 接方括号可以通过位置序号提取数据。在提取标量值时 iat 速度会更快。

```
>>> df.iloc[3]
A   0.8838785592364334
B   0.43946558709097283
C   0.3928764411717487
D   0.9947320023919717
>>> df.iloc[3:5,0:2]
                   A          B
2013-01-04  0.883879  0.439466
2013-01-05  0.881501  0.283149
>>> df.iloc[[1,2,4],[0,2]]
                   A          C
2013-01-02  0.448598  0.277767
2013-01-03  0.219245  0.886056
2013-01-05  0.881501  0.247825
>>> df.iloc[1,1]
0.6977123432245299
>>> df.iat[1,1]
0.6977123432245299
```

DataFrame 对象的 groupby 方法可以用来对数据进行分组并返回 GroupBy 对象，GroupBy 对象的 count，sum，min，max，mean，median，quantile，std 等方法可以进行分类后的统计分析。

```
>>> df = DataFrame({'A' : ['foo', 'bar', 'foo', 'bar',
                   ...'foo', 'bar', 'foo', 'foo'],
                   ...'B' : ['one', 'one', 'two', 'three',
                   ...'two', 'two', 'one', 'three'],
```

```
...'C' : random.randn(8),
...'D' : random.randn(8)})
>>> df
  A    B          C          D
0 foo  one    0.235064   0.235064
1 bar  one   -0.419857  -0.419857
2 foo  two   -0.888507  -0.888507
3 bar three  -3.056019  -3.056019
4 foo  two   -0.476107  -0.476107
5 bar  two    1.831309   1.831309
6 foo  one   -0.800894  -0.800894
7 foo three   0.936860   0.936860
>>> df.groupby('A').sum()
          C          D
foo  -0.993584  -0.993584
bar  -1.644567  -1.644567
>>> df.groupby(['A','B']).sum()
                  C           D
[foo, one]    -0.565830   -0.565830
[bar, one]    -0.419857   -0.419857
[foo, two]    -1.364614   -1.364614
[bar, three]  -3.056019   -3.056019
[bar, two]     1.831309    1.831309
[foo, three]   0.936860    0.936860
```

如果Series或DataFrame对象的index是时间数据类型，可以用resample方法对时间进行重采样，并对重采样后的GroupBy对象进行统计分析。时间重采样可以看作特定的分组方式。下面的例子将秒分辨率数据重采样为5 min分辨率数据。

```
>>> rng = date_range('1/1/2012', periods=100, freq='S')
>>> ts = Series(np.random.randint(0, 500, len(rng)), index=rng)
>>> ts.resample('5Min').sum()
2012-01-01 00:00   22561.0
```

4.8 imagelib 包

imagelib包中包含了图像文件的读写函数：imread和imwrite，分别从文件中读取RGB(A)数组和将RGB(A)数组写入图像文件。此外还包含一些图像滤镜的功能，如将图像通过emboss函数转换为浮雕效果（图4.87）。

```
fn = os.path.join(migl.get_sample_folder(), 'image', 'Lenna.png')
lena = imagelib.imread(fn)
subplot(1, 2, 1, aspect='equal', tickline=False)
imshow(lena)
```

```
subplot(1, 2, 2, aspect = 'equal', tickline = False)
lena_1 = imagelib.emboss(lena)
imshow(lena_1)
```

图 4.87　图像浮雕滤镜效果

4.9 meteolib 包

meteolib 包中包含一些气象常用的数据分析函数，例如计算矢量场的涡度和散度、高度和气压的转换、eof 分析等。meteolib 的 vorticity 和 divergence 函数分别用来计算矢量场的涡度和散度（图 4.88）。

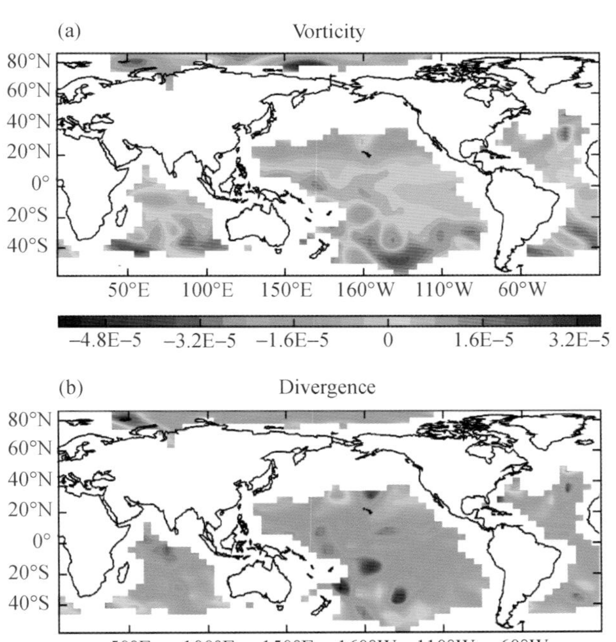

图 4.88　风场的涡度(a)和散度(b)

```
fn = os.path.join(migl.get_sample_folder(), 'GrADS', 'model.ctl')
f = addfile(fn)
u = f['U'][0,0,:,:]
v = f['V'][0,0,:,:]
vort = meteolib.vorticity(u, v)
divg = meteolib.divergence(u, v)

subplot(2,1,1,axestype = 'map')
geoshow('continent')
contourf(vort, 20)
title('Vorticity')
colorbar(orientation = 'horizontal', aspect = 50)
subplot(2,1,2,axestype = 'map')
geoshow('continent')
contourf(divg, 20)
title('Divergence')
colorbar(orientation = 'horizontal', aspect = 50)
```

第 5 章

MeteoInfoLab 气象应用示例

本章通过一些具体例子来深入探讨 MeteoInfoLab 在气象数据分析和可视化方面的应用。

5.1 站点观测数据处理

5.1.1 MICAPS 站点地面全要素观测数据处理

MICAPS 是中国气象局的气象预报业务平台，定义了一系列 MICAPS 数据格式，其中 MICAPS 第一类数据是站点地面气象全要素观测，包含了站点地理位置信息和观测到的温、压、风、湿等气象要素。MeteoInfoLab 的 dataset 包中 addfile_micaps 函数能够读取多种 MICAPS 格式数据，对于第一类格式数据读取后文件信息中包含一个维 station，即站点数，包含 22 个变量分别对应数据中的要素，例如，Temperature 变量表示温度要素。

```
>>> fn = os.path.join(migl.get_sample_folder(), 'MICAPS', '10101414.000')
>>> f = addfile_micaps(fn)
>>> f
Description: diamond 1 10 年 10 月 14 日 14 时地面填图
Time: 2010-10-14 14:00
File Name: D:/MyProgram/Distribution/Java/MeteoInfo/MeteoInfo\sample\MICAPS\10101414.000
Dimensions: 1
station = 2180;
        Global Attributes:
        : data_format = "MICAPS 1"
Variations: 22
        String Stid(station);
        float Longitude(station);
        float Latitude(station);
        float Altitude(station);
        int Grade(station);
        int CloudCover(station);
        float WindDirection(station);
        float WindSpeed(station);
```

```
        float Pressure(station);
        float PressVar3h(station);
        int WeatherPast1(station);
        int WeatherPast2(station);
        float Precipitation6h(station);
        float LowCloudShape(station);
        float LowCloudAmount(station);
        float LowCloudHeight(station);
        float DewPoint(station);
        float Visibility(station);
        int WeatherNow(station);
        float Temperature(station);
        int MiddleCloudShape(station);
        int HighCloudShape(station);
```

从数据文件中读取经度(Longitude)、纬度(Latitude)和温度(Temperature)数组,可以用 scatter 函数绘制站点观测温度空间分布图(图 5.1)。数据文件中包含了全球的站点,只绘制某个区域的站点可以用 shaperead 函数读取区域的多边形图层,然后用 rmaskout 函数删除区域外的站点数据。

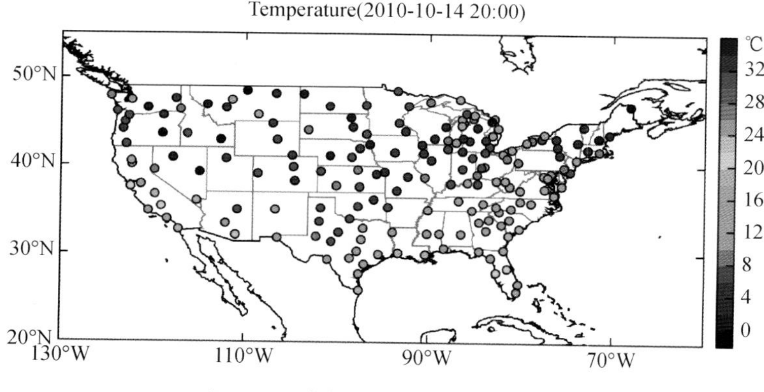

图 5.1 站点观测温度空间分布图

```
fn = os.path.join(migl.get_sample_folder(), 'MICAPS', '10101420.000')
f = addfile_micaps(fn)
data = f['Temperature'][:]
lon = f['Longitude'][:]
lat = f['Latitude'][:]
lus = shaperead('us')
data, lon, lat = rmaskout(data, lon, lat, lus.shapes())
t = f.gettime(0)

# Plot
geoshow('us_states', edgecolor = 'gray')
```

```
geoshow('country')
levs = arange(0, 35, 2)
layer = scatter(lon, lat, data, levs)
colorbar(layer)
yticks([20,30,40,50])
title('Temperature (' + t.strftime('% Y-% m-% d % H:00') + ')')
xlim(-130, -60)
ylim(20, 55)
```

第 4 章地图坐标系部分还列举了从 MICAPS 第一类数据中读取现在天气现象数据并绘制天气现象图，以及读取站点填图数据绘制站点填图的例子。站点数据可以通过 griddata 函数插值为格点数据，然后再绘制等值线图（图 5.2），插值方法支持反距离加权法（IDW）、Cressman、Barnes 等。下面的例子从数据文件中读取站点 6 h 降水和经纬度数据，用 IDW 方法插值为格点数据，用 smooth5 函数对格点数据进行 5 点平滑，再用 contourf 函数绘制等值线填色图。脚本程序里 figure(figsize =[700,450], newfig =False)语句设定了图形（Figure）的大小为长 700 像素、宽 450 像素，这样图形大小固定了，就不会随着图形窗体的缩放而变化。figure 函数会生成一个新的图形窗口，newfig =False 参数设定在重复运行脚本程序时不再生成多个图形窗口。geoshow 函数生成的城市图层（city_layer）用图层的 addlabels 方法生成城市名的标注，用图层的 movelabel 函数可以对标注进行位置调整以避免互相压盖。

```
fn = os.path.join(migl.get_sample_folder(), 'MICAPS', '10101420.000')
f = addfile_micaps(fn)
pr = f['Precipitation6h'][:]
lon = f['Longitude'][:]
lat = f['Latitude'][:]

# griddata function - interpolate
x = arange(-170, -60, 0.5)
y = arange(20, 73, 0.5)
prg = griddata((lon, lat), pr, xi = (x,y), method = 'idw', pointnum = 5)[0]
prg = smooth5(prg)

# Plot
figure(figsize = [700,450], newfig = False)
proj = projinfo(proj = 'lcc', lon_0 = -100, lat_1 = 25, lat_2 = 47)
axesm(projinfo = proj, position = [0, 0, 1, 1], gridlabel = False, frameon = False)
geoshow('us_states', edgecolor = 'lightgray')
geoshow('us')
us_layer = geoshow('us', visible = False)
levs = [0.1, 1, 2, 5, 10, 20, 25, 50, 100]
cols = [(220,220,220),(170,240,255),(120,230,240),(200,220,50),(240,220,20),(255,120,
```

```
10),(255,90,10), \
    (240,40,0),(180,10,0),(120,10,0)]
layer = contourf(x, y, prg, levs, colors = cols)
masklayer(us_layer, [layer])
legend(layer, loc = 'lower right', frameon = False,
    title = u'降水量(mm)', titlefontname = u'黑体')
axism([-130, -68, 20, 53])
text(-100, 54, u'降水量实况图', fontname = u'黑体', fontsize = 18)
text(-100, 52, u'(2010-10-14 14:00—20:00)', fontname = u'黑体', fontsize = 16)

# Alaska
axesm(projinfo = proj, position = [0.05,0.05,0.2,0.3], gridlabel = False,
    frameon = False)
us_layer = geoshow('us_states')
layer = contourf(x, y, prg, levs, colors = cols)
masklayer(us_layer, [layer])
text(-150, 63, 'Alaska')
axism([-170, -137, 50, 73])
```

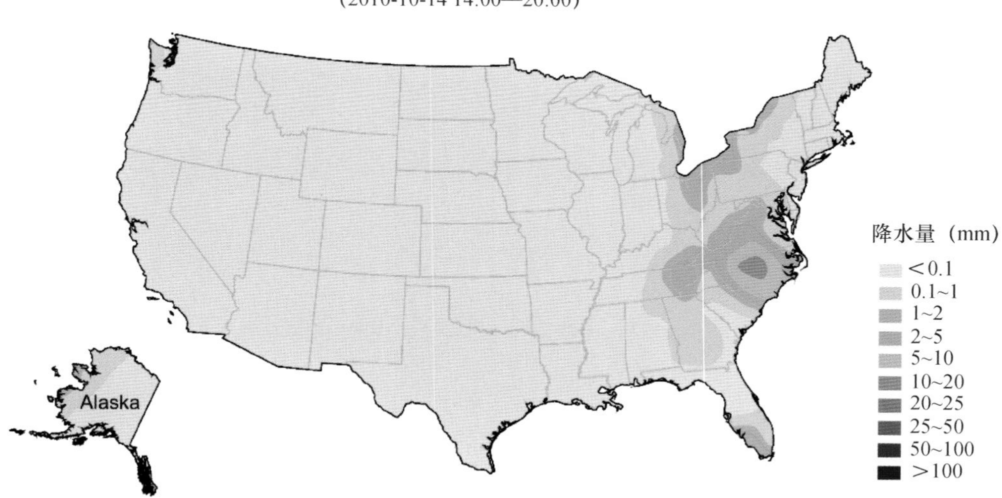

图 5.2　站点插值为格点并绘制等值线填色图

MICAPS 第一类数据一个文件包含了一个时次多个站点的数据，很多时候需要获取某个站点多时次的数据进行后续分析，addfile_micaps 获取的文件对象有 read_dataframe 方法将数据读取为一个 DataFrame 对象，通过其 loc 方法提取目标站点特定要素的数据，利用循环将多个文件中目标站点和特定要素的数据依次放入一个最终 DataFrame 对象中，该对象的 to_csv 方法可以将数据保存到一个 csv 文件中。

```
# ----Set stations
stids = ['54511']

# ----Set variables
variables = ['Visibility','WeatherNow','WindDirection','WindSpeed','Temperature','DewPoint']

# Read data
datadir = r'D:\Temp\micaps'
year = 2016
month = 1
day = 1
t = datetime.datetime(year, month, day)
rdf = None
for hour in range(2, 24, 3):
    t = t.replace(hour = hour)
    fn = os.path.join(datadir, t.strftime('%y%m%d%H') + '.000')
    print fn
    f = addfile_micaps(fn)
    df = f.read_dataframe()
    t = f.gettime(0)
    r = df.loc[stids,variables]
    r.insert(0, 'Time', t)
    if rdf is None:
        rdf = r
    else:
        rdf = rdf.append(r)

rdf.index = rdf['Time']
rdf = rdf.drop('Time')
print(rdf)
print(rdf['2016010105':'2016010117'])
print(rdf.resample('D').mean())

rdf.to_csv('D:/Temp/test/test.csv')
```

脚本程序运行结果如下：

```
>>> run script…
D:\Temp\micaps\16010102.000
D:\Temp\micaps\16010105.000
```

```
D:\Temp\micaps\16010108.000
D:\Temp\micaps\16010111.000
D:\Temp\micaps\16010114.000
D:\Temp\micaps\16010117.000
D:\Temp\micaps\16010120.000
D:\Temp\micaps\16010123.000
                        Visibility WeatherNow WindDirection WindSpeed Temperature DewPoint
2016-01-01 02                 26.0          0         360.0       1.0        -3.4    -18.1
2016-01-01 05                 30.0          0         340.0       2.0        -4.8    -18.6
2016-01-01 08                  1.8         10          70.0       1.0        -4.9     -9.0
2016-01-01 11                  3.8          5          20.0       1.0         1.4     -8.4
2016-01-01 14                  2.8          5          90.0       1.0         4.9     -8.2
2016-01-01 17                  1.7          5         180.0       1.0         2.8     -6.3
2016-01-01 20                  1.1         10         180.0       1.0        -1.2     -6.5
2016-01-01 23                  0.9         10           0.0       0.0        -2.9     -6.5

                        Visibility WeatherNow WindDirection WindSpeed Temperature DewPoint
2016-01-01 05                 30.0          0         340.0       2.0        -4.8    -18.6
2016-01-01 08                  1.8         10          70.0       1.0        -4.9     -9.0
2016-01-01 11                  3.8          5          20.0       1.0         1.4     -8.4
2016-01-01 14                  2.8          5          90.0       1.0         4.9     -8.2
2016-01-01 17                  1.7          5         180.0       1.0         2.8     -6.3

                        Visibility WeatherNow WindDirection WindSpeed Temperature DewPoint
2016-01-01              8.5125      5.625         155.0       1.0     -1.0125    -10.2
```

5.1.2 中国气象局 BUFR 文件读取

世界气象组织(WMO)推荐的站点气象观测数据文件格式是 BUFR。近年来,中国气象局也推出了地面和高空气象数据观测的 BUFR 编码标准,站点观测数据的格式也逐步转为 BUFR。MeteoInfo 软件自带了中国气象局自定义的 BUFR 编码表格,在 MeteoInfoLab 启动时进行了加载,因此可以读取中国气象局的 BUFR 格式数据。用 addfile 函数打开 BUFR 格式数据文件,通过文件对象 obs 变量的 get_members 方法获取变量中所有的成员,用 obs 变量的 member_array 方法读取某个成员的数据。如果成员名称是以“seq”开始,则表示该成员还有下一级的成员,例如,“seq1”表示气压相关观测数据,其中还包括本站气压、海平面气压等诸多成员,需要对照编码标准进行对应和数据解析。“seq1”中的“Pressure_reduced_to_mean_sea_level”是海平面气压,用 member_array 方法读取数据数组后需要对照编码标准中该参数的基准值和比例因子转换为真实观测值:真实值 =(提取值 + 基准值) / 比例因子。下面是从一个地面观测 BUFR 文件中读取部分数据的示例程序。

```
fn = r'D:\Temp\bufr\bufr_data\Z_SURF_I_57377_20200225000000_O_AWS_FTM.BIN'
f = addfile(fn, keepopen = True)
obs = f['obs']
lon = obs.member_array('Longitude_high_accuracy')
```

```
lat = obs.member_array('Latitude_high_accuracy')
lon = (lon - 1.8E7) * 1.E-5
lat = (lat - 9.E6) * 1.E-5
alt = obs.member_array('Height_of_station_ground_above_mean_sea_level')
alt = (alt - 4000) * 1.E-1
st_name = obs.member_array('Station_or_site_name')
st_id = obs.member_array('WMO_station_number')
year = obs.member_array('Year')
month = obs.member_array('Month')
day = obs.member_array('Day')
hour = obs.member_array('Hour')
seq1 = obs.member_array('seq1')
print(seq1.get_members())
pres = seq1.member_array('Pressure_reduced_to_mean_sea_level') * 1e1
seq2 = obs.member_array('seq2')
temp = seq2.member_array('Temperature-air_temperature') * 1e-1
seq5 = obs.member_array('seq5')
wd = seq5.member_array('Wind_direction')
ws = seq5.member_array('Wind_speed') * 1e-1
print(u'海平面气压: {} Pa; 温度: {} K; 风向: {} °; 风速:{} m/s-1'.format(pres, temp, wd, ws))

f.close()
```

运行结果如下：

```
>>> run script…
    [Pressure, Pressure_reduced_to_mean_sea_level, 3-hour_pressure_change, Characteristic_of_pressure_tendency, 24-hour_pressure_change, Pressure-2, Geopotential_height, First-order_statistics, Time_period_or_displacement, Pressure-3, 现象出现时间的时, 现象出现时间的分, First-order_statistics-2, First-order_statistics-3, Time_period_or_displacement-2, Pressure-4, 现象出现时间的时-2, 现象出现时间的分-2, First-order_statistics-4]
    海平面气压: 135700.0 Pa; 温度: 365.0 K; 风向: 110 °; 风速:28.8 m/s-1
```

5.1.3 表格形式文本文件处理示例

还有很多站点观测数据以文本格式保存在文件中，如果数据是表格形式（行和列的形式），对于一个站点的多时次数据每行代表一个时次，对于某个时次多站点数据每行代表一个站点，每列代表一个要素，这样的数据可以读取为 DataFrame 对象进行分析和绘图。下面的例子从大气颗粒物浓度站点观测数据中读取出原始的 5 min 分辨率 $PM_{2.5}$ 浓度数据，然后进行小时平均，再绘制图形（图 5.3）。DataFrame 的 read_table 方法读取数据文件生成一个 DataFrame 对象，delimiter 参数指定数据之间的分隔符，format 参数指定各列数据的格式，index_col 和 index_format 指定标签列（index）的序号和数据格式，这里读出时间列作为 DataFrame 的 index。程序中 DataFrame 对象的 resample 方法后接 mean 方法将 5 min 间隔的原始数据转换为小时平均数据。

```
fn = 'D:/Temp/ascii/54826PMMUL201102_T. txt'
df = DataFrame. read_table(fn, delimiter = ',', format = '% 3f',
    index_col = 0, index_format = '% {yyyyMMddHHmm}D',
    usecols = ['PM10','PM2. 5','PM1'])
print(df. head())
pm2_5 = df['PM2. 5']. values
pm2_5[pm2_5< -10] = nan
df['PM2. 5'] = pm2_5
t = df. index. data

 # Hour average
 dfh = df. resample('D'). mean()
 pmh = dfh['PM2. 5']. values
 th = dfh. index. data

 # Plot
 plot(t, pm2_5, '-b', label = '5Min')
 plot(th, pmh, '-r', linewidth = 2, label = '1Day')
 legend()
 xlabel('Time')
 ylabel(r'$\rm{PM}_\textbf{2. 5}$' + u' (μg/m' + r'$\rm{^{3}}$')
 tvalues = []
 tlabels = []
 st = datetime. datetime(t[0]. year, t[0]. month, t[0]. day)
 while st < = t[-1]:
     tvalues. append(st)
     if st. day = = 1:
       tlabels. append(str(st. day) + '\n% s' % st. strftime('% Y-% m'))
     else:
       tlabels. append(str(st. day))
     st = st + datetime. timedelta(days = 1)
 xticks(tvalues, tlabels)
```

第 4 章极坐标绘图部分讲述了风玫瑰图的做法，在环境气象研究中经常需要分析某个站点大气污染浓度数据和风速、风向的关系，可以将普通坐标系和极坐标系组合绘图获得相关信息。下面的例子在极坐标中绘制了风向分布频率(图 5.4)，在普通坐标系中绘制了 PM_{10} 浓度等值线填色图，可以看出东北方向风速较大时 PM_{10} 浓度较高，由于 PM_{10} 是粗颗粒物，可能是由于大风引起的局地扬尘或扬沙导致 PM_{10} 浓度较高。

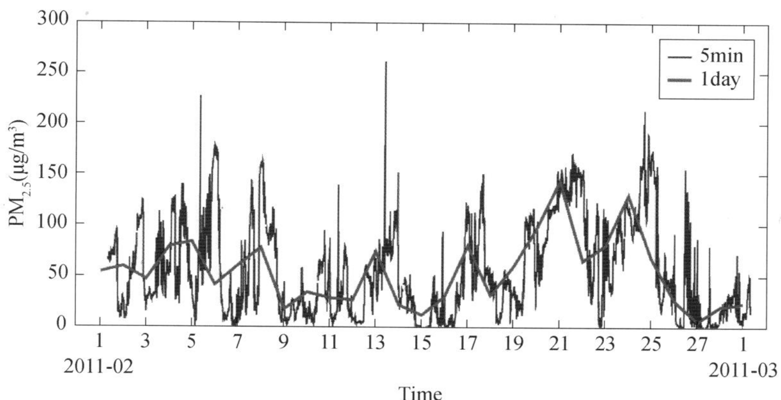

图 5. 3 PM$_{2.5}$ 浓度时间序列图

```
def windrose2polar(a):
    """
    Convert wind direction towindrose polar coordinate
    """
    r =360 - a + 90
    r[r> 360] =r - 360
    return r

# Read data (wind speed, weed direction, pm10)
fn =os. path. join(migl. get_sample_folder(), 'ASCII', 'pm10. txt')
df =DataFrame. read_table(fn, format ='% 3f')
ws =df['WS']. values
wd =df['WD']. values
pm10 =df['PM10']. values
N =len(ws)

# Convert from windrose coordinate to polar coordinate
rwd =windrose2polar(wd)

# Degree to radians
rwd =radians(rwd)

# Calculate frequency of each wind direction bin
wdbins =linspace(0. 0, pi *2, 9)
dwdbins =degrees(wdbins)
dwdbins =windrose2polar(dwdbins)
rwdbins =radians(dwdbins)
```

```
wdN = len(wdbins) - 1
theta = ones(wdN + 1)
for j in range(wdN):
    theta[j] = rwdbins[j]
theta[wdN] = theta[0]
wd = wd + 360. /wdN/2
wd[wd> 360] = wd - 360
wdhist = histogram(radians(wd), wdbins)[0]. astype('float')
wdhist = wdhist / N
nwdhist = wdhist. aslist()
nwdhist. append(nwdhist[0])
nwdhist = array(nwdhist)

# Polar coordinate to Cartesian coordinate
rwdc, wsc = pol2cart(rwd, ws)

# Get convexhull (minimum outer polygon of the wind points)
poly = topo. convexhull(rwdc, wsc)

# Get grid data
dd = 0. 5
x = linspace(rwdc. min() - dd, rwdc. max() + dd, 50)
y = linspace(wsc. min() - dd, wsc. max() + dd, 50)
data = griddata((rwdc, wsc), pm10, xi = (x, y), method = 'idw', pointnum = 5, convexhull = False)[0]

# ----------------------------------------
# Plot figure
pos = [0. 13, 0. 1, 0. 775, 0. 775]

# Cartesian axes
ax = axes(position = pos, aspect = 'equal')
xaxis(visible = False)
yaxis(location = 'right', visible = False)
yaxis(location = 'left', shift = 50)
ylabel('Wind speed (m/s)')
levs = arange(100, 2000, 100)
cg = contourf(x, y, data, levs, edgecolor = None, cmap = 'BlAqGrYeOrRe', visible = False)
cg = cg. clip([poly])
ax. add_graphic(cg)
```

```
colorbar(cg, shrink = 0.6, xshift = 30, label = r'$\mu g/m^3$ ', labelloc = 'bottom')
maxv = 10
xlim(- maxv, maxv)
ylim(- maxv, maxv)
ticks = ax.get_yticks()
ax.set_yticklabels([abs(yy) for yy in ticks])

# Polar axes
axp = axes(position = pos, polar = True)
plot(theta, nwdhist, color = 'k', linewidth = 2)
axp.set_rmax(1)
axp.set_rlabel_position(25.)
axp.set_rtick_locations([0.2,0.4,0.6,0.8,1])
axp.set_rticks(['20% ','40% ','60% ','80% ','100% '])
axp.set_xtick_font(size = 14)
axp.set_xticks(['E','NE','N','NW','W','SW','S','SE'])
title(r'$Windrose \ with \ PM_{10} \ concentrations$ ', fontsize = 18)
```

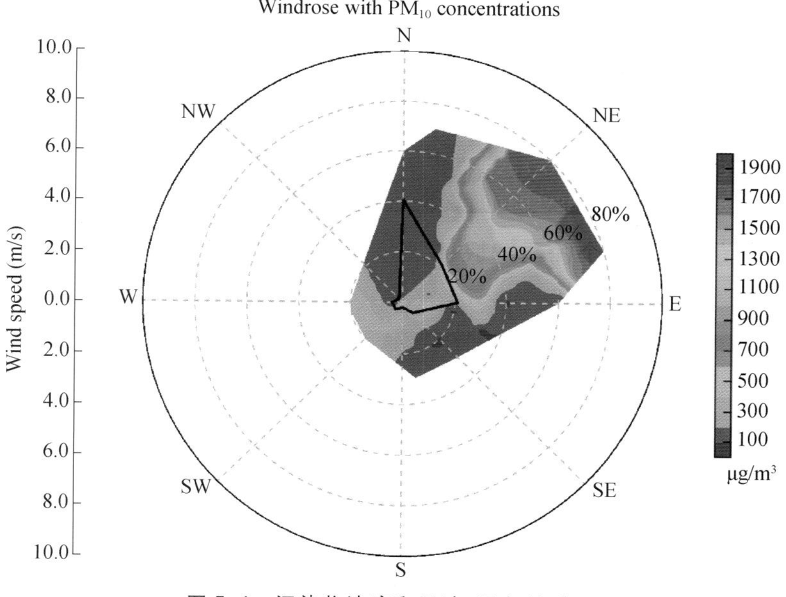

图 5.4 污染物浓度和风速、风向关系图

还可以将上述数据作为数据序列，绘制 PM_{10} 浓度、风向、风速变化序列图（图 5.5）。

```
fn = os.path.join(migl.get_sample_folder(), 'ASCII', 'pm10.txt')
df = DataFrame.read_table(fn, format = '% 3f')
ws = df['WS'].values
wd = df['WD'].values
pm10 = df['PM10'].values
```

```
N = len(ws)
x = arange(N)
y = ones(N)
y1 = y - 0.6

plot(x, y, color = 'k')
q = quiver(x, y, wd, ws, pm10, isuv = False, size = 40)
quiverkey(q, 0.2, 0.7, 5, '5 m/s')
colorbar(q, shrink = 0.8, label = r'$\mu g/m^3$ ')
plot(x, y1, color = 'k')
barbs(x, y1, wd, ws, pm10, isuv = False, size = 10)
xlim(-5, 55)
ylim(0.3, 1.1)
```

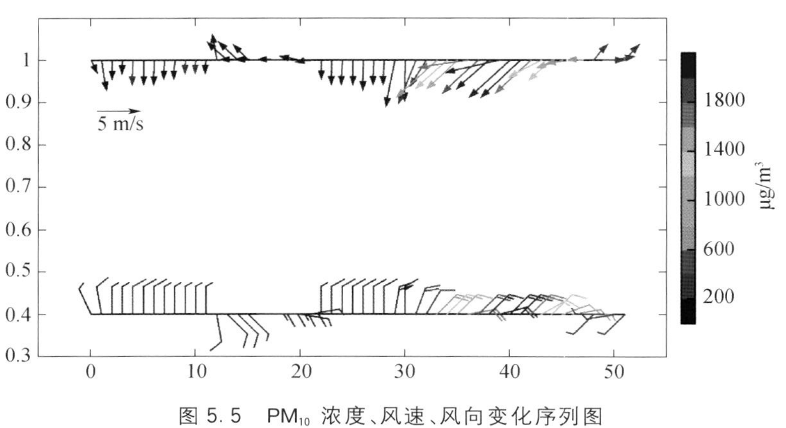

图 5.5　PM$_{10}$ 浓度、风速、风向变化序列图

5.1.4　天气雷达基数据处理示例

addfile 函数支持 CINRAD 天气雷达基数据格式文件，这里示例打开一个 SA 雷达基数据文件，读取反射率及相关数据，转为经纬度坐标并绘图的过程。由于是非规则网格数据，下面的例子用 pcolor 函数绘图，也可以将数据用 griddata 函数插值为规则网格数据后再绘图。图 5.6 为绘制的雷达反射率空间分布图。

```
def degree_1km(lon, lat):
    '''
    Get degree per kilometer at a location.
    '''
    dis_km = distance([lon,lon+ 1], [lat,lat], islonlat = True) / 1000
    return 1 / dis_km

# Location of radar (Longitude/Latitude)
lon = 120.9586
```

```
lat = 31.0747
# Get degree per kilometer at the location
deg_1km = degree_1km(lon, lat)
# Read data
fn = 'D:/Temp/binary/Z_RADR_I_Z9002_20180304192700_O_DOR_SA_CAP.bin'
f = addfile(fn)
scan = 1
rf = f['Reflectivity'][scan,:,:]
azi = f['azimuthR'][scan,:]
dis = f['distanceR'][:]/1000.0
ele = f['elevationR'][scan,:]
# Get x/y (kilometers) coordinates of data
e = radians(ele)
azi = 90 - azi
a = radians(azi)
nr = rf.shape[0]
nd = rf.shape[1]
x = zeros((nr + 1, nd))
y = zeros((nr + 1, nd))
for i in xrange (len(e)):
    x[i,:] = dis * cos(e[i]) * cos(a[i])
    y[i,:] = dis * cos(e[i]) * sin(a[i])
x[nr,:] = x[0,:]
y[nr,:] = y[0,:]
rf1 = zeros((nr + 1, nd))
rf1[:nr,:nd] = rf
rf1[nr,:] = rf[0,:]
# km to degree
x = x * deg_1km + lon
y = y * deg_1km + lat
# Plot
ax = axesm(bgcolor = 'b')
# Add map layers
geoshow('cn_province', edgecolor = None, facecolor = [230,230,230])
```

```
geoshow('cn_province', edgecolor =[80,80,80])
city =geoshow('cn_cities', facecolor = 'r', size =8)
city.addlabels('NAME', fontname =u'黑体', fontsize =16, yoffset =18)
# Plot radar reflectivity
levs =[5,10,15,20,25,30,35,40,45,50,55,60,65,70]
cols =[(255,255,255,0),(102,255,255),(0,162,232),(86,225,250),(3,207,14),\
    (26,152,7),(255,242,0),(217,172,113),(255,147,74),(255,0,0),\
    (204,0,0),(155,0,0),(236,21,236),(130,11,130),(184,108,208)]
layer =pcolor(x, y, rf1, levs, colors =cols, zorder =1)
colorbar(layer, shrink =0.8, label = 'dBZ', labelloc = 'top')
# Plot circles
rr =array([50, 100, 150, 200])
for r in rr:
    rd =r *deg_1km
    ax.add_circle((lon, lat), rd, facecolor =None, edgecolor = 'r')
geoshow([lat,lat], [lon-rd,lon+rd], color = 'r')
geoshow([lat+rd,lat-rd], [lon,lon], color = 'r')
# Set plot
xlim(lon -rd, lon + rd)
ylim(lat -rd, lat + rd)
xaxis(tickin =False)
xaxis(tickvisible =False, location = 'top')
yaxis(tickin =False)
yaxis(tickvisible =False, location = 'right')
yticks(arange(29, 34, 1))
title('Radar reflectivity')
```

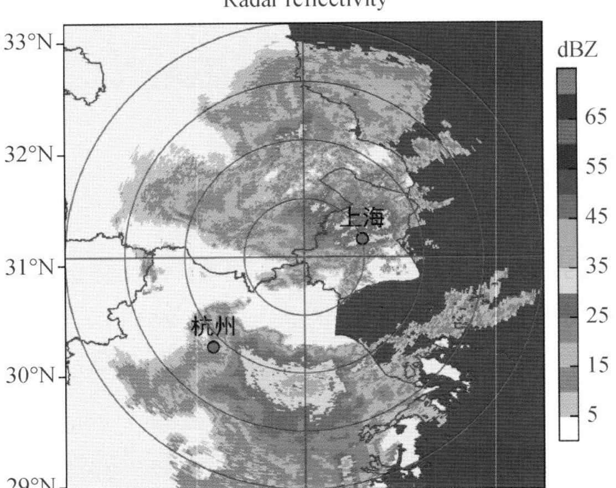

图 5.6　雷达反射率空间分布图

5.2 卫星数据处理

卫星观测数据产品主要有矩形网格数据和条带状（swath）不规则网格数据，此外还有火点分布之类的点状数据和星载激光雷达产生的大气垂直分布遥感数据等。卫星数据的存储文件格式以 HDF 为主，国家卫星气象中心也有自定义的 AWX 格式，此外还有一些其他自定义的二进制格式。MeteoInfoLab 中 dataset 包有相关的函数读取这些数据格式。

5.2.1 GPM swath 数据处理示例

NASA（美国国家航空航天局）的全球降水观测（GPM）L1 卫星数据主要包括了校准后的亮温产品，数据是 swath 不规则网格分布，文件格式为 HDF5。可以用 addfile 函数读取数据文件，读取经纬度和亮温数据，变量对象的 attrvalue 方法可以获取变量中某个属性的值。最后用 pcolor 函数绘制不规则网格图形（图 5.7）。

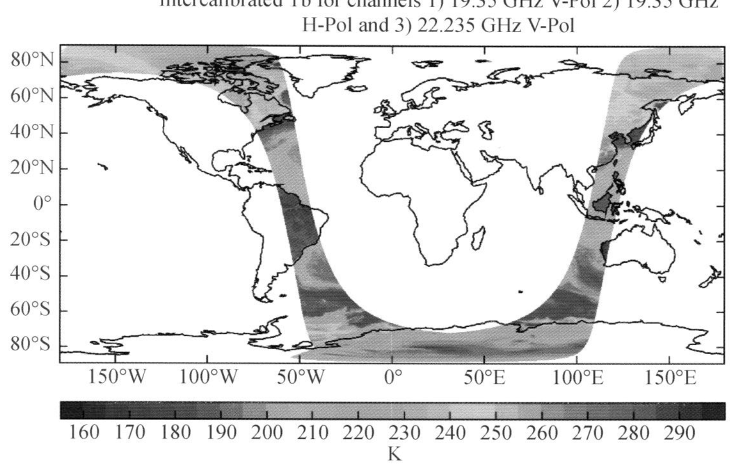

图 5.7 GPM swath 亮温数据分布图

```
fn = 'D:/Temp/hdf/1C.F19.SSMIS.XCAL2015-P.20160105-S214106-E232259.009078.V03A.HDF5'
f = addfile(fn)
lon = f['Longitude'][:,:]
lat = f['Latitude'][:,:]
lon[lon < -180] = nan
lat[lat < -90] = nan
vname = 'S1/Tc'
v_data = f[vname]
data = v_data[:,:,0]
data[data <= -9999.9] = nan
long_name = v_data.attrvalue('LongName')[0]
units = v_data.attrvalue('Units')[0]

```

```
axesm()
geoshow('country', edgecolor = 'k')
levs = arange(40, 90, 1)
layer = pcolor(lon, lat, data, 20)
colorbar(layer, orientation = 'horizontal', aspect = 40, label = units)
title(long_name)
axism()
```

5.2.2 TRMM 3B43 数据处理示例

热带降水观测卫星(TRMM)3B43 产品数据文件格式为 HDF4,其中降水数据是规则的格点数据,但格点有经纬度方向转置,因此用二维数组的 T 属性进行数组转置换算。数据格点的坐标需要根据卫星数据格式的文档说明在程序中给出。对于规则格点数据可以用 imshow 函数绘制成栅格图(由于卫星数据通常格点数很多,且空间分布很不均匀,进行等值线追踪绘制等值线图会耗时较多),在 imshow 函数中可以指定数值层级及相应的颜色。图 5.8 所示为绘制的 TRMM 3B43 降水产品图。

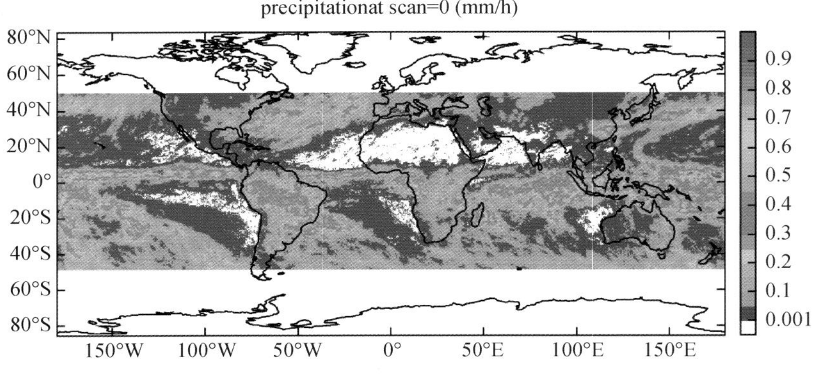

图 5.8 TRMM 3B43 降水产品图

```
fn = 'D:/Temp/hdf/3B43.100301.6A.HDF'
f = addfile(fn)
vname = 'precipitation'
rain = f[vname][0]
rain = rain.T
lat = arange(-49.875, 49.875, 0.249375)
lon = arange(-179.875, 179.876, 0.25)

geoshow('coastline', color = 'k')
levs = arange(0, 1.0, 0.05)
levs[0] = 0.001
cols = makecolors(len(levs)+ 1, cmap = 'BlAqGrYeOrRe')
cols[0] = 'w'
```

```
layer = imshow(lon, lat, rain, levs, colors = cols)
colorbar(layer)
title(vname + 'at scan = 0 (mm/hr)')
axism()
```

5.2.3 FY-4A 卫星数据处理示例

风云 4 号卫星是我国第二代静止气象卫星，数据产品可以从风云卫星遥感数据服务网上下载。这里以 FY-4A 云顶温度全圆盘数据产品为例，数据文件格式为 NetCDF，数据为静止卫星投影(Geostationary Satellite View)，空间分辨率为 4000 m，格点数为 2748×2748。文件中虽然有 x、y 变量，但变量的值只是从 0 开始的序号，并没有包含投影后的 x、y 坐标值，根据数据的空间分辨率和格点数，可以在程序给出投影后的 x、y 坐标值。绘图时 axesm 函数创建地图坐标系，参数设定投影和其他相关信息。用 imshow 函数绘图时注意要设定 proj 参数和地图坐标系的投影一致。图 5.9 所示为绘制的 FY-4A 云顶温度全圆盘图。

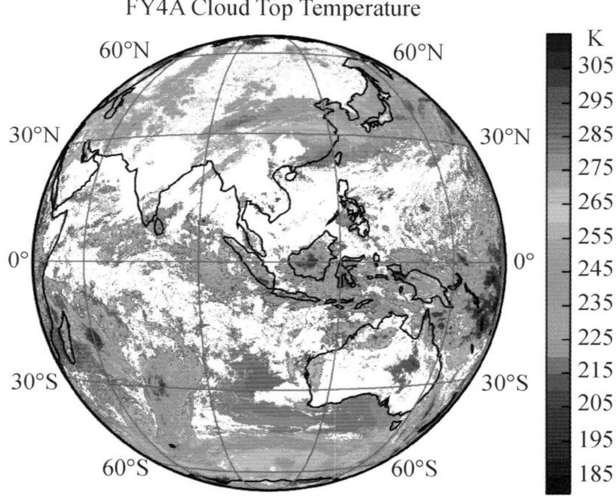

图 5.9 FY-4A 云顶温度全圆盘图

```
fn = 'D:/Temp/FY/FY4A-_AGRI--_N_DISK_1047E_L2-_CTT-_MULT_NOM_20190209140000_
20190209141459_4000M_V0001.NC'
f = addfile(fn)
x = linspace(-5496000.0,5496000.0, 2748)
y = linspace(-5496000.0,5496000.0, 2748)
data = f['CTT'][::-1,:]
data[data> 1000] = nan
data[data == -999] = nan
height = f['nominal_satellite_height'][:]

# Plot
lon0 = 104.7
ax = axesm(proj = 'geos', lon_0 = lon0, h = height, gridlabelloc = 'all', griddx = 30,
```

```
    griddy = 30, gridline = True, frameon = False)
geoshow('coastline', color = 'k')
layer = imshow(x, y, data, 20, proj = ax.proj)
colorbar(layer, xshift = 15)
title('FY4A Cloud Top Temperature')
```

5.2.4 静止卫星 GPF 格式文件读取

GPF 格式是静止气象卫星的一种二进制数据格式，GPF 是 Geo-Stationary-Satellite Projection File 的缩写，文件有投影数据头、定标表和通道数据构成。投影数据头长度为 2048 字节，包含了卫星标识、扫描时间、投影等信息。定标表长度为 32768 字节，包含了 8 个探测器的定标表信息。通道数据按照数据头中通道索引表次序依次排放，红外通道数据保存为 2 字节，可见光通道数据保存为 1 字节。MeteoInfo 中并没有现成的函数读取 GPF 格式数据，可以用 Jython/Python 自带的 struct 模块读取二进制文件数据，读取相关信息后用 binread 函数读取某个通道的数据，参数里要给定数组的 shape 和要从文件中跳过的字节。其他自定义二进制格式也可以参照这个例子来读取。图 5.10 所示为日本 Himawari 卫星 GPF 文件数据绘图。

```
import struct

fn = 'D:/Temp/binary/HIMA_2017_09_26_17_30_L_PJ1.GPF'

# Read data header parameters
f = open(fn, 'rb')
fileid, = struct.unpack('2s', f.read(2))
version, = struct.unpack('< h', f.read(2))
satid, = struct.unpack('< h', f.read(2))
year, = struct.unpack('< h', f.read(2))
month, = struct.unpack('< h', f.read(2))
day, = struct.unpack('< h', f.read(2))
hour, = struct.unpack('< h', f.read(2))
minute, = struct.unpack('< h', f.read(2))
chnums, = struct.unpack('< h', f.read(2))
pjtype, = struct.unpack('< h', f.read(2))
width, = struct.unpack('< h', f.read(2))
height, = struct.unpack('< h', f.read(2))
clonres, = struct.unpack('< f', f.read(4))
clatres, = struct.unpack('< f', f.read(4))
stdlat1, = struct.unpack('< f', f.read(4))
stdlat2, = struct.unpack('< f', f.read(4))
earthr, = struct.unpack('< f', f.read(4))
minlat, = struct.unpack('< f', f.read(4))
```

```
maxlat, = struct.unpack('<f', f.read(4))
minlon, = struct.unpack('<f', f.read(4))
maxlon, = struct.unpack('<f', f.read(4))
ltlat, = struct.unpack('<f', f.read(4))
ltlon, = struct.unpack('<f', f.read(4))
rtlat, = struct.unpack('<f', f.read(4))
rtlon, = struct.unpack('<f', f.read(4))
lblat, = struct.unpack('<f', f.read(4))
lblon, = struct.unpack('<f', f.read(4))
rblat, = struct.unpack('<f', f.read(4))
rblon, = struct.unpack('<f', f.read(4))
stdlon, = struct.unpack('<f', f.read(4))
centerlon, = struct.unpack('<f', f.read(4))
centerlat, = struct.unpack('<f', f.read(4))
chindex = []
for i in range(chnums):
    chindex.append(struct.unpack('b', f.read(1))[0])
f.read(128 - chnums)
plonres, = struct.unpack('<f', f.read(4))
platres, = struct.unpack('<f', f.read(4))
f.read(1808)

# Read calibration table
f.read(32768)

f.close()

# Read one channel data
cn = 1    # Infrared channel 1
skipn = 2048 + 32768
for i in range(1, cn):
    if chindex[i-1] < 5:    # Infrared channel
    byten = 2
    else:
    byten = 1    # Visible light channel
    skipn += width * height * byten
if cn < 5:
    data = binread(fn, [height, width], 'short', skip = skipn)
else:
    data = binread(fn, [height, width], 'byte', skip = skipn)
```

```
data = data[::-1,:]

# Get x/y coordinate
if pjtype == 1:     # Lon/lat projection
    proj = projinfo()
    x = linspace(ltlon, rtlon, width)
    y = linspace(lblat, ltlat, height)
elif pjtype == 3:     # Lambert projection
    proj = projinfo(proj = 'lcc', lat_0 = centerlat, lon_0 = centerlon, lat_1 = stdlat1, \
      lat_2 = stdlat2)
    sx, sy = project(lblon, lblat, toproj = proj)
    x = arange1(sx, width, plonres)
    y = arange1(sy, height, platres)

# Plot
axesm(projinfo = proj)
geoshow('coastline', color = 'b')
levs = arange(300, 1000, 20)
cols = makecolors(len(levs)+ 1, cmap = 'MPL_gist_gray')
cols[0] = 'w'
layer = imshow(x, y, data, levs, colors = cols, proj = proj)
colorbar(layer)
t = datetime.datetime(year, month, day, hour, minute)
title('Himawari (' + t.strftime('%Y-%m-%d') + ')')
```

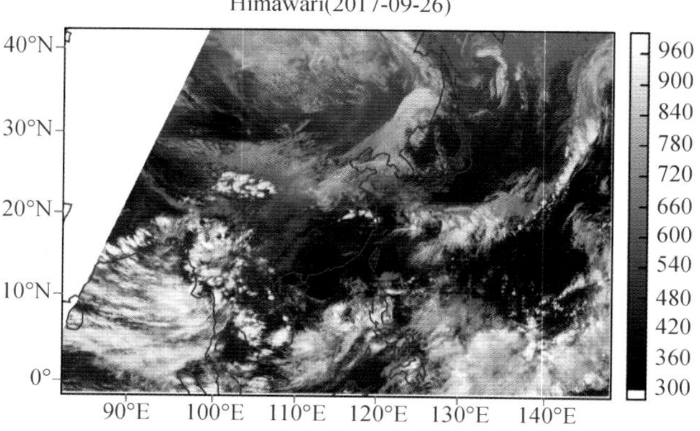

图 5.10 HIMAWARI 卫星 GPF 文件数据绘图

5.2.5 CALIPSO 卫星数据处理

CALIPSO (Cloud-Aerosol Lidar and Infrared Pathfinder Satellite Observation)卫星是 NASA 和法国国家空间研究中心(CNES)联合发射的太阳轨道地球侦察卫星，CALIPSO 携带的可见

光和近红外偏振传感器激光雷达用于观测气溶胶和云的相态，可以提供大气垂直廓线数据。Level 1 数据包含 532 nm 和 1064 nm 后向散射消光值，水平分辨率为 333 m，垂直分为 583 层。图 5.11 为绘制的 CALIPSO 532 nm 总后向散射衰减图。

```
# Add file
fn = 'D:/Temp/hdf/CAL_LID_L1-ValStage1-V3-01.2007-06-12T03-42-18ZN.hdf'
f = addfile(fn)

# Read data
x1 = 0
x2 = 1001
nx = x2 - x1
h1 = 0 # km
h2 = 20 # km
nz = 500 # Number of pixels in the vertical
vname = 'Total_Attenuated_Backscatter_532'
var = f[vname]
data = var[x1:x2,:]
data = rot90(data)
lats = f['Latitude'][x1:x2,0]
lons = f['Longitude'][x1:x2,0]
height = f['metadata']['Lidar_Data_Altitudes']
height = height[::-1]
data.setdimvalue(0, height)

# Interpolate data on a regular grid
x = arange(x1, x2)
h = linspace(h1, h2, nz)
data = interpolate.linint2(data, x, h)

# X axis ticks
xvals = []
xstrs = []
for i in range(0, nx, 200):
    xvals.append(i + x1)
    if i == 0:
      xstrs.append('Lat: %.2f\nLon: %.2f' % (lats[i],lons[i]))
    else:
    xstrs.append('%.2f\n%.2f' % (lats[i],lons[i]))

```

```
# Plot
levs =[0.0001,0.0002,0.0003,0.0004,0.0005,0.0006,0.0007,0.0008,0.0009,
    0.001,0.0015,0.002,0.0025,0.003,0.0035,0.004,0.0045,0.005,0.0055,0.006,
    0.0065,0.007,0.0075,0.008,0.01,0.02,0.03,0.04,0.05,0.06,0.07,0.08,0.09,0.1]
layer =imshow(x, h, data, levs, cmap ='calipo_standard', interpolation ='bilinear')
xaxis(tickin =False)
yaxis(tickin =False)
xticks(xvals, xstrs)
ylabel('Altitude (km)')
colorbar(layer, extendrect =False, label =r'$\rm{km}^{-1} \rm{sr}^{-1}$')
basename =os.path.basename(fn)
title('{0}\n{1}'.format(basename, vname))
```

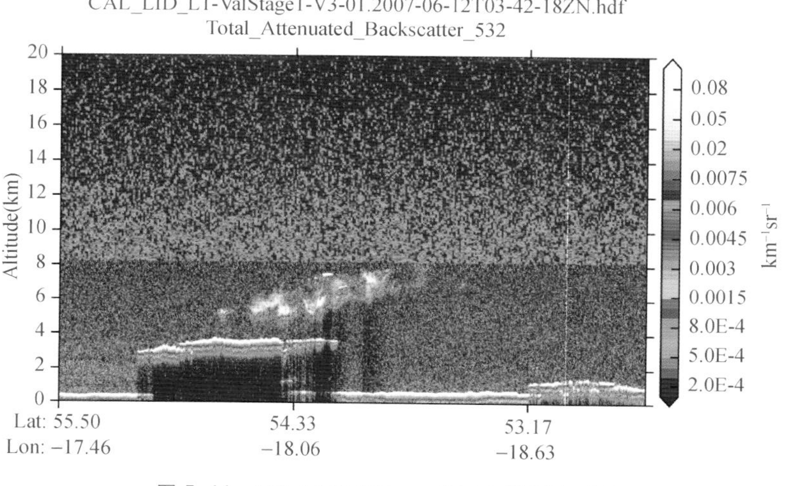

图 5.11 CALIPSO 532 nm 总后向散射衰减图

Level 2 数据包含要素分类、气溶胶分类等产品。要素分类数据绘图示例程序如下。图 5.12 所示为 CALIPSO 要素分类数据绘图。

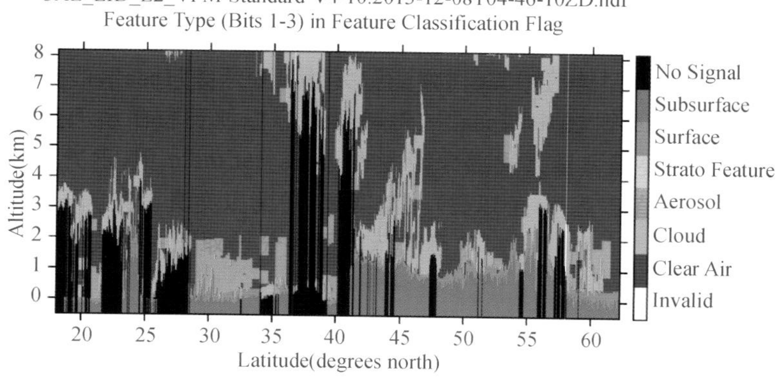

图 5.12 CALIPSO 要素分类数据绘图

```
# Add file
fn = 'D:/Temp/hdf/CAL_LID_L2_VFM-Standard-V4-10.2013-12-08T04-46-10ZD.hdf'
f = addfile(fn)

# Read data
vname = 'Feature_Classification_Flags'
var = f[vname]
data = var[:,:]
lat = f['Latitude'][:,0]

# Extract Feature Type only through bitmask.
data = data & 7

# Subset latitude values for the region of interest (40N to 62N).
lat = lat[3000:4000]
size = lat.shape[0]

data2d = data[3000:4000, 1165:]  # -0.5km to 8.2km
data3d = reshape(data2d, (size, 15, 290))
data = data3d[:,0,:]

# Generate altitude data according to file specification [1].
alt = zeros(290)
# -0.5km to 8.2km
for i in range (0, 290):
    alt[i] = -0.5 + i*0.03

# Plot
levs = arange(8)
cols = [(255,255,255),(0,0,255),(51,255,255),(255,153,0),(255,255,0),(0,255,0),(127,127,127),(0,0,0)]
ls = makesymbolspec('image', levels = levs, colors = cols)
layer = imshow(rot90(data, 1), symbolspec = ls, extent = [lat[0],lat[-1],alt[0],alt[-1]])
colorbar(layer, ticklabels = ['Invalid', 'Clear Air', 'Cloud', 'Aerosol', 'Strato Feature', 'Surface', 'Subsurface', 'No Signal'])
basename = os.path.basename(fn)
title([basename, 'Feature Type (Bits 1-3) in Feature Classification Flag'])
xlabel('Latitude (degrees north)')
ylabel('Altitude (km)')
xaxis(tickin = False)
yaxis(tickin = False)
```

气溶胶分类数据绘图程序如下，图 5.13 所示为 CALIPSO 气溶胶分类数据绘图。

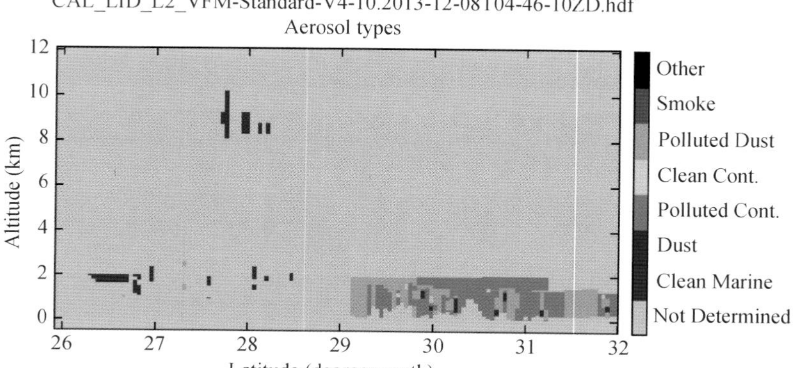

图 5.13　CALIPSO 气溶胶分类数据绘图

```
#  Add file
fn = 'D:/Temp/hdf/CAL_LID_L2_VFM-Standard-V4-10.2013-12-08T04-46-10ZD.hdf'
f = addfile(fn)

#  Read data
vname = 'Feature_Classification_Flags'
var = f[vname]
data = var[:,:]
lat = f['Latitude'][:,0]
lon = f['Longitude'][:,0]

#  Subset latitude values for the region of interest.
lidx1 = 3176
lidx2 = 3313
lat = lat[lidx1:lidx2]
lon = lon[lidx1:lidx2]
size = lat.shape[0]

N = 290      #  290 is sample numbe of low hight data: -0.5km to 8.2km
sidx = data.shape[1] - N * 15
data2d = data[lidx1:lidx2, sidx:]
data3d = reshape(data2d, (size, 15, N))
data_l = data3d[:,0,:]
# data_l = rot90(data_1, 1)

sidx1 = sidx - 200 * 5
data2d = data[lidx1:lidx2, sidx1:sidx]
```

```
data3d =reshape(data2d, (size, 5, 200))
data_m =data3d[:,0,:]
data_m1 =zeros([data_m.shape[0], data_m.shape[1]*2], dtype ='int')
for i in range(data_m.shape[1]):
    data_m1[:,i*2] =data_m[:,i]
    data_m1[:,i*2+ 1] =data_m[:,i]
# data_m =rot90(data_1, 1)

data =concatenate([data_m1, data_l], axis =1)
data =rot90(data, 1)

#  Aerosol type
a =data > > 9
temp =a & 7
type2 =data & 7
tmask =(type2 = =3)
temp1 =(temp! =0)
temp2 =(temp1 & tmask)
atype =temp *temp2

#  Generate altitude data according to file specification [1].
alt =zeros(N + 200* 2)
#  -0.5km to 20.2km
for i in range (0, N+ 200* 2):
    alt[i] =-0.5 + i *0.03

#  Plot
levs =arange(8)
cols =[(204,204,204),(0,0,255),(153,51,0),(0,204,0),(255,241,85),(0,255,255),\
    (102,102,255),(0,0,0)]
ls =makesymbolspec('image', levels =levs, colors =cols)
layer =imshow(atype, symbolspec =ls, extent =[lat[0],lat[-1],alt[0],alt[-1]])
colorbar(layer, ticklabels =['Not Determined','Clean Marine','Dust','Polluted Cont. ','Clean Cont. ',\
    'Polluted Dust','Smoke','Other'])
basename =os.path.basename(fn)
title([basename, 'Aerosol types'])
xlabel('Latitude (degrees north)')
ylabel('Altitude (km)')
ylim(-0.5, 12.1)
```

5.3 气象分析计算

气象方面的分析计算主要是天气、气候诊断分析涉及的相关计算过程，内容非常多，这里只用几个简单的例子演示 MeteoInfoLab 脚本可能具备的相关计算分析能力。

5.3.1 水汽通量散度计算

水汽通量散度是分析水汽循环和降水常用的指标之一，需要用风场、温度和湿度进行计算，下面的例子从多个 NetCDF 文件中分别读取 700 hPa 温度、风场 U/V 分量、相对湿度数据，用 meteolib 包的 saturation_mixing_ratio 函数计算饱和比湿，再通过相对湿度计算比湿，再用 divergence 函数计算散度。图 5.14 为绘制的水汽通量散度分布图。

```
print 'Open data files…'
f_air = addfile('D:/Temp/nc/air.2011.nc')
f_uwnd = addfile('D:/Temp/nc/uwnd.2011.nc')
f_vwnd = addfile('D:/Temp/nc/vwnd.2011.nc')
f_rhum = addfile('D:/Temp/nc/rhum.2011.nc')

print 'Read data array…'
tidx = 173     # Jun 23, 2011
t = f_air.gettime(tidx)
lidx = 3     # 700 hPa
air = f_air['air'][tidx,lidx,:,:]
uwnd = f_uwnd['uwnd'][tidx,lidx,:,:]
vwnd = f_vwnd['vwnd'][tidx,lidx,:,:]
rhum = f_rhum['rhum'][tidx,lidx,:,:]

# Calculate
print 'Calculate…'
prs = 700
g = 9.8
qs = meteolib.saturation_mixing_ratio(prs, air-273.15)
q = qs * rhum / 100
qhdivg = meteolib.divergence(q*uwnd/g, q*vwnd/g) * 1000

# Plot
print 'Plot…'
axesm()
geoshow('coastline', color = 'k')
layer = contourf(qhdivg, 20)
```

```
title('Water Vapor Flux Divergency (' + t.strftime('%Y-%m-%d') + ')')
colorbar(layer)
xlim(0, 360)
ylim(-90, 90)
```

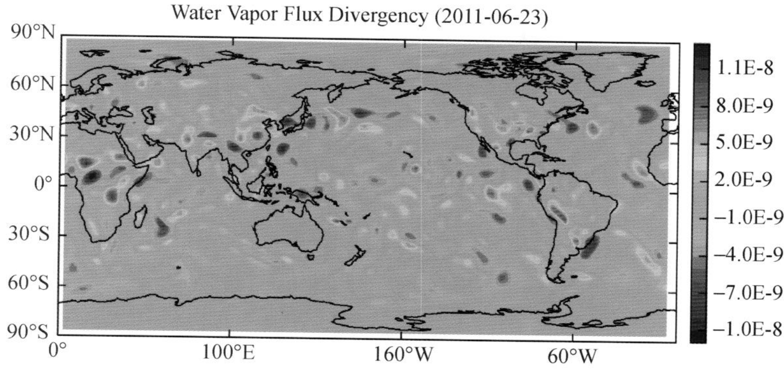

图 5.14　水汽通量散度分布图

5.3.2　湿位涡计算

湿位涡不仅表征了大气动力、热力属性，而且考虑了水汽的作用，是比较重要的大气诊断量。下面的程序示例了从文件中读取相对湿度、温度、风场 U/V 分量数据，利用 meteolib 包的 vorticity 函数计算涡度，用 dewpoint_from_relative_humidity 函数计算露点温度，用 equivalent_potential_temperature 函数计算假相当位温，然后通过高度的循环计算每层的湿位涡。图 5.15 为绘制的 850 hPa 湿位涡空间分布图。

```
# Calculate moisture potential vorticity
# Set working directory
trajDir = 'D:/Temp/HYSPLIT'
meteoDir = 'D:/Temp/ARL'

# Open meteorological data file
print 'Open meteorological data file…'
meteofn = os.path.join(meteoDir, 'gdas1.mar15.w5')
print 'Meteorological file: ' + meteofn
meteof = addfile(meteofn)

# Read data
print 'Read data…'
latlim = '10:60'
lonlim = '60:140'
tidx = 0
rh = meteof['RELH'][tidx,:,latlim,lonlim]
```

```
nz,ny,nx = rh.shape
lat = rh.dimvalue(1)
lev = rh.dimvalue(0)
t0 = meteof['TEMP'][tidx,:nz,latlim,lonlim]
uwnd = meteof['UWND'][tidx,:nz,latlim,lonlim]
vwnd = meteof['VWND'][tidx,:nz,latlim,lonlim]
vort = meteolib.vorticity(uwnd, vwnd)
prs = zeros([nz,ny,nx])
prs = dim_array(prs, rh.dims)
for i in range(nz):
    prs[i,:,:] = lev[i]

# Calculate pseudo-equivalent potential temperature
print 'Clalulate pseudo-equivalent potential temperature…'
dewp = meteolib.dewpoint_from_relative_humidity(t0 - 273.15, rh / 100)
eqt = meteolib.equivalent_potential_temperature(prs, t0 - 273.15, dewp)

# Calculate moisture potential vorticity
print 'Calculate moisture potential vorticity…'
mpv_3d = zeros([nz,ny,nx], dtype = 'double')
mpv_3d = dim_array(mpv_3d, rh.dims)
mpv_3d.setdimvalue(0, lev[1:nz-1])

tt = meteof.gettime(tidx)
print tt.strftime('%Y-%m-%d %H:00')
for z in range(1, nz-1):
    f1 = 2*7.292*sin(lat*3.14159/180.0)*0.00001
    f = f1.reshape(ny, 1).repeat(nx, axis = 1)
    g = 9.8
    dp = 100*(lev[z-1]-lev[z+1])
    deqt = eqt[z-1,:,:]-eqt[z+1,:,:]
    du = uwnd[z-1,:,:]-uwnd[z+1,:,:]
    dv = vwnd[z-1,:,:]-vwnd[z+1,:,:]
    dx1 = 6370949.0*cos(lat*3.14159/180.0)*3.14159/180.0
    dx = dx1.reshape(ny, 1).repeat(nx, axis = 1)
    dy = 6370949.0*3.14159/180.0
    dtx = meteolib.cdiff(eqt[z,:,:], 1)
    dty = meteolib.cdiff(eqt[z,:,:], 0)
    mpv1 = -g*(vort[z,:,:]+ f)*deqt/dp
```

```
        mpv2 = g*((dv/dp)*(dtx/dx) - (du/dp)*(dty/dy))
        mpv = mpv1+ mpv2
        mpv_3d[z-1,:,:] = mpv

# Plot test
axesm()
geoshow('coastline', color = 'k')
z = 5
clevs = arange(-2,2.1,0.5)
layer = contourf(mpv_3d[z,:,:]*1e6, clevs)
colorbar(layer)
title('Moisture potential vorticity (% i hPa)\n' % lev[z] + \
    tt.strftime('% Y-% m-% d % H:00'))
```

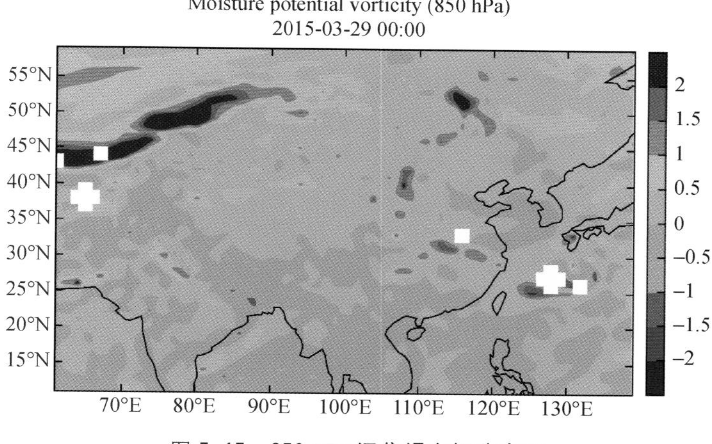

图 5.15 850 hPa 湿位涡空间分布图

5.3.3 获取任意两点间垂直剖面数据

在空间任意两点连线中获得连线上若干点的经纬度坐标，从数据文件中读取这些点的随高度分布的一维数组，所有点依次连接成一个连线上剖面的二维数组，再绘制剖面数据的等值线填色图。程序里还读取了地形数据，并将剖面的地形高度绘制在剖面图中，两点的连线在下面的地图系中绘制。脚本程序中 lev1 是各层气压值(hPa)，meteolib 包的 pressure_to_height_std 函数将其转为高度(m)，绘制剖面图的 y 坐标用的是高度值，yticks 函数将 y 坐标的标注指定为相应的气压值。图 5.16 为绘制的任意两点间垂直剖面图。

```
# Read data
fn = os.path.join(migl.get_sample_folder(), 'GrADS', 'model.ctl')
f = addfile(fn)
lev1 = f['U'][0,:,0,0].dimvalue(0)
lev2 = meteolib.pressure_to_height_std(lev1)
```

```
levels = []
for i in range(0, len(lev1)):
    levels.append('%i' % lev1[i])

f1 = addfile('D:/Temp/nc/elev.0.25-deg.nc')

lon1 = 10
lon2 = 170
lat1 = -30
lat2 = 60
lon = lon1
x = []
tdata = []
terrain = []
while lon <= lon2:
    lat = lat1 + (lat2 - lat1) * (lon - lon1) / (lon2 - lon1)
    print lon
    tdata.append(f['U'][0,:,'%f'% lat,'%f'% lon])
    terrain.append(f1['data'][0,'%f'% lat,'%f'% lon])
    x.append(lon)
    lon = lon + 2.5

terrain = array(terrain)
terrain[terrain< 0] = 0
alldata = concatenate(tdata, axis = 0)
alldata = reshape(alldata, (len(tdata), len(lev1)))
alldata = alldata.T
x = array(x)

# Plot
subplot(2,1,1)
yaxis(tickin = False)
xaxis(tickin = False)
yaxis(location = 'right', tickvisible = False)
xaxis(location = 'top', tickvisible = False)
layer = contourf(x, lev2, alldata, 10)
fill_between(x, terrain, color = 'gray')
plot(x, terrain, color = 'k')
yticks(lev2, levels)
```

```
ylabel('Pressure (hPa)')
xlabel('Longitude')
xlim(10, 170)
ylim(0, lev2.max())
colorbar(layer, aspect = 25)

subplot(2,1,2,axestype = 'map')
lat = [lat1, lat2]
lon = [lon1, lon2]
geoshow(lat, lon, size = 2, color = 'b')
geoshow('coastline', color = 'k')
xlim(0, 180)
ylim(-55, 70)
```

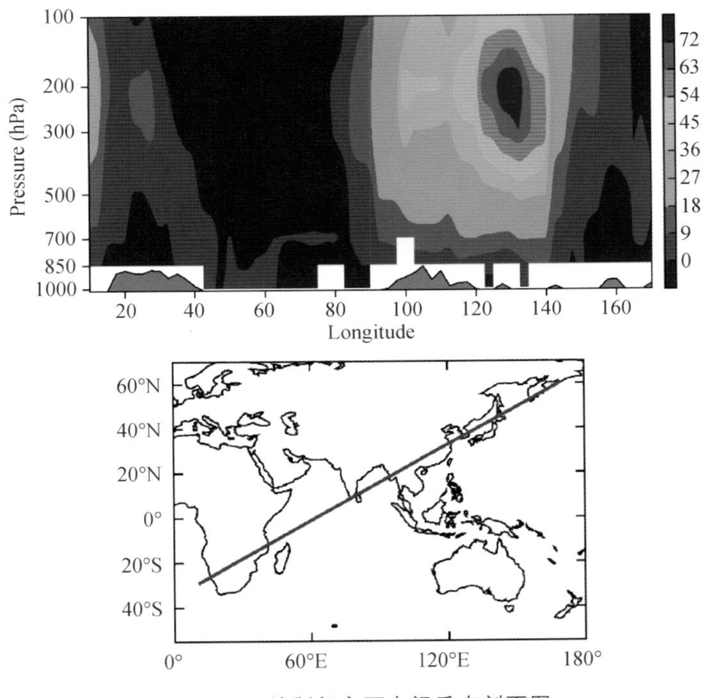

图 5.16　绘制任意两点间垂直剖面图

5.3.4　利用海平面气压数据追踪台风路径

利用每个时次一定空间范围内海平面气压的最小值来判断台风所在的位置，多个时次的位置连线即组成台风路径。数组对象的 argmin 方法得到最小值所在的序号，unravel_index 函数将序号标量转换为由每个维的序号组成的矢量，然后获取最小值所在的经纬度和气压值，最后绘制在地图坐标系中。图 5.17 为绘制的海平面气压数据追踪台风路径图。

```
fn = 'D:/Temp/GrADS/928slp.ctl'
f = addfile(fn)
slp = f['slvl']
lat = slp.dimvalue(1)
lon = slp.dimvalue(2)
tt = f.gettimes()
tlat = []
tlon = []
press = []
for t in range(f.timenum() - 1):
    data = slp[t,:,:]
    idx = data.argmin()
    idx = unravel_index(idx, data.shape)
    tlat.append(lat[idx[0]])
    tlon.append(lon[idx[1]])
    press.append(data[idx[0],idx[1]])

# Plot
axesm(bgcolor = (204,255,255))
geoshow('continent', edgecolor = [200,200,200], facecolor = (255,251,195))
plot(tlon, tlat)
layer = scatter(tlon, tlat, press)
colorbar(layer, shrink = 0.8, label = 'hPa')
for t in range(0, f.timenum() - 1, 4):
    text(tlon[t] + 0.1, tlat[t], tt[t].strftime('%d:%H'))
xlim(105, 120)
ylim(15, 25)
title('Typhoon path tracing')
```

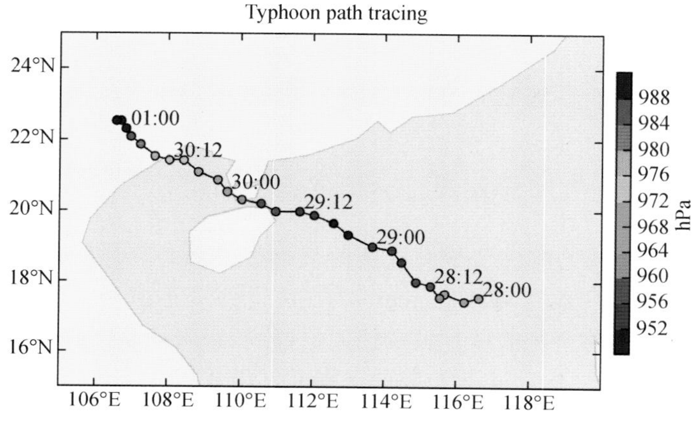

图 5.17　海平面气压数据追踪台风路径图

5.3.5 EOF 分析

经验正交函数(EOF)是从气候数据集中获取空间格局变化的一种常用分析方法,例如,北太平洋冬季海表温度异常的 EOF 分析能够揭示 ENSO 现象。meteolib 包中的 eof 函数用来进行 EOF 和 PC(主成分)分析计算,里面用到了 numeric. linalg 包中的 eig 和 svd 函数进行矩阵的特征值分析和奇异值分解。数据中的缺测值在 EOF 计算期间会被自动去除,并放回输出数据中。如果空间点的数目远大于时次数,eof 函数提供了 transform 选项来加速运算。meteolib 包中的 varimax 是进行矩阵 varimax 旋转的函数,可用于进行 REOF(旋转 EOF)分析。

下面的例子用太平洋地区中部和北部 1963—2012 年海表温度异常 11 月至翌年 3 月的平均值数据集进行 EOF 分析。结果表明,EOF 的第一模态指示了典型的厄尔尼诺现象,相关的时间序列显示出较大的波峰和波谷指示了厄尔尼诺和拉尼娜事件。图 5.18 为绘制的太平洋中、北部冬季海表温度的 EOF 分析结果图。

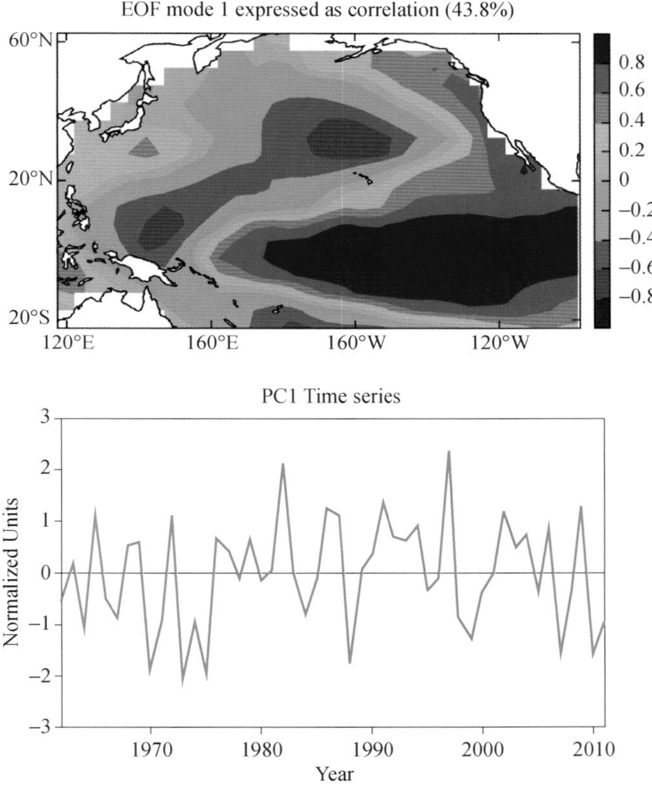

图 5.18 太平洋中、北部冬季海表温度的 EOF 分析结果图

```
# Read data
fn =os. path. join(migl. get_sample_folder(), 'NetCDF', 'sst_ndjfm_anom. nc')
f =addfile(fn)
sst =f['sst'][:,:,:]
lon =f['longitude'][:]
```

```
lat = f['latitude'][:]

# Square-root of cosine of latitude weights are applied before the
# computation of EOFs.
clat = sqrt(cos(radians(lat)))
clat = clat.reshape(1, clat.shape[0], 1)
clat = broadcast_to(clat, sst.shape)
sst = sst * clat

# reorder to (lat * lon, time)
nt, ny, nx = sst.shape
X = sst.reshape(nt, ny * nx)
X = X.T

# EOF calculation
EOF, E, PC = meteo.eof(X, svd = True)
eof1 = EOF[:,0].reshape(ny, nx)
pc1 = (PC[0,:] - mean(PC[0,:])) / std(PC[0,:])
e1 = E[0] / sum(E) * 100

# Correlation between PC1 and sst
eof1_cor = ones([ny,nx]) * nan
x = PC[0,:]
for i in arange(ny):
    for j in arange(nx):
    y = sst[:,i,j]
    eof1_cor[i,j] = stats.pearsonr(x, y)[0]

# Plot
subplot(2,1,1,axestype = 'map')
geoshow('continent', facecolor = 'w')
levs = arange(-0.8, 1, 0.2)
layer = contourf(lon, lat, eof1_cor, levs, smooth = False, order = 0)
yticks(arange(-20, 61, 40))
colorbar(layer)
title('EOF mode 1 expressed as correlation (%.1f%%)' % e1)

subplot(2,1,2)
years = range(1962, 2012)
```

```
plot(years, pc1,color = 'b',linewidth = 2)
y = zeros(nt)
plot(years, y, color = 'k')
xlim(1962, 2011)
ylim(-3,3)
xticks(arange(1970,2011,10))
xaxis(tickin = False)
xaxis(tickvisible = False, location = 'top')
yaxis(tickin = False)
yaxis(tickvisible = False, location = 'right')
xlabel('Year')
ylabel('Normalized Units')
title('PC1 Time Series')
```

5.4 气象数据三维可视化

5.4.1 气团轨迹三维图绘制

HYSPLIT 模式输出的气团轨迹数据文件可以用 addfile_hytraj 函数读取，程序里还读取了 NetCDF 格式的地形高度数据和行政区域界线，行政区域界线的经纬度数据插值到地形高度数据上形成界线的高度数据，从而能够将界线绘制在地形三维表面图之上。轨迹的绘制用到 plot3 函数，其 mvalues 函数设定了用相对湿度数据绘制三维彩色线条，从而能看出相对湿度随轨迹的变化。scatter3 函数绘制了轨迹线的起始和结束点。图 5.19 为绘制的气团轨迹三维图。

```
fn = 'D:/Temp/HYSPLIT/500_previous'
f = addfile_hytraj(fn)
lon = f['lon'][:,:]
lat = f['lat'][:,:]
alt = f['height'][:,:]
rh = f['RELHUMID'][:,:]
# Relief data
rfn = 'D:/Temp/nc/elev.0.25-deg.nc'
rf = addfile(rfn)
elev = rf['data'][0,'15:65','65:155']
elev[elev< 0] = -1
lon1 = elev.dimvalue(1)
lat1 = elev.dimvalue(0)
```

```
lon1, lat1 = meshgrid(lon1, lat1)

# Map
lchina = shaperead('cn_province')
clon = lchina.x_coord
clat = lchina.y_coord
calt = zeros(len(clon))
h = interp2d(elev, clon, clat)
calt = calt + h
lworld = shaperead('country')
wlon = lworld.x_coord
wlat = lworld.y_coord
walt = zeros(len(wlon))
h = interp2d(elev, wlon, wlat)
walt = walt + h

# Plot
ax = axes3d()
ax.set_elevation(-60)
ax.set_rotation(341)
levs = arange(0, 6000, 200)
cols = makecolors(len(levs) + 1, cmap = 'SVG_bhw3_22')
cols[0] = [51,153,255]
surf(lon1, lat1, elev, levs, colors = cols,
    facecolor = 'interp', edgecolor = None, lighting = False)
plot3(clon, clat, calt, color = [255,153,255])
plot3(wlon, wlat, walt, color = 'c')
levs1 = arange(10, 99, 5)
traj = plot3(lon, lat, alt, mvalues = rh, levels = levs1, linewidth = 2)
scatter3(lon[:,0], lat[:,0], alt[:,0], size = 6, c = 'k')
scatter3(lon[:,-1], lat[:,-1], alt[:,-1], size = 6, c = 'r')
colorbar(traj, aspect = 30, label = 'RH (%)')
xlim(100, 130)
xlabel('Longitude')
ylim(25, 50)
ylabel('Latitude')
zlim(0, 14000)
zlabel('Height (m)')
```

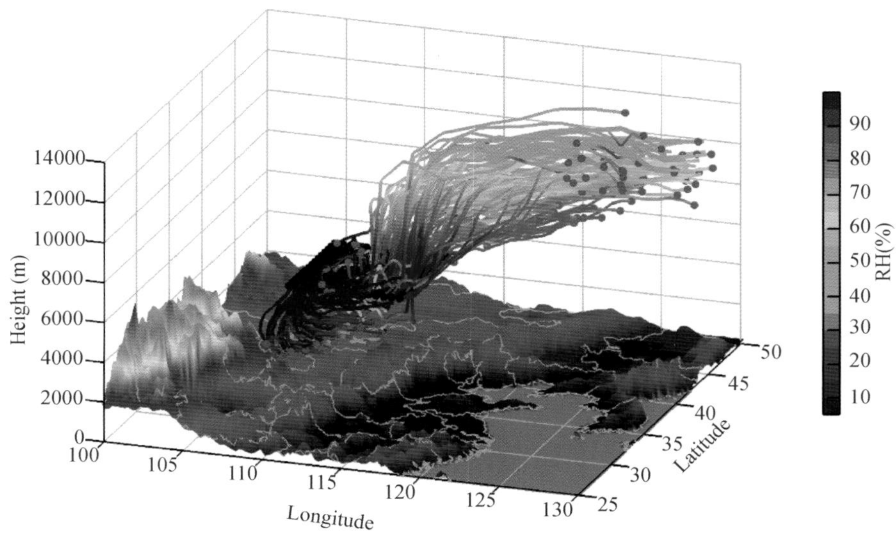

图 5.19 气团轨迹三维图绘制

5.4.2 模式数据三维切片图绘制

气象模式输出的多维格点数据可以通过三维切片图的形式对数据进行多截面可视化。这里给出一个沙尘暴预报模式数据的例子，从数据文件中读出沙尘暴浓度的数据，利用 slice3 三维绘图函数绘制数据的多个截面。图 5.20 为绘制的沙尘暴浓度三维切片图。

```
# Set date
sdate = datetime.datetime(2019, 4, 15, 0)

# Set directory
datadir = 'D:/Temp/mm5'

# Read data
fn = os.path.join(datadir, 'WMO_SDS-WAS_Asian_Center_Model_Forecasting_CUACE-DUST_CMA_'+ sdate.strftime('%Y%m%d%H') + '.nc')
f = addfile(fn)
st = f.gettime(0)
t = 20
dust = f['CONC_DUST'][t,:,:,:]
levels = dust.dimvalue(0)
dust[dust< 5] = 0
height = meteolib.pressure_to_height_std(levels)
lat = dust.dimvalue(1)
lon = dust.dimvalue(2)

```

```
# Plot
xslice =[80,120]
yslice =[40]
zslice =[4000]
ax =axes3d()
ax.set_rotation(328)
ax.set_elevation(-41)
grid(False)
lighting()
geoshow('coastline')
levs =[1,10,20,50,100,200,300,400,500]
cols =makecolors(len(levs) + 1, cmap ='MPL_rainbow')
cols[0] =[220,220,220,220]
slice3(lon, lat, height, dust, levs, colors =cols, facecolor ='interp',
    edgecolor =None, xslice =xslice, yslice =yslice, zslice =zslice)
colorbar(aspect =30)
xlim(65, 155)
xlabel('Longitude')
ylim(15, 65)
ylabel('Latitude')
zlim(0, 15000)
zlabel('Height (m)')
tt =st + datetime.timedelta(hours =t*3)
title('Dust concentration slices ({})'.format(tt.strftime('%Y-%m-%d %H:00')))
```

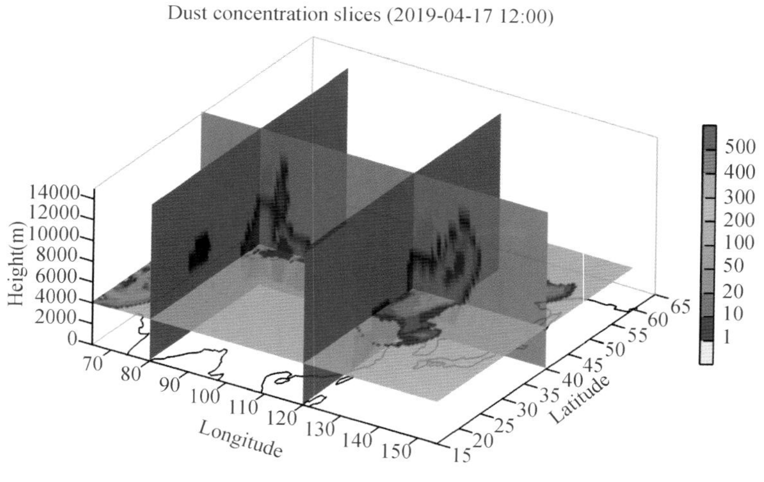

图 5.20　沙尘暴浓度三维切片图

5.4.3 模式数据三维等值面绘制

下面的例子是对模式输出的沙尘暴浓度数据用 isosurface 函数追踪并绘制浓度为 100 $\mu g/m^3$ 的三维等值面，从而对大于该浓度的沙尘分布有直观的了解。程序里对三维等值面设置了“光照”以增加立体感。图 5.21 为绘制的沙尘暴浓度三维等值面图。

```
# Set date
sdate = datetime.datetime(2019, 4, 15, 0)

# Set directory
datadir = 'D:/Temp/mm5'

# Read data
fn = os.path.join(datadir, 'WMO_SDS-WAS_Asian_Center_Model_Forecasting_CUACE-DUST_CMA_' + sdate.strftime('%Y%m%d%H') + '.nc')
f = addfile(fn)
st = f.gettime(0)
t = 20
dust = f['CONC_DUST'][t,:,:,:]
levels = dust.dimvalue(0)
dust[dust < 5] = 0
height = meteolib.pressure_to_height_std(levels)
lat = dust.dimvalue(1)
lon = dust.dimvalue(2)

# Relief data
fn = 'D:/Temp/nc/elev.0.25-deg.nc'
f = addfile(fn)
elev = f['data'][0,'15:65','65:155']
elev[elev < 0] = -1
lon1 = elev.dimvalue(1)
lat1 = elev.dimvalue(0)
lon1, lat1 = meshgrid(lon1, lat1)

# Plot
ax = axes3d()
ax.set_rotation(348)
ax.set_elevation(-41)
grid(False)
lighting()
```

```
levs = arange(0, 6000, 200)
cols = makecolors(len(levs) + 1, cmap = 'MPL_terrain')
cols[0] = 'lightgray'
ls = surf(lon1, lat1, elev, levs, colors = cols,
    facecolor = 'interp', edgecolor = None, lighting = False)
isosurface(lon, lat, height, dust, 100, color = [255,180,0], \
    edge = False, alpha = 1, nthread = 4)
colorbar(ls)
xlim(65, 155)
xlabel('Longitude')
ylim(15, 65)
ylabel('Latitude')
zlim(0, 15000)
zlabel('Height (m)')
tt = st + datetime.timedelta(hours = t*3)
title('Dust bigger than 100 ug/m3 (%s)' % tt.strftime('%Y-%m-%d %H:00'))
```

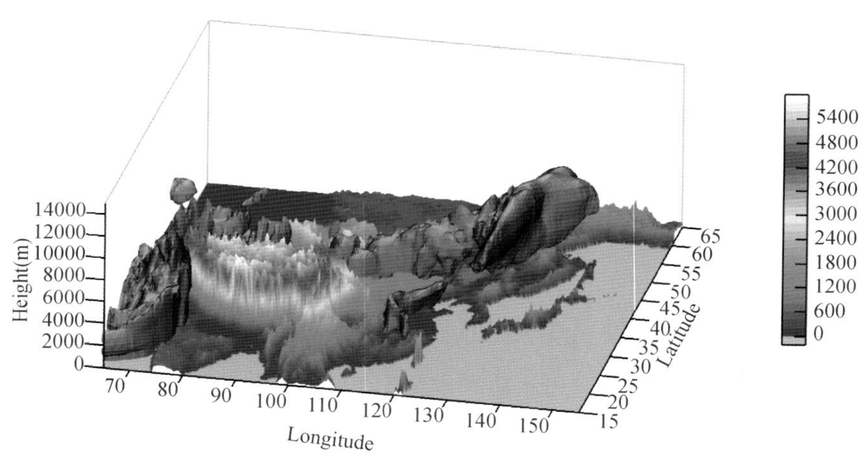

图 5.21 沙尘暴浓度三维等值面图

5.4.4 模式数据三维粒子图绘制

对于沙尘暴浓度的三维分布也可以用 particles 函数绘制其三维粒子图(图 5.22),这种三维图形可以看出不同浓度的分布特征,层次更加丰富。

```
# Set date
sdate = datetime.datetime(2019, 4, 15, 0)

# Set directory
```

```
datadir = 'D:/Temp/mm5'

# Read data
fn = os.path.join(datadir, 'WMO_SDS-WAS_Asian_Center_Model_Forecasting_CUACE-DUST_CMA_' + sdate.strftime('%Y%m%d%H') + '.nc')
f = addfile(fn)
st = f.gettime(0)
t = 24
dust = f['CONC_DUST'][t,:,:,:]
levels = dust.dimvalue(0)
dust[dust< 5] = 0
height = meteolib.pressure_to_height_std(levels)
lat = dust.dimvalue(1)
lon = dust.dimvalue(2)

# Map
lchina = shaperead('cn_province')
clon = lchina.x_coord
clat = lchina.y_coord
calt = zeros(len(clon))
h = interp2d(elev, clon, clat)
calt = calt + h
lworld = shaperead('country')
wlon = lworld.x_coord
wlat = lworld.y_coord
walt = zeros(len(wlon))
h = interp2d(elev, wlon, wlat)
walt = walt + h

# Plot
ax = axes3dgl(bbox = True)
grid(False)
ax.set_elevation(-25)
ax.set_rotation(335)
rlevs = arange(0, 6000, 200)
cols = makecolors(len(rlevs) + 1, cmap = 'MPL_gist_yarg', alpha = 1)
cols[0] = [51,153,255]
surf(lon1, lat1, elev, rlevs, colors = cols, edge = False)
plot3(clon, clat, calt, color = [255,153,255])
plot3(wlon, wlat, walt, color = 'b')
```

```
# Beijing location
plot3([116.39,116.39], [39.91,39.91], [0,12000])
levs = [50,100,200,300,400,500]
cmap = 'WhiteBlueGreenYellowRed'
pp = particles(lon, lat, height, dust, levs, vmin = 20, s = 2, \
    cmap = cmap, alpha_min = 0.1, alpha_max = 0.7, density = 1)
colorbar(pp, aspect = 30)
xlim(65, 155)
xlabel('Longitude')
ylim(15, 65)
ylabel('Latitude')
zlim(0, 12000)
zlabel('Height (m)')
tt = st + datetime.timedelta(hours = t* 3)
title('Dust concentration ug/m3 ({}UTC)'.format(tt.strftime('% Y-% m-% d % H:00')))
```

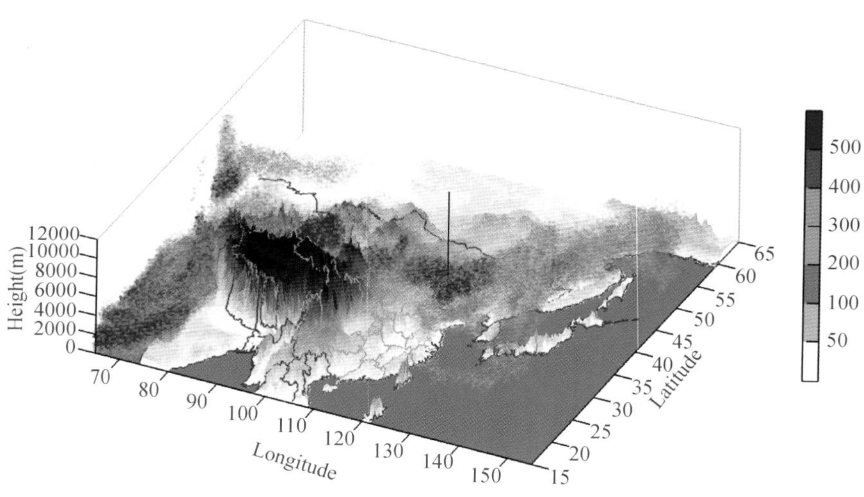

图 5.22 沙尘暴浓度三维粒子图